东北泥炭及其环境记录

鲍锟山　著

U0222970

科学出版社

北　京

内 容 简 介

泥炭是过去环境变化研究的新兴地质档案。中国东北地区气候冷湿，山地泥炭发育较好，迄今为止受到人类活动直接干扰较小，是获取自然环境变化信息的理想场所。本书是过去 15 年关于东北泥炭沼泽发育和环境演变研究的阶段性成果总结，涉及大兴安岭、长白山、黑龙江省凤凰山和三江平原典型泥炭沼泽区，基于 ^{210}Pb、^{137}Cs 和 ^{14}C 放射性元素测年建立高精度的年代框架，通过基本理化分析探讨沉积剖面结构特征和泥炭沼泽发育历史，通过泥炭灰分、化学元素及有机污染物等指标定量分析人类活动强度信息与自然环境背景值，重建东北地区过去尘暴演化和环境污染历史，利用古湖沼学技术探讨东北泥炭沼泽的碳累积历史，为全球湿地碳汇研究提供基本数据和方法支持。

本书可供从事自然地理、环境、生态、第四纪地质、湖泊和湿地沉积等方面的科研人员和相关专业师生阅读和参考。

GS 京（2022）0293 号

图书在版编目（CIP）数据

东北泥炭及其环境记录/鲍锟山著. —北京：科学出版社，2022.8
ISBN 978-7-03-071757-3

Ⅰ. ①东⋯ Ⅱ. ①鲍⋯ Ⅲ. ①泥炭沼泽–研究–东北地区
Ⅳ. ① P941.78

中国版本图书馆 CIP 数据核字（2022）第038598号

责任编辑：石 珺 李 静/责任校对：张小霞
责任印制：吴兆东/封面设计：蓝正设计

科 学 出 版 社 出版

北京东黄城根北街16号
邮政编码：100717
http://www.sciencep.com

北京建宏印刷有限公司 印刷
科学出版社发行 各地新华书店经销

*

2022年8月第 一 版 开本：B5（720×1000）
2022年8月第一次印刷 印张：15
字数：288 000

定价：198.00 元
（如有印装质量问题，我社负责调换）

序

　　湿地位于陆地生态系统和水生态系统的过渡带，具有长期或季节性积水、湿生植物以及潜育化土壤发育或泥炭积累等三要素。湿地是地球表层系统中最具生命力和生态服务功能的生态系统，具有涵养水源、净化水质、防旱蓄洪、调节气候、维护生物多样性等重要功能，有"地球之肾""生物超市"之美誉。而泥炭地是一种重要的湿地类型，一般泥炭累积厚度达30cm以上，尽管其覆盖的大陆面积不超过3%，但由于其有机质含量高而储存了世界土壤碳库的1/3，凸显其在全球碳循环中的生态重要性。泥炭作为重要的自然资源，一直受到国际社会的广泛关注，而近年来在全球气候变暖和"双碳"治理的背景下，泥炭地的生态环境效应和社会服务功能日益受到重视，但是对泥炭地发育过程及其对气候变化和人类活动的响应规律的认识还比较欠缺。泥炭地的形成和演化具有长期性，是特定气候和地质环境的产物，在其中包含着重建过去环境和条件的非常有价值的信息。泥炭地是一个历史档案，相较于其他地质载体，泥炭档案具有广泛分布、更容易接近、取样方便、经济，可用的代用指标较多，原地自沉积模式不易受到再沉积的干扰等优势。

　　鲍锟山教授撰写的《东北泥炭及其环境记录》一书是过去10多年来中国东北地区泥炭调查和环境演变研究的阶段性总结。利用古湖沼学测年技术，建立了大兴安岭、长白山、黑龙江省凤凰山和三江平原典型泥炭沼泽的年代框架，探讨了沼泽沉积和泥炭发育过程。并在此基础上，利用泥炭地壳元素、稀土元素和灰分粒度等指标重建了千-百年尺度大气降尘历史，利用潜在危害痕量元素和多环芳烃等多指标重建了近200年东北地区环境污染历史，定量区分了污染物的自然背景和人类活动的贡献份额，还较早地进行了泥炭沼泽碳累积和固碳潜力研究，系统计算了东北地区泥炭沼泽长期碳累积速率，提出东北地区泥炭发育主要受控于气候影响的初级生产力变化的新认识，为深入理解全新世以来东亚地区中温带至寒温带沼泽湿地碳累积变化提供了重要的证据链。

　　该书集广视角、多学科、新成果为一体，在摸清泥炭发育历史和营养水平特征的基础上，通过多样地、多柱心、多指标的综合分析，进行不同时间尺度的高分辨率气候和人类活动历史重建，为泥炭地学与环境演变研究起到了范式作用，为全球碳循环和气候变化研究提供了新的思路。这些成果深化了我们对沼泽湿地发育和区域环境变化的认识，促进了泥炭地学的发展，也拓展了第四纪环境演变研究内容。在实践上，通过揭示人类活动对沼泽湿地的影响作用，为实现区域湿地生态系统保育和生态文明建设提供了重要的科技支撑。

随着湿地保护愈来愈受到重视、湿地研究逐渐深入和发展，这迫切需要有系统的湿地学理论指导。湿地类型多样，湿地研究领域广泛，湿地科学的发展和成熟需要各个湿地单元的知识积累。该书的出版将对我国湿地研究和学科体系的完善起到添砖加瓦的作用，也将对湿地专业人才培养事业的发展起到促进作用。

王国平

中国科学院东北地理与农业生态研究所

2022年5月1日

前 言

　　沼泽湿地是水陆相互作用形成的过渡性自然生态系统，包括以生物堆积作用为主的泥炭沼泽和以矿质沉积作用为主的潜育沼泽。沼泽湿地是全球单位面积储碳量最高的生态系统，是陆地碳循环的重要环节。而沼泽沉积物和泥炭又是过去气候和环境变化的良好地质档案，记录有大气输入的粉尘、重金属和有机污染物等信息。因此，沼泽湿地是当今全球气候和环境变化研究的重要内容，亦是国家应对气候变化和建设生态文明的战略需求。但是，沼泽沉积与环境演变还是一个发展相对较晚的研究方向，目前正处在逐渐深化阶段，因而对沼泽沉积过程响应气候变化和人类活动的过程与机制尚不清楚。

　　中国东北地区是泥炭沼泽的集中分布区。本书针对大兴安岭、长白山、黑龙江省凤凰山山地泥炭和三江平原沼泽湿地，利用加速器质谱仪放射性同位素（AMS ^{14}C）技术和放射性核素（^{210}Pb 和 ^{137}Cs）技术分别建立东北地区典型山地泥炭沼泽现代年代学框架，通过泥炭灰分粒度、典型地壳化学元素（如 Al、Ca、Fe、Ti、V 等）、稀土元素（REEs）、灰分含量和泥炭分解度等指标重建全新世以来尘暴演化历史及其对全球气候变化的响应规律，通过典型重金属（如 As、Cd、Hg、Pb、Sb 等）、多环芳烃（PAHs）和多氯联苯（PCBs）及磁化率等指标探讨区域环境污染特征和人类活动对区域环境变化的影响份额，通过泥炭干容重、有机碳含量、碳氮比及其累积速率的分析揭示区域泥炭沼泽生态系统碳累积速率的历史变化及固碳潜力的空间格局。通过这些研究，主要有以下几点重要发现。

　　首先，重建了千-百年尺度大气降尘历史，提出东亚季风和西风环流的相互作用是东北地区粉尘活动的主要影响因素。大气粉尘不仅响应全球变化，也是全球气候系统变化的重要影响因子。近年来，有关全球粉尘源区分布、粉尘循环过程及自然尘暴演化等成为热点话题。地质记录是理解过去大气粉尘变化的重要档案，主要有深海沉积、黄土、冰芯、湖泊沉积等。但是目前全球陆地、海洋沉积粉尘代用指标与记录（DIRTMAP）数据库所收录粉尘序列存在空间分布不均问题。全球泥炭分布范围广、发育连续、测年方便、矿质来源单一，是重建大气粉尘变化的理想材料。本书在国内率先利用泥炭地壳元素和灰分粒度等指标建立大气土壤尘降（ASD）通量以重建自然尘暴演化历史，获得东北地区百年尺度 ASD 均值为 13.4～68.1g/（m²·a），背景基线为 5.2±2.6g/（m²·a）。团队研究发现东北山地泥炭灰分主要以黏土颗粒和粉砂颗粒物为主，初步揭示东北山地泥炭中矿物灰分主要源于蒙古国和中国北方沙漠和沙地，大气尘降随着与尘源区的距离增加而减少，对东北地区西部的影响要强于对东部的影响。大气降尘通量自19世纪初至20世纪60年代表现出逐渐增加的趋势，与区域近代工业化和侵略战争等人类活动增强有关。在过去60年间具有减小的趋势，与区域自然尘暴的监测数据吻合较好，为利用泥炭记录重建更长尺度序列增加了可靠性。此外，还利用泥炭记录重建了千年尺度的大气降尘历史，发现东北地区的降尘主要源于蒙古国和中国西部远距离传输的高空风尘，晚全新世大气粉尘通量较高，受源区及下风向区干旱化和风尘活动增强的气候条件控制，中全新世东亚夏季风增强，源区有效湿度增加、植被覆盖度增大，导致季风边缘区粉尘沉降通量减小。东亚季风和西风环流交互作用，控制了东北地区全新世以来大气粉尘演化历史。这增进了对长时间尺度的大气环流格局变化及陆地生态系统对气候变化的响应的理解。

其次，通过潜在危害痕量元素和多环芳烃等多指标综合研究，重建了近200年东北地区环境污染历史，定量区分了污染物的自然背景和人类活动的贡献份额，提出中国东北进入人类世的起始时间为1950年左右。过去一百年来，全球环境变化已经从全新世自然因素影响为主发展到以人类活动影响为主的人类世时期。强烈的人类活动导致世界范围内湿地生态系统经历着前所未有的变化，由此产生的一系列生态和环境问题受到了各国政府和广大科研人员的普遍关注。科学评估人类活动对湿地生态系统的影响是学术界重要的科学议题之一。本书对东北沼泽湿地进行了潜在危害痕量元素、同位素、多环芳烃等多指标系统研究，在泥炭地球化学分析方法方面进行了有益探索。建立了一个确定区域痕量元素背景基线的标准方法：样品年代需要早于1830年，且样品的 $^{206}Pb/^{207}Pb$ 值要接近或大于1.19。研究首次发现即使是在2000年我国明确禁止使用含铅汽油后，人类活动导致的 Pb 污染在东北地区依然存在。来自蒙古国的长距离输入的含 Pb 气溶胶对东北地区大气 Pb 污染有一定贡献，与大气粉尘传输影响一致。建立了东北区域 Hg 污染的背景基线 [（7.2±0.9）μg/（m²·a）]，发现分解作用对泥炭中 Hg 富集没有显著性影响，为 Hg 在泥炭中稳定保存提供了重要证据。针对矿养泥炭，考虑到非过剩 ^{210}Pb（^{214}Pb）主要来自内源碎屑物，在整个剖面中比较稳定；过剩 ^{210}Pb 主要来自大气沉降过程，因此提出用弱酸两步提取技术进行自然源和人为源 Pb 的分离；通过过剩 ^{210}Pb 与非过剩 ^{210}Pb 比值分析进行外源输入和内源输入 Pb 的估算，较高的过剩 ^{210}Pb 与非过剩 ^{210}Pb 比值表明大气沉降输入的污染物较多。该方法已经被证明能够定量区分不同来源对矿养泥炭中污染物的贡献。

最后，通过沼泽湿地碳累积和固碳潜力研究，揭示了全新世泥炭沼泽的发育过程及营养水平的变化规律，提出东北地区泥炭发育主要受气候影响的初级生产力变化控制的新认识。沼泽湿地是陆地生态系统的重要组成部分，其面积占全球陆地的3%，碳储量却占陆地碳库的1/3，在全球碳循环和气候变化研究中具有举足轻重的地位。揭示沼泽湿地的形成发育过程、探讨沼泽发育对气候变化的响应过程与机制，是理解和定量地球系统过程的重要方面，已成为国内外学者广泛关注的热点。本书较早明确提出利用古湖沼学定年技术进行沼泽湿地碳累积和固碳潜力研究，系统地计算了长白山泥炭沼泽、大兴安岭泥炭沼泽、松嫩平原湖泊湿地和三江平原淡水沼泽近现代和长期碳累积速率，为全球碳库变化和碳循环过程研究提供了重要参数。研究发现东北地区沼泽湿地具有巨大的碳汇潜力，碳储量达4.34Gt，相当于固定了159亿 tCO_2。通过泥炭发育底界年龄和长期碳累积速率等指标重建沼泽湿地演化过程，发现东北地区沼泽在晚冰期开始发育，而发育高峰期集中在全新世晚期，与全球北方主要沼泽大规模发育趋势显著不同。过去2000年以来碳累积速率呈现明显的由低纬度向高纬度递减趋势，与西伯利亚地区的趋势有延续性。研究还发现碳累积速率与生长季的有效光合辐射呈显著的线性相关，有效光合辐射直接影响沼泽湿地植被净初级生产力，提出气候驱动的净初级生产力是比分解作用更重要的、更能控制沼泽湿地碳累积和泥炭发育的观点。

在本书出版之际，我谨向我的导师王国平研究员致以崇高的敬意和衷心的感谢！恩师是一位睿智豁达、知识渊博、治学严谨的学者，他一丝不苟的工作作风，执着不懈的科研精神及诲人不倦的育人品质，一直深深地吸引和激励着我，给予我无尽的启迪，永远是我学习的楷模。特别感谢加拿大导师 Neil McLaughlin 博士，与他相识是我莫大的荣幸。在加拿大留学的日子里，McLaughlin 博士教导我在工作中要求真务实，生活上要细心和用心，保持年轻的心态和乐观向上的精神，遇到问题要积极学习、善于思考。同时，我也向师姐贾琳博士、赵红梅博士，师弟邢伟博士、Steve Pratte 博士，以及在研究工作中给予我诸多帮助和支持的所有老师、同学和朋友致以深深的谢意！我还要将此书献给我的父母，是他们一辈子含辛茹苦地培养和对知识的崇敬与渴望之情，给予我创新研究和发奋写作的动力。

本书研究成果获得了国家自然科学基金的持续大力支持，相关资助项目包括：东北亚全新世大气降尘变化及其驱动机制（41971113），利用泥炭中 Pb 和 Nd 同位素重建东北全新世尘降变化，区分人类-气候相互作用（41611130163），有机质分解对泥炭中大气金属沉降记录的影响及历史累积通量修正（41301215）和大兴安岭、长白山雨养泥炭档案记录的尘暴演化历史（40871089）。泥炭地学与环境演变是复杂的多过程的系统研究，很多工作还在进行中。因此，书中内容是一个阶段性的研究总结。由于作者水平有限，难免有疏漏，不妥之处敬请批评指正。

鲍锟山

2021 年 3 月 29 日

目　录

绪　论

1.1　湿　地　概　述

　　湿地（wetland）是与森林、海洋并称的全球三大生态系统，是处于深水系统和高地系统之间的过渡景观。湿地可以很简单地理解为多水之地，其最核心要素是水。因此，湿地具有能够涵养水源、净化水质、防旱蓄洪、调节区域气候和保护生物多样性等重要生态功能。保护湿地生态系统，是国家生态环境改善和社会文明提升的内在要求，是实现"天人合一"的可持续发展的必要手段。

1.1.1　湿地与湿地生态系统

　　湿地的字面含义是过度湿润的土地。湿地的发育环境和类型复杂多样，因而不同的时代、学科和学者对湿地的定义侧重点存在差异。例如，湿地科研人员对湿地的定义要求严谨而全面，便于湿地分类、外业调查和科学研究；湿地管理人员则重视湿地界限的划分、管理条例的制定，以精准保护和有效管理湿地（Mitsch and Gosselink，2007）。早在1956年，美国鱼类和野生动物保护协会在《美国的湿地》中提出：湿地是指被浅水和有时为暂时性或间歇性积水所覆盖的低地（Shaw and Fredine，1956）。这是最早的湿地定义之一。到1979年该协会对湿地进行综合界定，提出湿地是陆地生态系统和水生生态系统之间的转换区，通常其地下水位到达或者接近地表，或者处于浅水淹覆状态。这一综合性概念对湿地植被、水文和土壤进行了描述，相应地给出了湿地的基本属性应包括下列一个或多个：第一，水生植物至少周期性占优势；第二，基底因排水不良而以水成土为主；第三，因水淹或间歇性水浸作用，常有填充土、沉积物或有机物堆积层发育（Cowardin et al.，1979）。20世纪90年代初期，美国国家研究理事会（National

Research Council，NRC）提出湿地是一个依赖于在基质的表面或附近持续的或周期性的浅层积水或水分饱和的生态系统，并且具有持续性的或周期性的浅层积水或饱和的物理、化学生物特征；并认为可以根据水成土壤和水生植被两个特征评判湿地发育与否（Wetlands，1995）。1995年美国农业部定义湿地为一种土地，同时具有一种占优势的水成土壤，经常被地表水或地下水淹没或饱和，生长有适应饱和土壤水环境的典型水生植被，在正常情况下，生长有一种典型性植被。国际湿地科学家学会主席William J. Mitsch及合作者自1986年就撰写了 *Wetlands* 一书，并陆续再版4次，该书中给出的湿地科学定义包括3种要素：第一，湿地是以水的出现为判别标准；第二，湿地常常发育独特的、不同于其他地区的土壤；第三，湿地生长着适应于潮湿环境的水生植物（Mitsch and Gosselink，2007）。

美国比较重视湿地研究和湿地管理工作，不同的行业部门均提出了相应的湿地概念。除了上述典型定义外，其他国家也开展了相应的研究。加拿大国家湿地工作组对湿地做出如下定义：湿地是指长期存在潮湿的土壤，在化冻季节水淹或地下水位接近矿质土壤，生长水生植被的地方。这一定义强调湿地水分饱和时间足够长，从而促进湿成和水成过程，并以水成土壤、水生植被和适应潮湿环境的生物活动为标志，并提出了水深不超过2m，原因是水深超过2m，挺水植物无法生长，只能界定为湖泊水体（Group，1988）。Loyd等（1993）定义湿地为一个地面受水浸润的地区，具有自由水面，通常是常年积水，或季节性积水，也有可能在有限时间内没有积水。日本学者认为：湿地主要有3个特征，即潮湿、地下水位高、土壤至少会间歇性处于饱和状态（梁树柏，2003）。赞比亚的湿地研究人员认为：湿地是指存在有周期性大水泛滥并有土壤交替出现的区域，或者水深不超过几米的长期淹没区（Tiner，1999）。澳大利亚的湿地定义为，湿地是指永久性淹水区或者暂时性水涝地，暂时性的湿地必须有足够的频率或者持续时间的影响生物的地表水（Tiner，1999）。

中国湿地研究起步较晚，但是进展很快。在1987年，《中国自然保护纲要》把沼泽和滩涂合称为湿地。后来，徐琪提出：一般而言，湿地是受地下水浸润或地表水周期或季节性浸淹的土地（梁树柏，2003）。佟风勤和刘兴土（1995）指出陆地上常年或者季节性积水和过湿的土地并与其生长、栖息的生物种群，构成湿地生态系统。由于上述广泛的湿地定义，王宪礼和肖笃宁（1995）通过国内外湿地概念的梳理，总结出了构成湿地的3个基本要素：水的出现是湿地的第一标准，独特的土壤是湿地与高地相区别的特征要素，适于潮湿环境的水生植物生长是湿地的重要标志。陆建建（1998）认为湿地是陆缘且含60%以上湿地植物的植被区，水缘为海平面以下6m的水陆缓冲区，包括内陆与外流江河流域中自然的或人工的，咸水的或淡水的所有富水区域，但不包括枯水期水深超过2m的区域。

近年来，有关湿地和湿地生态系统的论著蓬勃发展，分别有《湿地生态系统保护与管理》（吕宪国，2004）、《湿地生态系统观测方法》（吕宪国，2005）、《沼泽学概论》（刘兴土等，2006）、《湿地学》（崔保山和杨志峰，2006）、《湿地生态学》（陆健健等，2006）、《中国湿地与湿地研究》（吕宪国，2008）和《湿地概论》（于洪贤和姚允龙，2011）。这些系统性的湿地专著都对湿地的定义范畴进行了回顾和评述，广泛支持湿地是地球表层的水陆过渡的地理综合体，具有3个相互影响的基本特征：一是地表常年或季节性积水；二是土层潜育化；三是有喜湿生物栖息活动。

当前国际上对湿地的定义较为多样，各有侧重。最为宽泛的是《关于特别是作为水禽栖息地的国际重要湿地公约》（又称《国际重要湿地公约》《Ramsar公约》）中对湿地的定义："不论其为天然或人工、长久或暂时性的沼泽地、泥炭地或水域地带，静止或流动的淡水、半咸水、咸水水体，包括低潮时水深不超过6m的水域；同时，还包括邻接湿地的河湖沿岸、沿海区域以及位于湿地范围内的岛屿或低潮时不超过6m的海水水体。"《国际重要湿地公约》对湿地的定义有利于管理部门划定湿地管理界限，有利于流域尺度上建立联系、协同保护湿地，被158个缔约国所接受，现今应用最为广泛。

随着湿地科学的深入研究和发展，湿地逐渐作为一种重要的生态系统而备受关注。湿地生态系统与森林生态系统和海洋生态系统并称地球上三类最重要的生态系统。湿地生态系统是陆地与水域之间水陆相互作用形成的特殊的自然综合体，其独特性在于它特殊的水文状况、水陆交错作用及其产生的特殊的生态系统功能，包括陆地主要淡水生态系统（如河流、浅水湖泊、沼泽等）、陆地与海洋过渡带的滨海湿地生态系统和海洋边缘部分咸水、半咸水水域生态系统（陆健健等，2006）。湿地生态系统通过物质循环、能量流动和信息传递将陆地生态系统与水域生态系统联系起来，因而生物多样性极为丰富、单位生产力较高。有研究指出，所有类型的湿地生态系统的净初级生产量平均值一般为$600\sim2000g/(m^2 \cdot a)$（陆健健等，2006）。湿地生态系统具有水源调蓄、水质净化、气候调节、物种保存、野生动物栖息地等基本生态效益，也具有为工业、农业、能源、医疗业、交通运输等提供大量生产原料的经济效益，还具有作为物种研究和教育基地、提供旅游娱乐场所等社会效益。因此，湿地生态系统是自然-经济-社会复合系统，湿地生态系统的健康是经济社会可持续发展的保障。湿地生态系统要持久地维持或支持其内在组分、组织结构和服务功能健康发展，必须要实现其生态合理性、经济有效性和社会可接受性。湿地生态系统包括非生物组分和生物组分两大部分，前者主要涉及基质（岩石、土壤）、介质（水、空气等）、气候（温度、降水、风等）、能源（太阳能及其他能源）、物质代谢原料等要素；后者即通常所说的生态系统的生产者、消费者和分解者。湿地土壤、水文、气候和生物等是湿地生态系统的主要要素，这些要素之间及各要素与外部环境之间是相互制约、相互作用的，是一个复杂的非线性动态过程（崔保山和杨志峰，2001）。每个因素的变化，都会在一定程度上破坏生态系统的稳定性，进而影响生物群落的结构。这也说明湿地生态系统是一个脆弱的生态系统，易受到人类活动的扰动和破坏，需要加强保护、修复和综合治理。

1.1.2 湿地的类型及分布概况

湿地分类是湿地整体中各部分之间相互有序关系的反映，有利于描述相同自然属性的生态系统单元，进行科学的编目和制图，形成统一的学术概念和规范用语，促进湿地科学更好发展（Mitsch and Gosselink，2007）。通过湿地分类，还可以将不同的湿地纳入统一框架下，方便湿地管理工作者制定政策和保护湿地。当前国内外湿地分类方法研究一般包括成因分类法、特征分类法和综合分类法三大类。成因分类法主要描述形成湿地的气候和地貌条件（包括地貌部位、地质基底条件、地貌外动力条件等）来区别湿地。特征分类法根据湿地的水文条件、植被类型等表观特征和内在动力特征的差异来区别湿地，定量化指标有所增加。综合分类法是基于前两种分类方法发展起来的，它既能反映湿地的成因及湿地分类中不同层次的诸多自然表观特征，又能反映湿地不同层次特征的相似性。

由于湿地定义的国家和地区间差异，湿地类型的划分也存在很大差别。但是《国际重要湿地公约》为了提高其适应性机制，要求各缔约国采用较为一致的"湿地种类"分级制度，并于1990年6月在第四届缔约国大会上发展和通过了一个新的分类系统。这个系统首先把湿地分为天然湿地和人工湿地两个子系统，天然湿地再分为海洋/海岸湿地和内陆湿地。海洋和沿海湿地分为12型，内陆湿地分为20型，而人工湿地分为10型，共42种类型。《国际重要湿地公约》分类是基于全球尺度，综合考虑各缔约国湿地分布范围和特点，从有利于湿地管理的角度展开分类，体现的是全球尺度下的湿地类型的层、级结构特征。各个国家的湿地分类系统是基于各国资源普查的需要，依据各个国家的湿地分布特征等进行分类，体现的是国家尺度下的湿地类型的层、级结构特征。例如，中国具有广阔而多样的湿地，主要包括沼泽湿地、湖泊湿地、河流湿地、河口湿地、海岸滩涂、池塘水库、农业稻田等。中国湿地划分根据实际情况和湿地资源调查规范，将湿地划分为5类（近海与海岸湿地、河流湿地、湖泊湿地、沼泽湿地和人工湿地），共34型。有关湿地的主要类型及其特征，详见［崔保山和杨志峰（2006）、于洪贤和姚允龙（2011）］。从湿地分类的侧重点看，湿地分类一般比较侧重对天然湿地分类系统的建立，根据自然条件特征对天然湿地的划分比较详细。对人工湿地分类的系统研究比较少，主要是根据湿地用途对农村人工湿地进行了较详细的分类，但是对城市人工湿地的分类研究基本处于空白阶段。

中国湿地分布范围广阔，从寒温带到热带、沿海到内陆、平原到高原山区均有分布。中国湿地类型多样，表现出同一地区内有多种湿地类型和一种湿地类型分布于多个地区的特点，构成了丰富的组合类型。根据植被和地区差异，中国湿地可分为7个主要区域：东北中高纬湿地、黄河中下游湿地、长江中下游湿地、华南沿海湿地、云贵高原湿地、西北干旱和半干旱湿地、青藏高原高寒湿地（于洪贤和姚允龙，2011）。东北地区湿地主要以沼泽和沼泽化草甸为主，这些沼泽和沼泽化草甸面积随着纬度的增加而增加。华北地区由于水资源短缺、人口密集，天然湿地较少，零星分布于河流、湖泊岸边。水库、池塘、运河、沟渠、盐田和鱼虾养殖池等人工湿地比较丰富。华中地区是我国淡水湖泊集中分布区，发育有我国最大的自然和人工复合湿地生态系统。华南地区以滨海湿地和河流湿地为主，其次为人工湿地，湖泊和沼泽湿地面积较小。西南地区天然湿地以河流、湖泊和沼泽为主，其中，河流主要是大江大河的上游地段，湖泊多发育于夷平面陷落区域，面积较小，沼泽多分布在高寒气候区，包括高山泥炭地和湖滨沼泽等。西北地区天然湿地包括河流、湖泊和沼泽等，并主要分布在新疆和甘肃省内。内蒙古高原发育众多的河流和湖泊，湿地类型包括森林沼泽、灌丛沼泽、草本沼泽和苔藓沼泽等。青藏高原湿地广泛发育，包括泥炭沼泽、潜育沼泽、河流湿地、湖泊湿地和水库等。泥炭沼泽主要发育在冰蚀湖盆洼地、沟谷、扇缘、阶地等区域。总之，中国湿地类型全、分布广、面积大、数量多、区域差异大、各自特色显著、湿地生境类型齐全、生物物种丰富、湿地开发历史悠久、受人类活动影响深远（崔保山和杨志峰，2006）。

1.1.3 中国湿地的保护与管理

湿地是维护国土生态安全的基本屏障和实现经济社会可持续发展的物质基础。然而，气候变化和人类活动对全球湿地生态系统产生了巨大影响。中国的湿地在发挥生态、经济和社会效益的同时，也面临着人类生产和生活的严重威胁，主要表现在天然湿地面积快速减少和湿地功能显著退化。湿地面积减少甚至丧失主要是因为人类对湿地的盲目开垦和过度利用。例如，为了开垦东北地区三江平原沼泽和沼泽化草甸湿地，修建了纵横交错的排水沟渠，1949~2000年全区湿地面积由534万hm^{2}减少至135万hm^2，平原地区的湿地占比由80.1%降至20.2%（Wang et al.，2011；李云成等，2006）。长江中下游地区浅水湖泊湿地面积在1949年有25828hm^2，由于围湖造田，到2000年减少了约50%（李凤娟和刘吉平，2004）。1985~2010年，被围垦的滨海湿地面积达754697hm^2，年均围垦率为5.9%（周云轩等，2016），特别是华南地区，近40年共有334000hm^{2}滨海湿地丧失，丧失率高达70%（Sun et al.，2015）。另外，人类活动和自然因素耦合作用，导致湿地生态系统结构发生改变和功能逐渐退化，主要有缺水萎缩型、污染退化型、泥沙淤积退化型、排水疏干退化型、红树林破坏型、生物入侵导致湿地退化型、湿地生物资源过度利用与生物多样性受损等（刘兴土等，2006）。水源补给很大程度上决定了湿地生态系统结构的稳定性，由于气候变化、河流建坝截留等原因，滩地沼泽与河流的水力联系常被切断，在枯水季节经常出现缺水变干而产生一系列生态问题。再者，许多湿地承受着工农业废水、生活污水及农药化肥的影响，湿地污染问题日益加剧，给湿地生态环境和生物多样性带来了严重威胁。另外，湿地生物资源的过度利用，主要体现在重要渔区和经济海区酷渔滥捕现象，不仅导致鱼类资源衰竭，而且影响湿地中其他物种的生存和发展。正如前人总结的，盲目开垦与改造、环境污染和生物资源过度利用是当前中国湿地保护面临的三大威胁，而不同的天然湿地类型所面临的威胁有所不同（崔保山和杨志峰，2006）。

因此，中国湿地保护责任重大、任重道远。第一，需要加强湿地立法，完善湿地保护的政策和法律法规体系。目前专门的湿地保护法律法规比较缺乏，湿地的保护管理、恢复改造、开发利用、执法监督等仍然存在责任不清、管理不到位等现象，直接影响到湿地保护的力度和成效。第二，要加强各级湿地保护管理机构建设，建立湿地保护管理的有效协调机制。通过加强各级湿地保护管理机构的建设，尤其是县、乡一级基层保护管理体系建设，有利于湿地保护管理工作深入到基层，确保国家有关保护管理的法律、法规和政策得到落实。第三，加大投入，组织实施《全国湿地保护工程规划（2002~2030年）》。在湿地调查、保护区及示范区建设、污水治理、湿地监测、湿地研究、人员培训、执法能力与队伍建设等方面都缺乏专门的资金支持，许多湿地保护项目和行动难以实施，已建立的湿地自然保护区不能发挥其正常的保护功能，甚至一些必要的湿地基础研究难以进行。第四，要强化湿地保护的科技支撑。加强对湿地的调查、监测、恢复、演替规律等方面系统、深入的研究，建立湿地定期调查和动态监测体系，掌握湿地资源与环境动态，为湿地保护、合理利用与管理提供科学依据。第五，要加强国际重要湿地、湿地自然保护区和保护地建设与管理。实践证明，建立保护区是保护湿地最积极、最直接、最有效的措施。今后还要继续加强湿地保护区建设，把重要湿地以建立保护区的方式纳入保护管理范畴，逐步形成和完善国家保护地体系。第六，要高度重视和切实做好宣传教育工作。湿地保护是一项新兴事业。目前中国社会大众对湿地的价值和重要性缺乏认识，需要在大力宣传和教育实践中提高人们的湿地保护意识。

应用生态系统管理理论，对湿地进行综合管理，使保护、管理与合理利用走上可持续发展道路，是中国湿地保护和管理的终极目标。而要实现湿地的综合有效管理，需要做到以下几点：①必须科学地解决湿地与耕地的矛盾。中国的基本国情是人多地少，以前大量的湿地被开发成耕地，向湿地要食物。因此，必须针对洪涝多发区，对湿地分洪蓄洪能力及其潜在空间、围垦状况、防洪工程、人口及社会经济发展状况进行综合调研，结合流域持续发展目标，制定科学的流域湿地开发利用与保护规划，为科学合理利用湿地提供基础。②必须解决泥沙淤积造成的湿地退化。从某种意义上讲，泥沙淤积对湿地的破坏甚至远远超过湿地的围垦。保护好下游的湿地，必须增加上游植被数量，改变土地利用方式，减少水土流失是一条必由之路。③在保护湿地的前提下，合理利用湿地。对于没有经济效益或经济效益很低的耕地，应退耕还湖还湿，使其发挥湿地的多种功能。结合农业产业结构调整，建立适宜的多种复合高效农业生态模式，逐步恢复优良的自然生态功能。④制定科学的经济技术政策，引导湿地资源合理开发和有效保护。根据市场经济规律，建立相应的激励机制和科学的经济技术政策对湿地的保护具有重要的引导作用，让保护湿地成为一种自然的行动。例如，建立湿地生态环境保护基金和向湿地保护倾斜的政策，增加湿地的科研投入，而且对重要的湿地保护进行补偿，其资金可以从湿地经济作物或经济活动的资金中提取一定比例，也可以从通过国内外社团和个人的捐赠或者积极争取国际上或联合国有关组织的资助中积累，使湿地保护、管理与合理利用得到良性循环。

1.2 泥炭沉积与泥炭沼泽

1.2.1 泥炭沉积

沼泽是湿地的最主要类型，一般认为，沼泽湿地占全球湿地面积的76%。我国沼泽科学家认为，沼泽是地球上水陆相互作用形成的自然综合体，是水域和陆地生态系统的过渡类型，它具有3个相互联系、相互制约的基本特征：地表常年过湿或有薄层积水；生长沼生或湿生植物；存在着与土壤过湿和还原环境相联系的成土过程，即土层潜育化显著或有泥炭累积（刘兴土等，2006）。根据这一定义可以断定，过渡性是沼泽的重要生态特性，在空间上表现为许多沼泽分布在湖滨、河滩和海岸带，沼泽与水体的分界是高等挺水植物的分布区，一般为水深2m内；在时间上则表现为沼泽形成过程中与之密切联系的成土过程，由于沼泽地表长期处于浅层积水和过度湿润状态，形成了一个较为稳定的水-土界面。在淹水和缺氧的还原条件下，这个界面使沼泽具有与陆地和水体都不相同的特殊性。有机土壤层积水导致4种后果：一是沼泽中有很大一部分根系区缺氧；二是有机质在积水形成的厌氧环境下累积为泥炭；三是形成相对低洼平坦的环境；四是泥炭层把沼泽表层和下层的矿质基底分开（刘兴土等，2006）。

自然界任何植物均有出生、生长和死亡的过程。植物体死亡后，经微生物和土壤动物的作用而分解。在潮湿或地表积水的环境中，由于氧的缺乏，好氧微生物数量减少，使死亡植物体的分解缓慢，形成有机物的累积现象。这些累积的有机物被称为泥炭（peat），也称为草炭或泥煤。有学者指出，泥炭是在一定的气候、水文条件下于沼泽环境中形成的，是第四纪，特别是全新世不同分解程度的松软有机体堆积物（张新荣等，2007）。由于沼泽地表长期过度湿润或上层经常处于过饱和状态，致使土层通气不良。死亡的沼泽植物，在嫌气微生物的作用下，不能完全被分解，其植物残体就堆积于沼泽地表，经过几百年至上千年的不断累积而成为泥炭（阪口丰，1983；柴岫，1990）。柴岫（1990）指出，泥炭是由有机残体（主要是植物残体）、腐殖质和矿物质三部分组成的，是不同分解程度的松软的有机体堆积物，其有机质含量应占30%以上。由此可见，具体确定泥炭的概念需要抓住两点：一是死亡的有机体被分解了或分解不完全；二是有机质含量所占的比例。前者可以区分草根层，后者则适用于对泥炭的不同利用目的。泥炭的形成和累积是泥炭沼泽发育的基本特征，在其发育过程中只有沼泽植物的生长量大于沼泽植物残体的分解量时，才会有泥炭的沉积，它包括以沼泽植物残体为主体的有机质增长过程、植物残体在以嫌气为主环境下的生物和化学分解过程及泥炭的堆积过程（刘兴土等，2006）。全球沼泽植物在不同气候带和不同沼泽类型中，生产量差异很大，即使在同一地区不同的沼泽植物，或是同一沼泽植物在不同地域条件下，其生产量也是有差异的。除了生产量影响泥炭沉积速率外，沼泽植物残体的分解强度也决定着泥炭的堆积速度和营养物质的释放速度。天然沼泽植物年生产的有机物质，主要是归还土壤，进入分解过程，该过程是生物、物理和化学共同作用的结果。因而，影响沼泽植物残体分解的因素包括沼泽植物残体的种类、化学组成，微生物的种类和活性，区域水热条件等。沼泽植物生产率与分解强度之间既相互联系，又相互制约，共同决定了泥炭累积的必要条件，即沼泽植物生产率必须超过其分解速率，而泥炭累积速率则取决于这两个过程的速率比。

1.2.2　泥炭沼泽

泥炭沼泽是泥炭形成的湿地生态系统，一般泥炭累积厚度达30cm。泥炭沼泽生态系统占全球陆地面积的3%～6%，即全球湿地面积的50%～70%（Clymo，1984；Gorham，1991；Joosten and Clarke，2002）。泥炭沼泽主要有两种类型，即以大气降水补给为主的雨养泥炭沼泽（ombrotrophic bog）和以地下水补给为主的矿养泥炭沼泽（minerotrophic fen）（Clymo，1987）。雨养泥炭沼泽由于没有地下水中矿物质的输入以抵消有机质分解产生的酸（CO_2 和有机酸），因而其表层水的pH极低，大约为4；此外，植被所需的营养物质供应不足，溶解性氧消耗速度远大于雨水的输入速度，因而其表现为厌氧的环境。相反，矿养泥炭沼泽受当地矿质土壤和沉积物组成的影响显著，含有大量的溶解性物质，保持着一个相对较高的pH（6～8）（Shotyk，1988）。研究证明，泥炭沼泽的形成和演化具有长期性，泥炭不仅证实相应时期沼泽的存在，而且其自然剖面是良好的地质档案（阪口丰，1983）。尤其是雨养泥炭沼泽能够保存来自大气圈、水圈、岩石圈及各圈层的联合作用的时间变化信息（Martanez et al.，2002；Shotyk et al.，1997b），它是一个积极的信息储备系统，而不是被动的惰性体。相比较而言，矿养泥炭沼泽由于养分供应源较多，泥炭沉积过程中的生物地球化学作用复杂，对其记录的环境变化信息解译比较困难。近年来，也有研究表明，对一些受底层沉积物的矿物溶解作用影响小的环境指标（如Pb），矿养泥炭沼泽也不失为一种可靠的地质档案（Ali et al.，2008；Shotyk，2002）。

泥炭沼泽在中国分布广泛，主要位于西南的青藏高原地区、东北的山区和平原、长江下游平原及中部和东南部的珠江三角洲（图1-1）。灰分含量经常被用作泥炭地营养状态的指标，典型雨养泥炭地的灰分含量低于4%（Martinez and Weiss，2002；Shotyk，1988；Tolonen，1984）。而中国泥炭灰分含量一般大于10%（Bao et al.，2010a；Ferrat et al.，2012a；Li et al.，2016；Wei et al.，2012），高于北美洲和欧洲报道的雨养型阈值（Mighall et al.，2009；Shotyk et al.，1998）。在这些条件下，大多数中国泥炭地在性质上可以被认为是矿物营养型的。大气中的粉尘载荷在局地和区域范围内可能有很大差异，粉尘沉降速率受风速、地理和地质环境及粉尘来源的邻近性等因素影响（Lawrence and Neff，2009）。中国北部和西北部及蒙古国的沙漠和黄土沉积是全球大气粉尘的最大来源之一（Merrill et al.，1994），占亚洲大气排放总量的70%（Zhang et al.，2003b），北美洲也有记录（Husar et al.，2001），远至欧洲（Grousset et al.，2003）。中国泥炭地靠近这

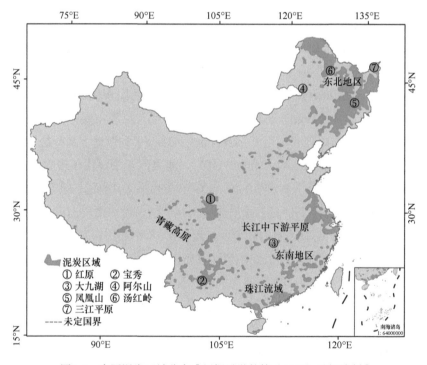

图1-1　中国泥炭区域分布［根据马学慧等（2013）重新绘制］

红色圆圈表示有金属累积记录的研究点位。①红原泥炭地（Yu et al.，2010；Shi et al.，2011；Ferrat et al.，2012a，2012b，2012c，2013）；②宝秀盆地（Wei et al.，2012）；③大九湖盆地（Zhao et al.，2007；Li et al.，2016）；④大兴安岭阿尔山泥炭地（Bao et al.，2010，2012，2015，2016b）；⑤凤凰山泥炭地（Bao et al.，2016a）；⑥小兴安岭汤红岭泥炭地（Tang et al.，2012）；⑦三江平原泥炭地（Gao et al.，2014a）

些粉尘源区，可能会导致比北美洲或欧洲更高的粉尘沉降速率，使得泥炭含有更高的灰分含量。尽管中国泥炭地的灰分含量表明了其成矿条件和营养水平，但它们的特殊性从侧面表明沉降在这些泥炭地的金属主要来自大气输入。因此，这些泥炭档案大部分还是适合于重建区域金属污染和外源大气粉尘沉降的历史变化。

利用泥炭沼泽进行古环境研究自20世纪90年代以来呈上升趋势，雨养泥炭尤其受到重视（王国平等，2006），其理由是雨养泥炭不仅具备使大气沉降颗粒不发生明显再分配，从而使记录得以长期保存的特性，而且其分布的特殊性、采样的方便性，使其成为与其他保存大气沉降档案（冰芯、湖泊沉积物）相比更经济且吸引人的地质档案（Givelet et al.，2004）。早在1990年柴岫曾就泥炭的基本理论及其研究方法及开发保护等方面进行了系统的阐述和总结（柴岫，1990）。但近年来，泥炭学研究成果较多地集中在北欧、西欧、美国和俄罗斯等地。德国海德堡（Heidelberg）大学地球科学学院 William Shotyk 教授领导的"大气沉降的泥炭沼泽档案"研究团队，利用泥炭地中沉积记录，在历史时期的环境演化研究方面取得了一系列成果（Givelet et al.，2004；Shotyk，1996a，1996b；Shotyk et al.，2000；Shotyk et al.，1996，1997a；Shotyk et al.，1997b；Weiss et al.，1999a；Weiss et al.，1999b）。

国内关于沼泽沉积的研究不多（王国平等，2003），且多集中在湖泊和海滨沉积物中。湿地历史时期营养元素的累积特征是湿地演化过程的记录。通过对湿地沉积物中营养元素累积特征的分析，可以对湿地的历史营养状况进行追溯，进而对湿地的演化过程进行推测，为湿地的保护与开发提供理论依据。泥炭沼泽形成实质是自然界中物质-能量转化过程中的必然产物，也是生物循环与地质循环过程中生物化学作用的结果（张则有等，1997）。泥炭沼泽演化类型包括水体沼泽化、陆地沼泽化和水-陆转换式沼泽化类型，导致某泥炭层形成过程中泥炭沼泽化类型及其转换的直接原因是水文条件，特别是覆水深浅的变化和稳定程度（彭格林等，1996）。大兴安岭沼泽的形成是受气候、地貌和水文条件综合作用的结果。大兴安岭属于寒温带气候，终年气温低、湿度大，致使大兴安岭普遍分布着季节性冻层和永冻层。季节性冻层广布于山腹和平缓的山冈上，春末夏初，当积雪融化时，地表仅能解冻20~40cm，而下部的冻土层起着一个"隔板"的作用，阻塞了雪水下渗的途径。融水排除的另外一个途径是径流，但因山坡比较平缓，加之地表又覆被着一层很厚的地被物，阻碍了径流作用，只能在地被物吸湿达到饱和状态以后才有可能形成径流，而且流动缓慢，不可能形成快速径流。7月、8月，地表虽已解冻，但又逢雨季，使该区平缓的山地的植被和凋落层终年处于水分饱和状态，加速了这些山地的沼泽化。再者，永冻层除造成地表过湿外，还导致地温低、缺氧，限制了好气细菌活动，土壤中缺少亚硝酸细菌和对有机质分解作用大的纤维细菌，微嗜氮细菌含量少，导致大量植物残体在嫌气条件下难以彻底分解，逐渐累积在土壤中变成泥炭，形成不同类型的泥炭沼泽（周瑞昌等，1990）。陈淑云等（1994）也指出，东北山地贫营养泥炭是在寒冷、高湿的生态环境中形成的，主要造炭植物是泥炭藓，其水源靠矿物质含量少的大气降水补给，泥炭溶液中氢离子浓度增大，细菌活动受到抑制，致使植物分解缓慢，其残体保存较好。

1.3 环境变化的泥炭地质记录

地球系统各个圈层是相互联系的统一整体。对于大气环境而言，它受到了来自海洋、土壤-岩石圈及人类社会的多方面影响，并发生了相应的历史变化；而大气扩散和沉降过程又将这些历史变化传导至地表各种自然载体中保存起来。根据这些沉积档案来重建大气环境的历史变化，是人类认识自然环境、反思自我行为的环境效应，并寻求与其共处的重要途径。雨养泥炭沼泽是一种重要的泥炭沼泽类型（图1-2），具有全球广泛分布的特点，其养分补给主要源于大气沉降（包括雨、雪和空气尘埃）。它是一个记录大气环境变化的积极的信息储备系统，记录有大气输入的海洋气溶胶、沙尘颗粒、酸沉降、重金属和有机污染物等信息。采用地质定年技术将泥炭深度转化到年代坐标上，并结合泥炭生物地球化学指标检测分析，提取反映这些信息的代用指标，是重建大气环境变化历史的有效方法。

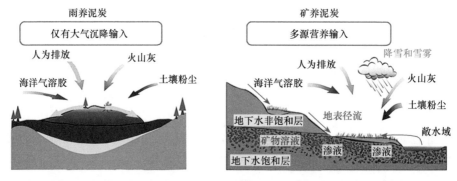

图1-2　雨养泥炭与矿养泥炭沼泽示意图［根据Charman（2002）绘制］

大气沉降输入泥炭中的物质组分主要包括无机离子溶解物（主要源于海洋气溶胶）、风扬颗粒尘埃和人为污染物质（包括酸沉降、重金属、有机污染物）（Proctor，1995；Wieder et al.，2009）。自然和人类活动产生的这些微粒物质能够以亚微米气溶胶的形式在大气层中远距离传输，之后沉降到泥炭沼泽中，这些颗粒物的沉降对大气环境的影响已超越了地缘政治的界限。泥炭沼泽横跨地球广泛分布，这一特性为在全球范围内开展大气沉降的历史记录研究提供了机会。早期的大气沉降历史重建工作在一定程度上受放射性碳同位素和孢粉定年技术所限制，获得的数据分辨率都很低（Lee and Tallis，1973；Oldfield et al.，1978；Livett et al.，1979）。随着定年方法的改进，尤其是对近泥炭表层的泥炭沉积物进行^{210}Pb定年，使得泥炭柱心可以反演近现代大气沉降历史（过去200年左右），尤其在金属沉降方面成果显著（Cole et al.，1990；Schell，1986）。

1.3.1　泥炭沼泽粉尘沉降记录

沙漠化是世界十大环境问题之一，也是我国北方需要解决的主要生态问题，中国北方大部分地区都见识了沙尘、沙尘暴给我们带来的生存危机。沙尘天气、沙尘频繁发生的主要原因和演化规律需要根据地质体的沉积记录及其他监测技术方法进行综合研究，将古论今，预警未来。矿物粉尘（mineral dust）一般被认为是干旱多风气候的产物，对大气圈物质组分和辐射平衡有重要影响，同时还是生态营养和环境污染物质的主要携带者（Kohfeld and Harrison，2001）。近年来，有关全球粉尘源区分布、粉尘循环过程（释放、传输和沉降）及尘暴演化特征等的研究成为热点话题。亚洲是一个重要的粉尘源区，源于蒙古国和中国西北干旱地区的矿物粉尘，经长距离搬运，对周边国家造成影响，已经引起韩国、日本和美国等的关注（Kyotani et al.，2005）。一直以来，中国高分辨率的粉尘地质记录和季风演化研究主要集中在西北（Qiang et al.，2014；Zhang et al.，2002）、西南（Jin et al.，2016；Wang et al.，2007）及南方地区（Hsu et al.，2009；Liu et al.，2014）。这些区域黄土、冰芯和湖泊沉积物记录的大气降尘历史为全新世气候波动和季风演变研究提供了重要信息（Chen et al.，2013；Merkel et al.，2014；Xu et al.，2018）。而东北作为季风边缘区，处在北方沙漠与沙地东部边缘，是亚洲沙尘的重要影响区和历史降尘集中分布区，在地质和人类历史时期中沙尘暴频繁出现，但有关长时间尺度的大气粉尘记录及其对季风变化的响应研究相对较少（Bao et al.，2012；Chu et al.，2009；Zhu et al.，2013；张俊辉等，2012）。

泥炭沼泽发育过程中堆积的各类沉积物真实地记录下区域环境演变和气候变化。沙尘暴（sand-dust storm）是沙暴（sand storm）和尘暴（dust storm）两者兼有的总称，是指强风把地面大量沙尘卷入空中，使空气特别浑浊，水平能见度低于1km的天气现象，其中沙暴是指大风把大量沙粒吹入近地面气层所形成的携沙风暴；尘暴则是大风把大量尘埃及其他细粒物质卷入高空所形成的风暴（赵兴梁，1993）。沙尘暴是大气边界层中的强风与干燥沙质地表相互作用的产物，风作为沙尘活动的动力条件，风力强度和风场格局主要受大气环流及区域气候与地貌格局的控制。气候因子中的水热组合及其在不同时空尺度上的变化也会影响下垫面表层土壤含水量和植物生长状况，进而影响沙尘起动及传输过程（史培军等，2000）。沙尘暴是一种危害性极大的灾害性天气，它的发生发展既是一种加速土地荒漠化的重要过程，又是土地荒漠化发展到一定程度的具体表现。随着世界人口的不断增加，全球变化的日益加剧，有限资源（特别是水资源）和环境条件与人类需求量的迅速增长之间的矛盾日趋突出，如果不尽快在全球各沙漠化区域及其相邻的干旱半干旱地区采取切实有效的措施，沙尘暴的发生发展将更加频繁，强度将越来越大，影响范围也会更广，需要进一步研究的问题会越来越多（王式功等，2000）。

由于大气降尘在生物地球化学循环和气候变化动态过程中有着重要作用，大气降尘的长距离传输受到科学研究者们越来越多的关注。大气粉尘通量与全球大气环流变化有很强的相关关系，这将有助于通过地质载体记录的粉尘变化档案（如冰芯沉积、湖泊沉积、黄土沉积及泥炭沉积等）揭示全球尺度的气候事件（Biscaye，1997；强明瑞等，2006）。最近20余年来，元素示踪被有效地运用到大气粉尘源地和粉尘释放、输送与沉降过程的研究中（Arimoto，1995；Bory et al.，2003；Duce et al.，1983；Parrington et al.，1983；强明瑞等，2006；张小曳等，1996a，1996b），这些研究表明我国西北干旱、半干旱区是全球大气粉尘释放的重要源区。在欧洲西北部开展的泥炭剖面研究中对粒径大于60μm的砂砾物进行了详细解译，认为泥炭中砂砾组分含量可以作为大气环流特征的指示指标，雨养泥炭地中没有地表径流，非生物成因的矿物颗粒被认为是大气输入的（Björck and Clemmensen，2004；De Jong et al.，2006，2009；Sjögren，2009）。

泥炭藓能够有效捕获粉尘，特别是高山雨养泥炭，其营养物质主要来自于大气沉降，是重建大气粉尘输入历史的理想材料（De Vleeschouwer et al.，2014）。泥炭地分布比其他地质载体广泛，可出现在不同类型的地理单元，有可能解决目前粉尘序列数据库空间覆盖度较低且分布不均的难题。在欧美已经开展了很多利用泥炭重建过去千年尺度的大气降尘历史研究，主要利用元素地球化学手段进行降尘通量的估算，结合孢粉等生物遗存指标进行古气候重建，分离稀土元素及其同位素进行降尘来源的指纹判别（Allan et al.，2013a；Fagel et al.，2014；Kylander et al.，2016；Pratte et al.，2020；Roux et al.，2012）。特别是，*The Holocene* 期刊于2020年出版了全新世大气降尘的泥炭沼泽档案专辑，该专辑包括了来自世界不同地区泥炭粉尘记录的8篇研究论文（De Vleeschouwer et al.，2020）。国内的相关研究也陆续展开。西南地区高原泥炭和东北地区高山泥炭是目前国内研究较多的大气沉降档案。利用西南红原泥炭重建了9.5ka的大气Pb同位素记录，发现该地区的全新世Pb沉降受到了远源沙尘输入的影响，对东亚季风变化具有很好的指示意义（Ferrat et al.，2012b）。利用大兴安岭摩天岭泥炭的Ti等地球化学元素记录建立了大气土壤尘降（ASD）通量，重建过去150年来自然尘暴演化历史，发现过去60年来降尘具有减小趋势，与中国北方过去50年气象记录的沙尘暴变化吻合地较好（Bao et al.，2012）。利用长白山哈尼泥炭地球化学元素、矿物和粒度等多指标重建了14ka的大气粉尘沉降历史，揭示了东亚季风和西风环流的交互作用对矿物粉尘传输的影响机制，增进了中国大气粉尘与气候变化关系研究的认识（Pratte et al.，2020）。

1.3.2 泥炭沼泽环境污染记录

1. 重金属污染记录研究

雨养泥炭沼泽只从大气中接受各种化学组成物质，这些物质沉积在泥炭表层，随着泥炭沼泽一起发育。假定泥炭能够强烈吸附这些沉降物，泥炭沼泽就成为了研究大气降尘中各种化学组成的时空演化趋势的良好档案，对不同深度的泥炭层样本进行分析就可以探讨区域环境污染历史，进而比较和研究不同区域的表层泥炭样本就能够得出大气沉降速率的区域差异（Steinnes and Njastad，1995）。泥炭含有大量反磁性有机物质，而且发育在地下水位之上，不存在污染物质的非大气输入途径，实为一个接受所有大气降尘和工业污染物的良好储存体（Oldfield et al.，1981；Strzyszcz and Magiera，2001）。雨养泥炭沼泽是沼生植物腐烂后原地堆积发育，并且只接受大气干湿沉降，所以能够保存来自大气圈、水圈、岩石圈及各圈层联合作用的长时间尺度的高分辨率变化信息（Martanez et al.，2002；Shotyk et al.，1997b；王国平等，2006），是一个记录大气环境变化的积极的信息储备系统，而不是被动的惰性体。相比较而言，矿养泥炭沼泽由于养分供应源较多，泥炭沉积过程中的生物地球化学作用复杂，对其记录的环境变化信息解译比较困难，但是这类泥炭沼泽仍然对一些受底层沉积物的矿物溶解作用影响小的环境指标（如Pb）具有较好的保存和记录作用（Ali et al.，2008；Shotyk，2002）。

泥炭沼泽是已经被证实的能够重建全球大气环境金属沉降污染历史序列的众多良好环境记录档案之一，国外不少研究学者做了相关研究，并取得了很好的研究成果（Coleman，1985；Glooschenko，1986；Glooschenko et al.，1986；Jones and Hao，1993；Shotyk，1996a，1996b；Shotyk et al.，2000；Shotyk et al.，1996，1997a；Shotyk et al.，1997b；Stewart and Fergusson，1994；Weiss et al.，1999a；Weiss et al.，1999b）。虽然泥炭沼泽的酸性厌氧和高有机质条件使得大气沉降的不同形态金属可能存在垂直迁移过程，这将导致泥炭中检测的金属浓度分布序列与通过相关的定年方法测定的沉降时间序列不完全一致，但是，越来越多的研究证实至少Pb元素在泥炭剖面中是稳定的，不会迁移的，雨养泥炭能够很好地保存和记录大气Pb沉降变化（Mackenzie et al.，1997；Mackenzie et al.，1998；Shotyk et al.，1996，1997a；Shotyk et al.，1997b；Vile et al.，1999；Weiss et al.，1999a；Weiss et al.，1999c）。Shotyk关于泥炭沼泽中元素分析和环境示踪所做的研究工作很多，在对苏格兰北部和设得兰群岛两个海洋成因的泥炭沼泽中主要元素和痕量元素进行物质平衡研究中指出：泥炭剖面中Al、Fe和Si元素含量分布可以指示地壳风化大气沉降输入，Na、Mg、Ca和Sr主要反映了海水飞溅气溶胶输入，而Cl、K、Br和Rb等元素不能被用来作为海水输入过程的定量研究（Shotyk，1997）；在对瑞士的一个雨养泥炭剖面深入探究中，他指出：该剖面是第一个记录长达14500年的Ag和Tl的大气沉降序列的完整档案，Ag和Tl在泥炭底层没有富集作用，说明泥炭剖面深层的矿物分解转化没有影响泥炭剖面中Ag和Tl的总量，而在表层明显富集，反映了泥炭剖面中Ag和Tl完全由大气沉降输入，另外，Ag和Tl与Pb一样，在泥炭剖面中具有很好的稳定性，有助于大气尘降档案的重建（Shotyk and Krachler，2004）。特别是，*The Science of the Total Environment*期刊于2002年出版了大气金属沉降的泥炭沼泽档案专辑，该专辑包括了12篇研究论文。其中，Martanez等（2002）作为特邀编辑，对大气金属沉降的泥炭沼泽档案做了全面的介绍和总结；有5篇有关长期污染研究的文章，研究区分别在瑞典、苏格兰、瑞士、西班牙西北部和加拿大东部等地；有3篇是关于短时间尺度污染研究论文；其他文章是有关方法学研究的。这些研究通过泥炭沼泽沉积档案记录的大气金属沉降分布规律来反演区域环境污染历史，取得了较为系统的研究成果，但稍显不足的是比较重视对"记录"的研究，而缺乏对"机制"的深入探讨（王国平等，2006）。

2. 泥炭沼泽有机污染记录研究

雨养泥炭较高含量的有机质有利于疏水性有机污染物（hydrophobic organic contaminants，HOCs）的吸附作用，而弱酸性（pH=4）、厌氧性和富含不溶性腐殖质等特性使得微生物活动较弱，从而减小了人为有机化学物质之间转化的可能性，因此，它在记录全球持久性有机污染物（persistent organic pollutants，POPs）污染历史方面逐渐受到人们的青睐（Cranwell and Koul，1989；Himberg and Pakarinen，1994；Rapaport and Eisenreich，1986，1988；Sanders et al.，1995）。通过泥炭地POPs的记录研究，也逐步提高了对大气化学和大气传输的认识（Blais et al.，1998）。持久性有机污染物种类繁多，主要包括：多环芳烃（polycyclic aromatic hydrocarbons，PAHs）、二噁英（dioxins）、多氯联苯（polychlorinated biphenyls，PCBs）、毒杀芬（toxaphene）、农药（pesticides）和一些其他相关的化合物（Hati et al.，2009；Hites，2006）。这些不同的化合物具有难降解、高累积、强致癌、致畸、致突变等共性，尤其是美国国家环境保护局提出了16种优先控制的源PAHs（the 16 PAHs-USEPA），广泛存在于自然环境中。沉积物中PAHs信息经常被用作环境污染源判定的指示指标，在沉积物的地质年代与环境演化研究中也经常分析PAHs（Gevao et al.，1998；Ricking et al.，2005；Yamashita et al.，2000）。Berset等（2001）对瑞士一雨养泥炭剖面中PAHs和PCBs进行了研究，并建立了一套包括使用丙酮和己烷振荡提取，使用凝胶渗透色谱法提纯提取溶液等步骤的测试方法，该方法有效地检测出了7种PCBs和16种PAHs-USEPA，其变化特征具有明显的表层富集趋势，与区域环境污染历史时期完全吻合。史彩奎等（2008a）研究了中国长白山雨养泥炭表层PAHs组成及分布特点，指出研究区已经属于严重污染水平，PAHs主要来源于煤等化石燃料燃烧产物的大气沉降，与我国东北老工业基地的工业化进程有很大关系。王健（2009）概括总结了湿地生态系统中PAHs的国内外研究热点问题，认为需要将远离工业区的雨养泥炭沼泽与受人类活动影响较大的湿地对比研究，比较其沉积物、大气、生物监测体中PAHs浓度的变化，了解人类活动的影响，为环境保护与管理提供理论支持。

1.3.3 泥炭沼泽碳累积与碳循环研究

20世纪下半叶开始，全球碳循环研究受到人类的普遍关注。特别是地球系统碳循环中的几个环节被列入国际地圈生物圈计划（IGBP）的一些核心计划，如全球大气化学计划（IGAC）、全球陆地生态系统计划（GCTE）、全球海洋通量联合研究计划（JGOFS）、海岸陆海相互作用（LOICZ），之后，全球碳循环研究成为多个领域的研究热点。地球生态系统可以划分为大气、海洋、陆地生态系统和岩石圈四大碳库。碳循环是指碳元素在岩石圈、水圈、土壤圈、大气圈和生物圈之间以CO_3^{2-}（$CaCO_3$、$MgCO_3$为主）、HCO_3^-、CO_2、CH_4、$(CH_2O)_n$（有机碳）等形式相互转换和运移的过程（袁道先，2005）。其主要途径是：大气中的CO_2被陆地和海洋中的植物吸收，然后通过生物或地质过程及人类活动干预，又以CO_2的形式返回到大气中。就流量来说，全球碳循环中最重要的是CO_2的循环，CH_4和CO的循环占次要地位。

陆地生态系统是一个植被-土壤-大气相互作用的复杂大系统，内部各子系统之间及其与大气之间存在着复杂的相互作用和反馈机制，各种数据较难获得（陶波等，2001），因此，当前全球碳循环中最大的不确定性主要来自陆地生态系统。据估算，陆地生态系统碳库总碳量为2000Gt，其中，活生物量为600～1000Gt，死生物量为1200Gt（Falkowski et al.，2000）。对现有的陆地生态系统碳循环数据和海洋碳循环模式模拟结果的分析表明，陆地生物圈对大气中CO_2浓度年际变化的影响比海洋更大（Watson，2000）。同时，它也是全球碳循环中受人类活动影响最大的部分。与人类活动有关的化石燃料燃烧、水泥生产及土地利用变化等都会造成CO_2的排放，进而改变大气的组成。可以说，人类活动的介入改变了全球碳循环的原有模式。湿地作为陆地和水体间过渡的一种特殊的生态系统，是生物量最高、生物多样性最为丰富的自然生态系统之一，在陆地生态系统碳循环过程中占有十分重要的地位，其碳循环过程与特征研究已经成为陆地生态系统碳循环研究的热点之一（李海涛等，2003）。湿地在碳的存储中起着重要作用，储藏在不同类型湿地中的碳约占地球陆地碳总量的15%（Franzen，1992）。根据Brix等（2001）的研究结果，湿地植物净同化的碳仅有15%再释放到大气中，表明湿地生态系统能够作为抑制CO_2浓度升高的碳汇（宋长春，2003）。

泥炭地作为一种特殊的生态系统类型，在世界各地均有分布，尤其是在北半球北部的中高纬度地区。泥炭地碳储量为世界土壤碳储量的1/3，相当于全球大气碳库碳储量的75%（李海涛等，2003）。1996年和1999年的Ramsar会议已把泥炭地列为国际重要湿地类型加以保护。泥炭地碳循环可定义为，泥炭地中，碳以CO_3^{2-}（$CaCO_3$、$MgCO_3$为主）、HCO_3^-、CO_2、CH_4、$(CH_2O)_n$（有机碳）等形式在大气、植物、泥炭、水等要素中的迁移转化过程（图1-3）。总体来讲，泥炭沼泽生态系统具有饱和水性、厌氧环境和低温条件，有效地降低了分解速率，有助于泥炭的累积，因而是大气CO_2净汇；然而，这些条件反过来有利于嫌气分解作用，使得泥炭沼泽成为重要的甲烷排放源（Strom and Christensen，2007）。

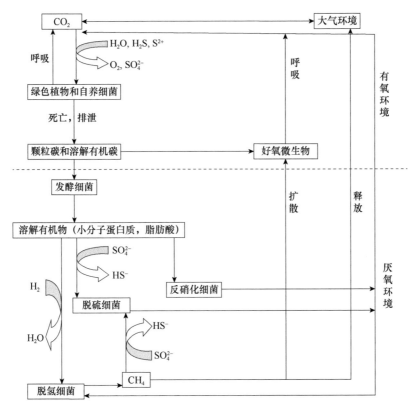

图1-3 泥炭地中碳的主要迁移转化过程（Valiela，1984）

我国关于泥炭地碳循环方面的研究比较薄弱。据统计，中国泥炭干物质总量为26160～52320t，如果按碳含量50%～55%计算，储藏在泥炭中的碳总量将是13080～28776t。目前，我国学者对泥炭地碳循环的研究主要集中于土壤-大气界面碳通量的研究，并取得较大进展。杨青和吕宪国（1995）研究表明，三江平原地区毛果薹草泥炭沼泽土壤，每年向大气释放的CO_2量可达$1.098×10^{13}$g左右，比该地区其他土壤类型CO_2释放速率低。王德宣等（2002a，2002b）研究表明，2001年非冰冻期，三江平原毛果薹草沼泽CH_4排放通量的最大值为46.38mg/（$m^2·h$），平均值为17.29mg/（$m^2·h$）；若尔盖高原泥炭地非冰冻期CH_4排放量的推算值为0.052Tg/a。宋长春等（2003）研究表明，7～9月是三江平原沼泽湿地CH_4的主要排放时期，植物生长季结束后，沼泽湿地CH_4排放通量明显降低。沼泽生态系统呼吸（包括植物呼吸＋微生物呼吸）因湿地类型及生长阶段不同有较大变化。另外，我国学者还对泥炭地碳累积模型的建立进行了探索，模型是根据泥炭化层和泥炭层之间碳素流动关系建立的（孟宪民，1995）。而依据碳循环过程设定参数，建立泥炭地碳累积的模型，由于参数（碳输入、碳转化、碳输出等）获得难度较大，且在时间和空间上均存在较大误差，在国内尚未尝试。

泥炭是不完全分解的植物残体，它逐步累积形成泥炭地。泥炭地是过去气候变化的重要地质档案，也是主要的历史碳库。全球泥炭地面积巨大，但是现代定量估算都存在较大差异，主要原因是：泥炭地经常与非泥炭地交叉发育，相间存在；泥炭地一般很难从大气上空识别（尤其是有树木覆盖的地方），也不容易从地面到达；泥炭地发育深度及其干容重剖面都不能从空中采用遥感技术获得，都需要在地面上测得（Clymo et al.，1998）。发育中的泥炭地，碳随着泥炭的累积而不断富积，是公认的大气碳汇，在全球碳循环中起着巨大的作用。因此，探求泥炭地碳循环机理，明晰其对全球变化的贡献和影响，评价泥炭地在全球环境变化中的地位，进而促进泥炭地的合理保护与开发利用，以缓解和解决全球环境问题具有重要意义。

1.4　研究内容和科学意义

中国东北地区是泥炭沼泽的集中分布区。本书利用古湖沼学测年方法（包括AMS ^{14}C、^{210}Pb和^{137}Cs技术）建立年代学框架，主要剖析大兴安岭、长白山和三江平原典型泥炭沼泽的大气尘降、环境污染和长期碳累积历史记录。其目的在于重建东北区域高分辨率尘暴演化序列及其对气候变化的响应，进而印证沙尘暴对我国东北西部与东部影响的强度与频度；还可以通过金属元素和有机污染物的沉降记录来成功反演区域环境污染问题，进而揭示人类活动影响和干扰区域生态环境的程度与趋势，为构建区域人与自然和谐发展提供历史借鉴和政策支持；此外，泥炭沼泽碳循环过程和固碳潜力研究对全球气候变化有着举足轻重的作用，中国东北地区的泥炭沼泽长期碳累积研究，将为全球碳循环提供重要的数据支撑。

1.4.1　研究内容

1. 东北泥炭沼泽沉积过程

通过^{210}Pb测年，辅以^{137}Cs时标，分别建立东北地区典型山地泥炭沼泽现代年代学框架，将垂直深度转换为年代坐标，计算沉积速率，探讨泥炭沉积和发育过程。对于三江平原等全新世以来发育形成的泥炭沼泽，从已经发表的论文、出版的书刊和中国地质调查局的湿地调查报告中收集其基底年代数据，并作为该湿地的发育年龄，进一步探讨其形成过程。

2. 大气尘降及区域尘暴演化历史

通过对大兴安岭、长白山雨养泥炭沼泽沉积层中灰分粒度、典型地壳化学元素（如Al、Ca、Fe、Ti、V等）、稀土元素（REEs）灰分含量、泥炭干容重和泥炭分解度等指标的统计和判别分析，探讨泥炭沼泽全新世以来尘暴演化历史及其对全球气候变化的响应规律。

3. 大气金属和有机污染物沉降及区域环境污染历史

通过对大兴安岭、长白山泥炭沼泽沉积层中人类污染造成的典型重金属（如As、Cd、Hg、Pb、Sb等）、多环芳烃（如PAHs）和多氯联苯（PCBs）的沉积历史记录及磁化率研究，探讨区域环境污染特征，揭示人类活动对区域环境变化的影响历史和贡献份额。

4. 泥炭沼泽长期碳累积与碳库研究

通过对大兴安岭、长白山泥炭沼泽和三江平原淡水沼泽湿地的沉积柱心有机碳含量、黑碳及其累积速率的分析，探讨区域泥炭沼泽生态系统的碳累积速率的历史变化及碳储量的空间格局，探讨全新世以来气候变化和人类活动对东北地区泥炭沼泽形成发育的影响。

1.4.2　技术方法

本书研究基于东北地区典型泥炭的地质记录，在运用AMS^{14}C、^{210}Pb和^{137}Cs放射性技术建立高精度年代框架的基础上，对沉积剖面的结构特征和泥炭沼泽发育过程进行了分析，并重点探讨档案中所蕴含的自然尘暴演化与人类环境污染的指示信息。为了达到研究目的，确定了4个研究目标，即确定雨养泥炭现代发育演化过程、确定雨养泥炭大气降尘输入特征、确定基于雨养泥炭记录反演出区域环境污染情况、确定泥炭沼泽生态系统近现代碳累积情况。依据层次分析理论，我们又确定了实现各个研究目标的检测指标。通过分析这些环境代用指标信息，逐步完成研究任务。图1-4是进行雨养泥炭档案记录的尘暴演化和环境污染历史研究的技术路线图。

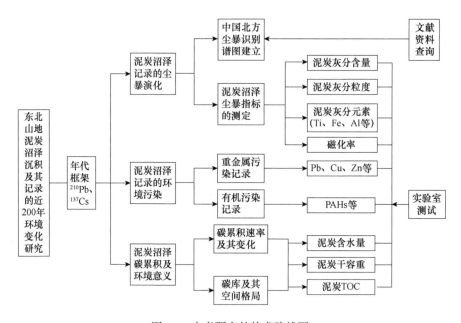

图1-4　本书研究的技术路线图

1.4.3　科学意义

近50年来，人口数量的急剧增加和人类对自然资源的不合理利用等导致了全球的生态环境发生了前所未有的变化，以全球变暖为标志的全球变化（global change）已经成为当今国际社会普遍关注的焦点。国际地圈与生物圈计划将全球变化的内容定义为大气成分的变化、全球气候变化、土地利用和土地覆被变化、生物多样性变化、人口增长和荒漠化等方面（IGBP Science，1998）。全球变化对所有生态系统均产生了影响，特别是对脆弱的泥炭沼泽生态系统构成了严重威胁和深远影响（卜兆君和王升忠，2005）。而揭示过去千年尺度的气候变化历史与规律是国际全球变化计划（past global changes，PAGES）的最主要内容（Eddy，1992），也是我国在国际全球变化研究中独具特色的研究领域之一（国家自然科学基金委员会，1998）。自竺可桢（1973）首次描绘出中国过去5000年的气候变化轮廓以后，许多研究者分别用各种方法研究了我国的冷暖变化，为揭示中国历史时期气候波动提供了重要依据（Zhang，1980；Wang，1991）。

泥炭沼泽作为一种由气候、水文、土壤和植物等因子相互作用发育形成的特殊的生态系统，在记录区域环境变化方面有着十分重要的作用。泥炭的发育过程也是其营养的富集过程，由富营养阶段至中营养、贫营养阶段的发育过程对应着其营养物质来源由地下水和径流等补给到主要依靠大气降水补给的转变过程。因而完整的泥炭剖面分析，不仅可以了解该地区几百至几千年尺度上的地球化学信息，也可了解大气既往地球化学背景信息。泥炭分层累积的特性使其具有了保存不同时段各种自然和人为作用过程留下的烙印的功能。已有研究表明，泥炭是一种记录过去全球变化特别是气候变化的良好的天然地质档案（Sukumar et al.，1993；陶发祥等，1995）。因此，挖掘泥炭保存的档案记录与不同时段泥炭沼泽及其周围环境变化一一对应关系，并借助不同地区泥炭微量元素地球化学谱的研究，可重建一个地区环境变化和人类污染的历史，其中泥炭年代序列和气候代用指标关系的建立是分析区域环境演变过程的重要手段。

此外，泥炭沼泽在全球气候变化研究中占据着举足轻重的地位。全球气候变化特别是气温升高与大气中CO_2、CH_4、N_2O等痕量气体含量的升高所产生的温室效应密切相关，当今国际重大环境科学计划，如国际地圈生物圈计划、全球环境变化的人文因素计划（IHDP）及全球变化与陆地生态系统（GCTE）中，陆地生态系统碳循环是其中的核心研究内容（陈宜瑜，1999；宋长春，2003）。与全球碳循环密切相关的陆地生态系统主要有森林、草地、农田、湿地和内陆水体五大类生态系统。湿地，尤其是泥炭沼泽生态系统，是陆地生态系统碳循环的重要组成部分。泥炭沼生植被通过光合作用将大气中的碳转移到植物体内，植被死亡和腐烂后堆积起来形成泥炭，泥炭中储存的碳量巨大，占全球陆地碳库的1/3，相当于大气中碳含量的75%（Asada and Warner，2005；Gorham，1991；Shurpali et al.，1995；Vitt et al.，2000 ）。

中国的泥炭沼泽总的分布规律是北多南少、东多西少。而在作为北部主要分布区的东北，泥炭沼泽主要分布在大小兴安岭和长白山地区。按植被划分，沼泽类型随海拔升高由草本沼泽过渡到木本藓类和藓类泥炭沼泽，而按养分补给来源划分，由低海拔的矿养过渡到高海拔的雨养泥炭沼泽，呈现出垂直地带性规律。而位于大兴安岭的摩天岭及长白山主体海拔高于1000m 的泥炭沼泽，沼泽类型以雨养为主。大兴安岭、长白山雨养泥炭是在相对寒冷、高湿的生态环境中形成的，主要造炭植物是泥炭藓。海拔1000m 以上的摩天岭和长白山主峰植被覆盖完整，其雨养泥炭分布区迄今为止受到人类活动的直接影响较小，是获取自然环境变化信息的理想场所。

现代社会的发展伴随着各种环境问题的产生和加剧，诸如森林过度采伐、沙漠化面积扩大、水土流失加剧、大量不可再生资源的过度消耗、工农业排放的重金属和农药等造成的环境污染，这些问题给自然环境和人类健康带来了严重灾害和严峻挑战。我国东北地区位于中国北方沙漠和沙地东部边缘，是亚洲沙尘暴的影响区和历史降尘集中分布区，在地质历史时期和人类历史时期沙尘暴就频繁出现。在百年时间尺度上，人类活动导致的环境污染更为引人注意，尤其是工业革命后以煤和石油为主要燃料的化石燃料大量燃烧，重工业生产活动大量排放的有毒有害物质，以及农业生产过程中大量使用农药、除虫除草剂等。在追求经济效益和防止环境污染的背景下，掌握过去环境演变历史趋势对推进我国今后的持续发展有重要的现实指导意义。

本书通过^{210}Pb 和^{137}Cs法测年建立年代学框架，主要剖析大兴安岭的摩天岭和长白山泥炭沼泽的大气尘降、环境污染和现代碳累积记录。其目的在于重建东北区域高分辨率尘暴演化序列，进而印证沙尘暴对我国东北区域西部与东部影响的强度与频度；还可以追溯区域环境污染历史，进而揭示人类活动影响和干扰区域生态环境的程度与趋势，为构建区域人与自然和谐发展提供历史借鉴和政策支持；此外，对研究区域的高山泥炭地现代碳累积研究，为全球碳循环提供重要的数据。国外通过金属元素的沉降记录成功反演了区域环境污染问题，但是有机污染方面的反演工作也是刚刚开始；有关大气粉尘沉降的环境记录方面的研究也是新兴的，并处在初级发展阶段；随着全球气候变化研究的日益火热，泥炭地在"碳"循环过程中有着举足轻重的作用，对泥炭地储存的碳含量及其历史变化的研究也是当前的一个紧迫任务。因此，本书研究具有一定的科学理论意义和社会实际意义。

第2章

研究区域和实验方法

中国东北地区湿地总面积为1021.73万hm²，占全国湿地总面积的19.13%，湿地率为8.30%。东北地区是中国两个淡水沼泽湿地集中分布区之一（另一个是青藏高原地区），主要包括大兴安岭、小兴安岭、长白山等山地和三江平原、松嫩平原等平原地区。大小兴安岭沼泽湿地438.17万hm²，占全国沼泽湿地的20.16%；平原沼泽湿地237.03万hm²，占全国沼泽湿地的10.91%（国家林业局，2015）。该地区气候冷湿，表层生物地球化学作用较弱，植物残体易于积累，泥炭沼泽自全新世早期就得到长期发育，成为中国表露泥炭分布最广的区域（柴岫，1990）。本书将以长白山、大兴安岭、黑龙江凤凰山和三江平原泥炭沼泽为研究区域，通过野外采样、数据收集和实验室测试分析等，开展东北地区过去千–百年环境演变研究。

2.1 研究区域概况

2.1.1 长白山泥炭沼泽

1. 自然环境

长白山是东北地区最高的山脉，由于地质时期火山活动频繁，在周围形成广泛的高达800多米的熔岩台地。山体自东南向西北逐渐降低，到吉林市附近过渡为低山丘陵区，其间山岭平行排列，岭间沟谷纵横，形成一系列山间盆地。

长白山生态系统垂直分异十分明显。随着地势的增高，气候、土壤、植被呈明显的垂直分布，构成自下而上的山地阔叶混交林带、山地暗针叶林带、岳桦林带和高山苔原带，自下而上的地貌部位分别为玄武岩台地、火山锥体下部、火山锥体中部和火山锥体上部，土壤分别为暗棕色森林土、棕色针叶林土、山地生草森林土和高山苔原土，母岩分别为玄武岩、安山玄武岩和玄武岩、粗面岩、粗面角砾岩、流纹岩和凝灰角砾岩、浮岩和火山灰（富德义等，1982）。

长白山沼泽区气温低，年平均气温仅有2～6℃，熔岩台地区甚至低于2℃，年降水量达650～900mm。由于该区气温低，降水多，蒸发弱，属于典型冷湿气候，非常有利于泥炭沼泽发育，且沼泽分布在沟谷地区和熔岩台地区，主要类型有落叶松-薹草沼泽、落叶松-泥炭藓沼泽和薹草-芦苇沼泽。

该研究区主要是指位于吉林省境内威虎岭-龙岗山脉以东，由长白山主脉及其支脉为主组成的熔岩高原及熔岩台地，海拔500～1800米，地理坐标为126°21′～128°03′E、41°58′～43°15′N。其植被景观由低海拔的山地针阔叶混交林带至山地暗针叶林带至高海拔的岳桦林带。

2. 泥炭分布概况

泥炭形成和累积是水热条件等各种自然环境因素综合作用的结果。长白山地区泥炭沼泽主要是通过森林和草甸沼泽演替及水体沼泽化形成，前者使得泥炭大面积分布，但是较为单薄，后者保证了泥炭发育厚度，但是面积较小（柴岫，1990）。长白山地区泥炭沼泽主要是零星分布，同时火山活动对泥炭沼泽发育有一定的影响，由许多熔岩堰塞湖与熄火口湖逐步演化为泥炭沼泽。此外，垂直分带也是长白山地区泥炭沼泽分布的特点，低位薹草泥炭和苔藓-芦苇泥炭主要分布在海拔500m以下；越桔-棉花莎草-泥炭藓泥炭多见于500～1000m的地区，1000m以上主要发育有落叶松-杜香-泥炭藓泥炭、落叶松-棉花莎草-泥炭藓泥炭和杜香-泥炭藓泥炭（柴岫，1981）。本章所研究的长白山泥炭基本涉及不同海拔的泥炭类型（图2-1）。长白山泥炭沼泽分布的垂直分异有利于我们从宏观上把握其不同海拔泥炭微量元素的分布特征，进而揭示其环境意义，为我们分析整个山区近200年的环境变化提供完整的泥炭档案记录。

2.1.2　大兴安岭泥炭沼泽

1. 大兴安岭阿尔山概况

大兴安岭位于蒙古高原与松辽平原的过渡地带，地理坐标为119°40′～127°22′E，49°20′～53°30′N。大兴安岭地区森林资源丰富，是我国主要森林采

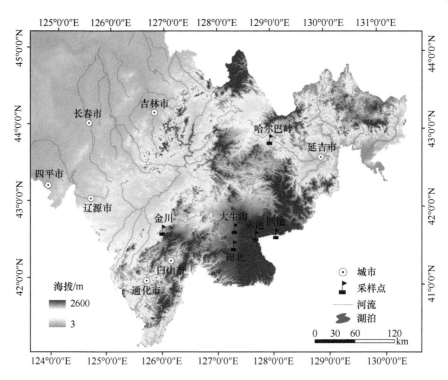

图2-1　长白山各泥炭采样点地理位置分布

伐地之一，亦是我国贫营养泥炭地的重要分布区（林庆华等，2004）。大兴安岭沼泽区是我国三大主要沼泽区之一，沼泽分布广泛而集中，类型繁多，阿尔山又是大兴安岭沼泽最为丰富的地区，2/3的沼泽类型都集中在该地。大兴安岭山地气候特征为受东亚及季风影响的寒温带大陆性气候，大于10℃的年积温为1500～1750℃，年平均温度为−5～0.5℃，年均降水量为360～500mm，干旱指数为0.8～1.0（夏玉梅，1996，2000）。

　　阿尔山隶属于内蒙古自治区兴安盟，地处大兴安岭中段西南麓，被呼伦贝尔、锡林郭勒、科尔沁、蒙古四大草原环抱，全称为哈伦阿尔山，蒙语意为"热的圣水"，与蒙古国相隔90多千米，是联合国规划的中国阿尔山—蒙古国乔巴山铁路的交汇处，也是拟建的两伊铁路的汇合处，将成为中国、日本、韩国等东北亚连接欧洲的捷径。阿尔山总面积7408.7km²，总人口5.6万人，地理坐标为119°28′～121°23′E，46°39′～47°39′N，属寒温带大陆性季风气候，常年寒冷湿润，冬长无夏，春秋相连，年平均气温为−3.2℃，年均降水量为448.8mm，7～8月降水量占全年的47%左右，平均海拔为966～1026m，属于中山地区［图2-2（a）］。阿尔山植被覆盖率为95%，森林覆盖率为64%。植被区系上属于欧亚针叶林植物区，大兴安岭山地北部针叶林植物省，大兴安岭北部山地州。以兴安落叶松为优势的明亮针叶林是大兴安岭北部山地最主要的植被类型。兴安落叶松林型中分布最广的是兴安落叶松中的杜鹃林和兴安落叶松中的杜香林，在针叶林破坏的地段大部分为白桦林、蒙古栎林、黑桦林等次生林（吕林海，2007；苗百岭等，2008；钦娜，2007；中国科学院内蒙古宁夏综合考察队，1985）。

2. 摩天岭泥炭分布概况

摩天岭位于兴安盟阿尔山市东北大黑沟上游，海拔1711.8m，是大兴安岭的最高峰，山脚海拔为1350m，相对高度为362m。早期喷发应在中更新世晚期至晚更新世早期，火山锥体下部直径很大，火口西部为破火口，第二次喷发形成的火山口内部偏东侧，新火山锥与老火山锥外侧锥坡明显不一致，中间有一环形平台。新火山锥也是破火口向西的马蹄形熔渣火山锥，口内略呈半环状，锥壁陡峭，坡度为50°～60°，已被森林覆盖。在山脚下宽谷中是大片黑色的熔岩盆地，熔岩渣块形成石海。山西侧和南侧是熔岩流堰塞河道而形成的堰塞湖，分别为达尔滨湖（松叶湖）、杜鹃湖、仙鹤湖和鹿鸣湖等。

摩天岭火山锥，是内蒙古东部众多火山锥最高的、最典型的复式火山锥，其海拔仅次于藏北卡尔达西火山（海拔4900m）、长白山火山锥（海拔2749.2m）和腾冲大鹰山（海拔2595m），名列第四。而其锥体高度（362m）仅次于长白山名列第二位。兴安盟处于温带大陆性季风气候区，四季分明，地区差异显著。春季干旱多风，夏季温热短促，全盟大部分地区夏季为2个月左右。全年最高气温出现在7月。秋季气温急剧下降，秋霜早。冬季严寒漫长，全盟大部地区为5～6个月，西北部林区长达7个月。全年最低气温出现在1月。年平均气温大部地区为4～6℃，西北部林区为−3.2℃。全年无霜期大部地区为120～140天，岭西北为51天。光照充足，光能资源丰富，全年太阳总辐射量大部地区为5500～6000MJ/m。年降水量多年平均值为373～467mm，72%～78%的年降水量集中在6～8月。

摩天岭泥炭沼泽是发育在永久冻土玄武岩风化壳上的典型雨养泥炭沼泽。采样点位于大兴安岭山地中段的阿尔山市伊尔施镇东偏北约70km的摩天岭北坡，距天山林场东南约9.3km，距达尔滨湖的西南岸约2600m，坡度约30°，海拔为1711.11m，地理坐标为120°38′777″E，47°22′450″N。采样位置见图2-2（b）。沼泽区仅有大气降水补给，植被群落结构简单。泥炭藓生长旺盛，有尖叶泥炭藓（*Sphagnum acutifolium*）、白齿泥炭藓（*Sphagnum girgensohnii*）、镰刀藓

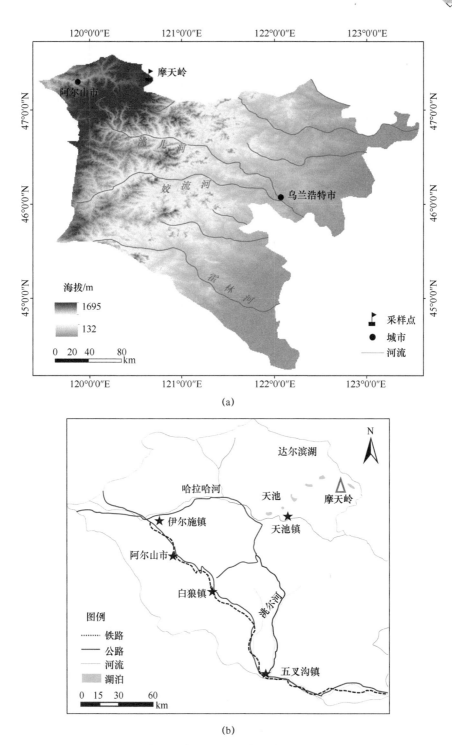

(a)

(b)

图2-2　大兴安岭阿尔山区位图（a）及摩天岭泥炭采样点地理位置（b）

（*Drepanocladus aduncus*）等形成高40～80cm的藓丘，盖度近100%，小灌木层以狭叶杜香（*Ledum palustre* var. *angustum*）为优势种，还有笃斯越桔（*Vaccinium uliginosum*）、甸杜（*Chamaedaphne calyculata*）等分布在泥炭藓丘上。地表广泛生长的藓被层和丛型薹草，既具有隔温作用，又可加大地表粗糙度，加上藓类植物的吸水性能，可阻止地表径流，促进泥炭发育（柴岫，1990；赵魁义等，1999）。藓类的积聚导致地表积水，落叶松根系呼吸困难，多靠不定根吸收水分和养分，由于藓类阻隔热量传导，使得冻土埋层浅，根系直接与冻土接触，容易死亡，枯成站杆，即使存活也多为"小老树"。

2.1.3　黑龙江凤凰山高山湿地和三江平原沼泽湿地

1. 凤凰山高山湿地

黑龙江凤凰山位于长白山张广才岭西坡区域，坐落在黑龙江省东南部山河屯林业局，行政区域隶属于五常市。其为老爷岭主峰，海拔1696.2m，地理坐标为127°59′16″E，44°07′31″N。2001年凤凰山及周边区域被批准为国家级森林公园。2011年被批准建立国家地质公园。受褶皱造山运动的影响，凤凰山地区地势起伏较大，峰林和峡谷并存，以中高山峡谷地貌为主。该地区主要河流为拉林河及其支流牤牛河等。比较著名的是大石头河，遍布巨石，规模较大。该区域土壤的成土母质主要是各种残积物与坡积物，主要类型有暗棕壤、草甸土、白浆土、沼泽土和泥炭土。该地区属于长白山中温润性季风气候，年平均气温为2.8～3.0℃，年平均降水量在800mm左右。凤凰山湿地面积为500～600hm²，夏季需水量可达25万m³。湿地是由1.8m以下的永冻层和花岗岩岩石构成的隔水层在天然洼地中不断接受大气降水补给而形成。

区域内有高山地毯和高山稻田景观。高山湿地中由于泥质层较厚（厚度达3.5m），底部为裂隙不发育的花岗岩岩基，并且地形为两侧高、中间低的洼地，造成自然水积聚不易泄出，同时，由于湿地中植被发育，保水性较强，蒸发量小于降水量，水分长年不干，夏季持水层厚度为1.5～1.8m，其下为永冻层。据保守估算该湿地蓄水量可达25万m³。湿地接受大气降水补给，向沟谷小溪排泄。湿地以苔藓类植物为主，松软的表面犹如织就的"地毯"，持水层就像海绵——轻轻一压便渗出水来。在这个独特的生态系统中还生长着高山偃松、高山奇桦、高山杜鹃、高山芽柳等珍稀植被，所以人们还誉称它是"空中花园"。

第2章　研究区域和实验方法　31

2. 三江平原淡水沼泽湿地

三江平原位于黑龙江省的东北部，地理坐标为129°12′～135°06′E，43°50′～48°28′N。总面积有10.89万km²。该区西南高东北低，除西部和西南部边界的小兴安岭、老爷岭、张广才岭和横亘中部的完达山为森林覆盖的山区外，广阔的冲积低平原和河流形成的阶地、河漫滩上广泛发育着沼泽和沼泽化草甸。该区在大地构造上属于同江内陆断陷，是新生代大面积沉陷地区。地表组成物质为第四纪沉积物，广泛分布着3～17m厚的黏土、亚黏土层。该区气候类型为温带湿润、半湿润大陆性季风气候。年平均气温1.4～4.3℃。1月为最冷月，平均温度为−21～−18℃；7月为最暖月份，平均温度为21～22℃。大于10℃的活动积温为2300～2500℃。土壤主要有棕壤、黑土、白浆土、草甸土和沼泽土5种（卜坤等，2008），区域土壤成土母质多为黏土或亚黏土，土壤质地黏重，渗透性差。该区域植物种类组成属于长白山植物区系，优势植物为小叶章和薹草，还有伴生植物芦苇、小白花地榆、千屈菜、毛水苏、野豌豆、山梗菜、马先蒿等（赵魁义等，1999）。

三江平原区域发育有大面积湿地，2005年数据显示，三江平原湿地总面积为0.9×10⁶hm²，占区域总面积的8.33%。平原内湿地以淡水草本沼泽为主，天然湿地主要分布在沿江及其支流的河漫滩和古河道、阶地上的低洼区域。此外，有多种湖泊湿地，如大小兴凯湖、东北泡、大力加湖等。近年来的农业开发活动使得该区域湿地退化问题越来越严重，为了保护湿地，多个国家级自然保护区相继建立，包括三江国家级自然保护区、兴凯湖国家级自然保护区、洪河国家级自然保护区（Bao et al.，2011）。

2.2　野外采样

2.2.1　长白山野外工作

长白山泥炭样品分析主要利用2005年采集的泥炭样品，主要采样点的地理位置、海拔、剖面深度及周围植被环境概况如表2-1所示。样点的选取、采集和处理等在贾琳的硕士论文里有详细描述（贾琳，2007）。下面做一简要叙述：以避免泥炭区外部干扰为原则，选择海拔在1000m以上的苔藓发育的典型泥炭沼泽为样地，于2005年9月初，利用荷兰Wardenaar泥炭采样器依据海拔分别采集赤池（Ch-1、Ch-2）、圆池（Yc-1、Yc-2、Yc-3、Yc-4）、锦北（Jb）、大牛沟（Dng）、金川（Jc）和哈尔巴岭（Ha）10个剖面，剖面大小约为10cm×10cm×Dcm（D为剖面深度），均是比较完整的无扰动的新鲜泥炭剖面，其地理坐标、海拔和主要植被等见表2-1、图2-3。用不锈钢面包刀现场从上至下对剖面进行1cm或者2cm切割分层取样，然后样品装入标号的自封袋里带回实验室。

表2-1　长白山泥炭采样点

采样点	地理坐标	海拔/m	泥炭面积/hm²	泥炭深度/cm	剖面深度/cm	主要植被
赤池	128°03′27″E 42°03′17″N	1832	50	40~85	42/24ᵃ	植物类型以毛薹草为主，伴生有泥炭藓
圆池	128°26′06″E 42°01′52″N	1282	404	50	36~46ᵇ	以毛果薹草泥炭为主，伴生有泥炭藓，圆池边缘南部为薹草泥炭向藓类泥炭过渡地段，北部发育高位泥炭藓泥炭
锦北	127°37′17″E 41°58′43″N	909	494	110	54	属于典型的落叶松-笃斯越桔-泥炭藓沼泽类型
大牛沟	127°41′31″E 42°11′52″N	850	—ᶜ	—	48~58ᵈ	为森林泥炭沼泽区，乔木层以落叶松为主，泥炭层发育在薹草-灌木丛环境下
金川	126°21′46″E 42°20′33″N	614	110	400	88	为全新世连续发育的草本泥炭
哈尔巴岭	128°38′12″E 43°15′49″N	550	917		72	植被多为针阔混交林，低洼处有草甸植被和沼泽植被生长

注：a. 在赤池采集了两个剖面，Ch-1深42cm；Ch-2深24cm；
　　b. 在圆池沿着西、南、东、北方位采了Yc-1、Yc-2、Yc-3和Yc-4，深度分别是46cm、42cm、43cm和36cm；
　　c. 没有相关数据；
　　d. 在大牛沟采了三个剖面，Dng-1深48cm；Dng-2深58cm；Dng-3深50cm。

2.2.2　大兴安岭野外工作

大兴安岭雨养泥炭沼泽是在相对寒冷、高湿的生态环境中形成的，主要造炭植物是泥炭藓。大兴安岭中南段阿尔山摩天岭和太平岭是大兴安岭山系最高峰，植被覆盖完整，雨养泥炭分布区迄今为止受到人类活动的直接影响较小，是获取自然环境变化信息的理想场所。因此，选取大兴安岭的摩天岭和太平岭作为采样地点，沿海拔梯度进行重复采样。

2008年10月16日驾车前往内蒙古大兴安岭中南段阿尔山市摩天岭进行了4天的野外采样，海拔为1711m，所涉及的采样剖面7个，共采集样品227个。为

(a)

(b)

(c)

图 2-3　长白山圆池泥炭沼泽景观（a）、圆池泥炭柱心（b）和锦北泥炭柱心（c）（王国平摄）

避免扰动，我们选择 10 月中旬，天气寒冷，采样时下着雪，泥炭柱上层相对冻结，便于采用 1cm 或 2cm 间隔现场分层。进行切割后，装入编号的自封袋中，并带回实验室，放在冰箱里低温冷冻保存。同时，我们布置了 40 余个简易的被动降尘收集罐（图 2-4）。

(a)　　　　　　　　　　　　　　　　　(b)

图2-4　大兴安岭阿尔山摩天岭的野外大气降尘收集罐［（a）捆绑式，（b）埋入式］（鲍锟山摄）

2009年6月在内蒙古大兴安岭中南段阿尔山市摩天岭采集降尘样和泥炭样。由于2009年3~5月尘暴活动微弱，事先放在野外的降尘缸收集到降尘样品较少。在摩天岭进行了泥炭样地调查和在原先采集的剖面处重新采集了一个剖面泥炭样。摩天岭泥炭沼泽主要发育在火山锥体的西北坡面，有成块分布，也有零星发育。面积达6hm^{2}的斑块泥炭地有5处，泥炭地总面积约为50hm^2。

2009年9月在内蒙古大兴安岭中南段阿尔山市摩天岭和太平岭进行泥炭发育调查和样品采集。在摩天岭的调查结果与6月基本一致。此次沿海拔向下又采集了3个剖面泥炭样。其中一个是在原先采样处重复采集的。

因此，在阿尔山采样总数达到9个剖面，海拔为1500~1700m。根据泥炭剖面是否保存完整、是否连续发育等原则，我们筛选出3个剖面进行定年和测试分析。这3个剖面分别编号为MP1、MP2和MP3（表2-2和图2-5）。

表2-2　大兴安岭摩天岭雨养泥炭剖面地理位置、海拔、深度及采样时间

剖面	纬度	经度	海拔/m	深度/cm	切割间隔	样品数	采样日期
MP1	47°22.211′N	120°39.128′E	1678	64	1cm^a，2cm	37	2008年10月
MP2	47°22.242′N	120°39.133′E	1645	64	1cm^b，2cm	38	2008年10月
MP3	47°22.450′N	120°39.297′E	1541	78	2cm	39	2009年6月

注：a. 对于上层10cm，采用1cm间隔切割；b. 对于上层12cm，采用1cm间隔切割。

2.2.3　黑龙江凤凰山和三江平原沼泽

2009年10月驾车前往黑龙江五常市凤凰山进行高山泥炭地调查和采样

图2-5　大兴安岭阿尔山摩天岭雨养泥炭沼泽（鲍锟山摄）

（图2-6）。海拔约为1700m，采集了两个泥炭沉积剖面（标号记为FH-1和FH-2），剖面深度为40cm，按2cm切割。详细记录如表2-3所示。

图2-6　黑龙江省凤凰山高山湿地景观（鲍锟山摄）

表2-3　2009年黑龙江凤凰山高山泥炭地柱心采样概要

采样地点	地理坐标	海拔/m	剖面深度/cm	切割间距/cm	湿地类型
FH-1	128°02′04″E 44°06′08″N	1690	36	2	草本泥炭地
FH-2	128°02′53″E 44°06′22″N	1685	40	2	草本泥炭地

2007年10月在三江平原淡水沼泽湿地的洪河国家级自然保护区（HNR）、挠力河二道桥（SNR）、别拉洪河古河道（ABR）、洪河农场第三管理区（THF）和抚远县前锋农场（QFC）使用土壤钻（内径为2.64cm）采集土壤沉积柱心5个，并在现场按1cm或2cm切割样品，装入编号的自封袋中带回实验室进行分析。详细情况如表2-4所示。

表2-4　2007年三江平原沼泽湿地泥炭柱心采样概要

采样地点	地理坐标	海拔/m	剖面深度/cm	切割间距/cm	湿地类型
洪河农场第三管理区（THF）	133°38′49″E 47°35′28″N	61	0～32	1	沼泽化草甸
抚远县前锋农场（QFC）	133°47′01″E 47°35′41″N	53	0～35	1	沼泽化草甸
挠力河二道桥（SNR）	133°45′42″E 47°15′49″N	52	0～32	1	腐殖质沼泽
别拉洪河古河道（ABR）	134°28′06″E 47°55′04″N	43	0～35	1	腐殖质沼泽
洪河国家级自然保护区（HNR）	133°37′43″E 47°47′22″N	52	0～54	2	草本泥炭地

2.3　室内实验

室内实验主要包括泥炭基本理化特征参数测定（包括泥炭含水量、干容重、灰分含量、有机质含量），泥炭分解度测定，雨养泥炭年代指标测定，化学元素测定（包括碳氮元素、典型地壳来源元素和典型人为污染元素），泥炭灰分粒度组成与磁化率分析。此外，还进行了有机污染物（PAHs和PCBs）的测试。主要实验样品前处理和分析步骤如图2-7所示。其中，泥炭的放射性年代测试、粒度和磁化率分析在中国科学院南京地理与湖泊研究所湖泊与环境国家重点实验室完成，其他的实验均在中国科学院东北地理与农业生态研究所湿地生态与环境重点实验室完成。

2.3.1　泥炭基本理化参数测定

1. 泥炭干容重、含水量、灰分含量和烧失量测定

2008年11月在中国科学院东北地理与农业生态研究所湿地生态与环境重点实

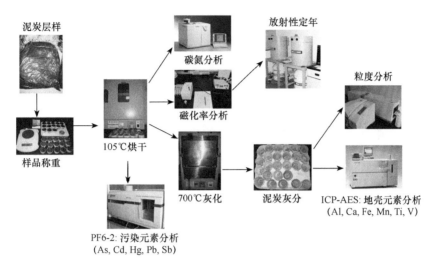

图 2-7　泥炭样品的处理和分析实验

验室进行了泥炭含水量、干容重、泥炭灰分含量测定实验。选择在 700℃直接灰化 4h 测定泥炭灰分量。含水量和干容重测定基于 105℃烘干 12h 的烘干样品。

1）干容重和含水量

单位体积内泥炭（包括孔隙）的重量称为泥炭容重，也称为假比重。其单位为 g/cm²。泥炭容重分为湿容重和干容重两种类型：湿容重为自然状态下的容重；干容重是指烘干或风干的容重。

准备两个铝盒：高 1cm 铝盒体积为 28.33cm³，高 2cm 铝盒体积为 48.03cm³。用铝盒取新鲜泥炭样品放入已知质量的坩埚（W_0）中，称质量（W_1）后 105℃烘干 12h，取出冷却至室温再称质量（W_2），然后计算得出干容重：$\rho = W_2 - W_0/V$（Givelet et al.，2004）。含水量：$W_{water} = (W_1 - W_2)/(W_1 - W_0)$（利什特万和科罗利，1989）。

2）灰分含量和烧失量

灰分测定时，将新鲜泥炭称样（W_1）（精确到 0.01g）在 105℃烘干 12h，称重（W_2），然后放在（700±25）℃马弗炉中完全燃烧 4h，使灰烬灼烧至恒重（W_3）为止。温度以温度调节器或变阻器控制，高温炉安放在能强力通风的通风橱中（Raymond et al.，1987；利什特万和科罗利，1989）。泥炭灰分含量为 $W_{ash} = W_3/W_2$，烧失量为 $W_{loss} = 1 - W_3/W_2$。

2. 泥炭分解度测定

采用碱提取液的 550nm 的紫外可见光光谱测定腐殖化度（Borgmark，2005；

Mauquoy and Barber，2002；蔡颖等，2009；于学峰等，2005）。实验测定在中国科学院东北地理与农业生态研究所湿地生态与环境重点实验室完成。方法步骤如下所述。

（1）新鲜样品在105℃恒温烘干12h，用玛瑙研钵研磨成粉，过80目筛后，搅拌均匀，收集备用。

（2）严格按照ACCROTELM提供的方法（http://www.glos.ac.uk/accrotelm/humproto.htm1）精确称量0.5mg（±0.3mg）备好的泥炭样品置于锥形瓶中，向锥形瓶中加入100mL 8%的NaOH溶液。

（3）用电热水浴锅加热，待锅中水微沸后，将锥形瓶放入，在（100±5）℃下加热1h；冷却后将锥形瓶中的溶液过滤到200mL的容量瓶中，用二次蒸馏水定容到200mL。

（4）从200mL的容量瓶中量取50mL液体，移入100mL容量瓶中，用二次蒸馏水定容到100mL，将最后稀释的溶液用UV-2500紫外分光光度计测量540nm处的吸光度，此吸光度值即代表泥炭腐殖化的程度；以蒸馏水为参照，用100%减去测量样品的百分透过率来表征泥炭沉积物的腐殖化度（DH），即透过率越高，腐殖化度越低，反之，腐殖化度越高。

2.3.2　泥炭年代指标测定

1. ^{210}Pb 和 ^{137}Cs 测年

沉积层年代通过测定 ^{137}Cs、^{210}Pb 的放射性比活度，采用 $^{210}Pbex$ 回归法计算，辅以 ^{137}Cs 时标校正方法来实现，初步建立了该剖面的年代序列。^{210}Pb 是天然放射性铀系元素中的一员，半衰期为22.3年，衰减系数为 $\lambda=0.031a^{-1}$。从大气中沉降下来的过剩 ^{210}Pb 主要随着干湿沉降进入沉积物中，并吸附在颗粒上，随着沉积物累积而积累；同时，沉积物自身也有一定量的铀系核素，同样衰变产生支持性 ^{210}Pb。在绝大多数情况下，认为这些支持性 ^{210}Pb 与铀系核素是放射性平衡，是沉积物中 ^{210}Pb 背景值，因此可以通过总的 ^{210}Pb 减去支持性 ^{210}Pb 得到过剩 ^{210}Pb（Appleby and Oldfield，1978）。过剩 ^{210}Pb 活跃度随着泥炭表层向底层由于放射性衰变而逐渐减小，在假定沉积物随时间稳定堆积的情况下，过剩 ^{210}Pb 衰变将随着深度增加呈指数减少，二者呈对数线性关系。因此，通过测试 ^{210}Pb 比活度，并运用恒定放射性通量模式（constant rate of ^{210}Pb supply model，CRS）进行沉积年代和沉积速率的计算过程如下（杨洪等，2004）。

过剩^{210}Pb 比活度（^{210}Pbex）、总^{210}Pb 比活度（^{210}PbT）和背景^{210}Pb 比活度（^{226}Ra）的关系式为

$$A(^{210}\text{Pbex}) = A(^{210}\text{PbT}) - A(^{226}\text{Ra}) \qquad (2\text{-}1)$$

当^{210}Pb 沉积 t 时间之后，^{210}Pbex 可用式（2-2）表示：

$$A(^{210}\text{Pbex})_t = [A(^{210}\text{PbT})_0 - A(^{226}\text{Ra})]\exp(-\lambda t) \qquad (2\text{-}2)$$

式中，$A(^{210}\text{PbT})_0$ 为沉积之初的总^{210}Pb 比活度。在工作中，求出^{210}PbT 和^{226}Ra后，式（2-2）可以写成：

$$A_t = A_0\exp(-\lambda t) \qquad (2\text{-}3)$$

式中，A_t 为沉积 t 时间^{210}Pbex 的比活度；A_0 为在沉积之初表层的^{210}Pbex 的比活度。^{210}Pb 沉积 t 时间后，对应的深度为 Z，则沉积速率 S（cm/a）可以根据式（2-4）计算：

$$S = Z/t = Z\lambda/\ln(A_0/A_t) \qquad (2\text{-}4)$$

$$t = Z/S = -\lambda^{-1}\ln(1 - A_t/A_0) \qquad (2\text{-}5)$$

因此，对于不同样地的短柱心样品，称取 90g 新鲜样在 105℃烘干 12h 后，用玛瑙研钵研磨均匀，称重 7～10g 干样，装入自封袋中，送往中国科学院南京地理与湖泊研究所湖泊与环境国家重点实验室由美国 CanBerra 公司低本底多道能谱仪测定。获得放射性比活度数据后，通过恒定放射性通量模式计算方法计算沉积年代和累积速率（Turetsky et al.，2004）。^{137}Cs 主要作为时标校正^{210}Pb年代。它是核裂变产物，半衰期为 30.17 年。美国和苏联在 20 世纪 50 年代初进行了大量大气层核试验后，大气层中^{137}Cs 浓度迅速上升，北半球地面^{137}Cs 沉降高峰值在 1963 年（United Nations Scientific Committee on the Effects of Atomic Radiation，2000）。因此，依据沉积物柱样中^{137}Cs 的垂直剖面蓄积峰位置作为时间标记，可求出柱状样品^{137}Cs 出现峰值深度所对应的年代和相应的泥炭平均沉积速率。

2. AMS^{14}C 测年

加速器质谱仪碳放射性同位素（AMS^{14}C）测年技术在全新世古环境和古气候历史重建研究中发挥了重要作用。一般认为沉积物中陆生植物残体和炭屑是较为可靠的测年材料。放射性碳的半衰期为 5568 年，可基于半衰期和树轮校正测定的^{13}C/^{12}C 值来确定年龄。泥炭样品中有机质含量高，植物残体丰富。对于长白山哈尼长柱心泥炭样品，挑选陆生植物残体（主要是泥炭藓茎、薹草种子

和杜鹃花叶），送往美国Beta实验室进行测年。对于三江平原长柱心样品，根据干容重和有机碳等参数，挑选底部样品的植物残体，送往中国西安加速器质谱中心（Xi'an–AMS）进行测年。AMS ^{14}C测年结果通过CALIB7.1.2和IntCal13（Reimer et al.，2013）校正数据完成日历年龄校正。此外，通过收集已有的研究（Zhao et al.，2014）和查阅中国地质调查局档案等获取了东北地区300余个沼泽湿地基底发育年代数据（Xing et al.，2015a）。

2.3.3　泥炭化学元素测定

1. 酸不溶金属元素测定

酸不溶金属元素测定主要是提取泥炭中稳定的地壳来源指示元素，具体实验步骤如下所述。

1）准备样品

灰化样：将泥炭样放置在实验室自然风干，然后在105℃下干燥至恒重，除去样品中植物残体，放在（700±50）℃马弗炉中完全燃烧4h，灰烬灼烧至恒重，并保存于干燥洁净的自封袋中，备用（利什特万和科罗利，1989）。烘干磨样：将新鲜泥炭样放置在实验室自然风干，然后在105℃下干燥至恒重，除去样品中植物残体，使用玛瑙研钵研磨样品，过80目尼龙筛，保存于干燥洁净的自封袋中，备用。

2）一次消解

用电子天平称取样品各0.5g，置于硝酸溶液洗过的聚四氟乙烯离心管中，加入0.5mol/L HCl溶液15mL消解，并用水浴振荡器振荡16h后，用去离子水冲洗离心管口和管帽，然后用定量滤纸完全过滤转移至25mL容量瓶中定容，待测（Yafa and Farmer，2006）。

3）总量消解

一次消解过滤后的滤渣置于硝酸溶液洗过的聚四氟乙烯坩埚中，采用铁板沙浴加热（180±5）℃，进行HNO$_3$-HBF$_4$（5:1）法消解，即加入5mL HNO$_3$和1mL HBF$_4$混合液进行完全消解15min。消解后，向坩埚中加1mL HNO$_3$，用少量去离子水冲洗，然后用定量滤纸过滤转移至25mL容量瓶中定容，待测。两次消解量之和即为泥炭样中灰分所包含的稳定指示元素的总量（Givelet et al.，2004；Krachler et al.，2001）。

4）上机检测

实验分析采用 ICP-AES 分析，实验测定在中国科学院东北地理与农业生态研究所湿地生态与环境重点实验室完成。

2. 污染痕量元素测定

污染痕量元素测定主要是分析人类活动所导致的环境污染元素，包括 As、Cd、Sb 和 Hg。首先将泥炭样品在 105℃下烘干至恒重，除去样品中的植物残体，用玛瑙研钵研磨后，过 80 目尼龙筛，然后采用原子荧光光度法，由北京普析通用 PF6-2 型原子荧光光度计测定。消解步骤如下所述。

1）测 As

首先，称取约 250mg 样品，精确到 0.1mg，装入碳化玻璃管（玻璃碳质管）；放在铝热板上，固定；其次加入 9mL HNO$_3$、1.5mL H$_2$SO$_4$ 和 1mL 高氯酸；再次，从室温逐步加热到 310℃，2h；回到室温后，消解液转移到 25mL 聚乙烯有刻度的容量瓶中，最后用 10%（m/V）HCl 稀释定容至 25mL。在消解过程中，对每一批次测试制备样品都加入空白对照（Krachler et al.，1999，2001）。

2）测 Sb

首先，称取约 250mg 样品，精确到 0.1mg，装入碳化玻璃管（玻璃碳质管）；放在铝热板上，固定；其次，加入 9mL HNO$_3$、1.5mL H$_2$SO$_4$ 和 1mL 高氯酸；加入 1.5mL HBF$_4$；然后，从室温逐步加热到 310℃，2h；回到室温后，消解液转移到 25mL 聚乙烯有刻度的容量瓶中，最后用 10%（m/V）HCl 稀释定容至 25mL。在消解过程中，对每一批次测试制备样品都加入空白对照（Krachler et al.，1999，2001）。

3）测 Cd

首先，称取约 250mg 样品，精确到 0.1mg，装入聚四氟乙烯玻璃管中（PTFE Teflon），放在铝热板上，固定；其次，加入 4mL HNO$_3$（65%），3mL H$_2$O$_2$（30%）和 1mL HF（40%）；然后，从室温逐步加热到 310℃，2h；回到室温后，消解液转移到 25mL 聚乙烯有刻度的容量瓶中，最后用 10%（m/V）HCl 稀释定容至 25mL。在消解过程中，对每一批次测试制备样品都加入空白对照（Espi et al.，1997）。

4）测 Hg

采用硫酸-硝酸-高锰酸钾消解法。首先称取 0.5～2g（准确至 0.0002g）于 150mL 锥形瓶中，用少量蒸馏水湿润样品；其次，加硫酸-硝酸混合液 5～10mL，待剧烈反应停止后，加蒸馏水 10mL、高锰酸钾溶液 10mL，在瓶口插一小漏斗，置于低温电热板上加热至近沸，保持 30～60min。分解过程中若紫色褪去，应即时补加高锰酸钾溶液，以保证有过量的高锰酸钾存在；然后，取下冷却，在临测定前，边摇边滴加盐酸羟胺溶液，直至刚好使过剩的高锰酸钾及器壁上的水合二氧化锰全部褪色为止（中华人民共和国国家标准GB/T17136—1997）。用去离子水将消解样品定容至25mL，用PF6-2氢化物发生-原子荧光光谱法（北京普析通用仪器有限责任公司，中国北京）测定总汞。为了保证质量，每批20个泥炭样品按照与泥炭样品相同的程序消化和分析一份杨树叶参考标准材料（GBW07604，中国地质科学院地球物理地球化学勘查研究所）。我们对参考材料进行了6次不同的提取，重复测量得出汞的平均浓度为（26.1±1.5）μg/kg（ $n=6$ ），与（26±3）μg/kg的认证值相当。

3. 碳、氮元素测定

碳氮比（C/N）采用元素分析仪（FlashEA 1112，ThermoFinnigan，Italy）测定。泥炭样品经过105℃下烘12h至恒重，然后使用玛瑙研钵研磨样品，过80目尼龙筛，用百万分之一天平称取12~13mg，置于锡铂中，封口，放进自动进样转盘中测定，经过计算机处理得出数据。测试中每10个样品放置1个国家土壤成分分析标准物质（GSS-1）进行标定和校对。

2.3.4　泥炭粒度组成测定

利用现代沉积的粒度资料来识别沉积环境，解释搬运和沉积作用的动力状况，已经成为沉积学研究的重要方法之一。在准备泥炭灰分粒度测量实验中，我们将土壤粒度测定方面应用广泛而且花费较小的吸管法引入泥炭样中进行尝试性工作。实验结果不理想，而且该方法需要的分析样品比较多，因此，我们选择采用激光粒度仪（Mastersizer 2000，Malvern Instruments，英国）测定。沉积物粒度粒级划分：$<4\mu m$ 的颗粒为黏土，$4\sim63\mu m$ 的颗粒为粉砂，$>63\mu m$ 的颗粒为砂粒。具体测量程序为，根据不同颗粒物对粒度散射度的不同，选取适量样品（保证测量时样品溶液浓度维持在10%~20%）置于烧杯中，加入10mL10%盐酸，去除钙质；静止5~6h后，加入10mL六偏磷酸钠（1000mL蒸馏水加入36mL六偏磷酸钠），以使颗粒物充分分散；将烧杯放入超声波池中振荡10min，经超声波振荡后的样品在1h内采用英国Malvern公司Mastersizer 2000激光粒度仪测定，重复测量误差小于3%。粒度测试在中国科学院南京地理与湖泊研究所湖泊与沉积国家重点实验室完成。

2.3.5　泥炭磁化率测定

磁化率是反映成土作用环境和土壤发育程度的一个良好指示剂，对人类活动，尤其是土地利用状况的转换有明显的指示意义。就成土作用本身而言，磁化率值则随着土壤的发育和人为活动影响程度的增加而增加。这将有助于判断人类活动对泥炭沼泽发育的影响。样品在烘箱中105℃烘干，称重后置于无磁性聚苯乙烯圆柱形盒中。磁化率拟采用英国Bartington公司MS2型磁化率仪测定。磁化率测试在中国科学院南京地理与湖泊研究所湖泊与环境国家重点实验室完成。

2.3.6　泥炭有机污染物测定

有机污染物测试在中国科学院东北地理与农业生态研究所完成，具体分析步骤：①室温晾干样品；②研磨，过70目筛；③混合均匀样品，称取5～10g样品；④索式抽提20h；⑤加铜粉处理硫；⑥Florisil净化、分级：第一部分，使用己烷分馏出PCBs、HCB等；第二部分，使用含有20%二氯甲烷的己烷分馏出PAHs、DDT等；第三部分，使用含有50%二氯甲烷的甲醇分馏出各种酚类；⑦上机分析：PAHs采用气相色谱-质谱联用仪分析；PCBs采用气相色谱分析；酚类采用液相色谱分析。

第**3**章

东北山地泥炭沼泽沉积

泥炭沉积是一种沼泽环境下以生物沉积作用为主的陆相沉积，泥炭发育过程中堆积的各类沉积物，尤其是雨养泥炭阶段，真实地记录着区域环境演变过程。本章通过对泥炭沉积过程、地球化学及定年手段等方面进行归纳与总结，运用^{210}Pb和^{137}Cs放射性技术对东北地区高山泥炭沼泽沉积剖面进行年代学分析，构建年代框架、计算沉积速率，进而认识研究泥炭柱心的沉积特征。本章对大兴安岭摩天岭、长白山、凤凰山和三江平原湿地短柱心进行了放射性^{210}Pb和^{137}Cs测年，建立了过去200年来的年代框架，计算了相应泥炭沉积速率和累积通量。

3.1　泥炭沉积与泥炭沼泽定年

3.1.1　泥炭沉积过程概述

泥炭的形成和累积是各种自然因素综合作用的结果，是泥炭沼泽发育的基本特征。对于泥炭沼泽生态系统，当通过系统净生产力输入的年新有机质量超过整个泥炭剖面年有机质分解量时，有机物质就会随着时间延长而积累，这就是泥炭沉积过程，包括以沼泽植物残体为主体的有机质增长过程、植物残体在以嫌气为主环境下的生物和化学分解过程及泥炭的堆积过程（Clymo，1984；柴岫，1990）。泥炭沉积速率受到沼生植被生产量的影响，不同气候带和不同沼泽类型中，沼生植被生产量差异很大；即使同一地区不同的沼泽植被，或是同一沼泽植被在不同地域条件下，其植被生产量也是有差异的。此外，沼泽植物残体分解强度也决定了泥炭的堆积速率和营养物质的释放速率。天然沼生植物年生产的有机物质，主要是归还土壤，进入了分解过程，该过程是生物、物理和化学过程共同作用的结果，植物残体的种类和化学组成、微生物的种类和活性、区域水热条件等因素都会影响沼泽植物残体分解速率（刘兴土等，2006）。因此，泥炭积累的必要条件是沼泽植物生产率必须超过其分解速率，而有利于泥炭沉积的环境条件表现为气候潮湿、植被茂盛，最终取决于热量条件与水分条件的对比关系。

全球泥炭沼泽都形成于年降水量超过年潜在蒸发散量的区域，这些地区或者是整个生长季的持续降水，或者是在较热的月份（月均温＞10℃）干旱状况周期短、程度轻（月均降水量不少于40mm）（Lottes and Ziegler，1994）。这种气候条件涵盖了北方区域到热带地区的局部区域，因而泥炭沼泽在全球陆地广泛发育和分布（Pfadenhauer et al.，1993）。中国东北地区由北向南跨越寒温带、温带和暖温带，自东向西跨越湿润、半湿润、半干旱区，这里是我国沼泽湿地面积最大、类型最多的地区，包括森林、灌丛、草丛和藓类等沼泽湿地。而大小兴安岭和长白山地区生态环境相对寒冷且有较高湿度，非常有利于泥炭沼泽发育，特别是在海拔1000m以上的山峰区域，是木本藓类和泥炭藓类沼泽的集中分布区，养分补给主要源于大气降水（包括雨、雪、空气尘埃），而且受人类活动的直接影响较小。

3.1.2　泥炭沉积地球化学行为

通过泥炭沼泽地质档案认识区域环境变化，其基本前提是建立精确可靠的地质年代框架，核心假设是大气输入的沉降物都较好地保存在泥炭层中，没有发生沉积后再迁移（Chambers and Charman，2004；Martanez et al.，2002）。雨养泥炭沼泽由于没有地下水中矿物质的输入以抵消有机质分解产生的酸（CO_2和有机酸），所以其表层水的pH极低，大约为4；此外，植被所需的营养物质供应不足，溶解性氧消耗速度远大于雨水的输入速度，因而其表现为厌氧的环境（Shotyk，1988）。与矿物土壤相比，泥炭有着较高的离子交换能力，这主要是因为泥炭藓植被的细胞壁中含有较高浓度的未酯化的聚糖醛酸（Clymo，1963；Rydin et al.，2006）。对泥炭藓酸不溶残体的CuO-NaOH氧化产物的分析表明其主要组分是对羟基苯化合物（p-hydroxyphenyl compounds）和泥炭藓酸（为泥炭藓属的典型特征），这些酚类化合物通常与泥炭藓细胞壁结合紧密，因而很可能提供更多的阳离子交换容量（Williams et al.，1998）。通过离子交换作用,阳离子(尤其是二价和三价离子)强烈吸附于泥炭的负电荷官能团上,污染物金属离子(如Pb^{2+}、Ni^{2+}、Zn^{2+}、Cu^{2+}、Cd^{2+})比泥炭中基本离子(如Ca^{2+}、Mg^{2+}、Na^+、K^+)迁移性小,这些金属污染物通常以有机化合物结合形式存在(Damman,1978;Kelman,1990;Livett,1988;Vile et al.,1999)。由于泥炭沼泽有机质含量高,而Pb^{2+}受理化机制控制与有机质结合紧密(Vile et al.,1999),即使在不同的淹水条件下,其在泥炭剖面中也是稳定的,为Pb在泥炭沼泽中非迁移的假设提供了实验方面的证据。大分子非极性化合物(如PAHs、PCBs)被泥炭有机基质吸附,从而限制了泥炭中这些物质的迁移性(Rapaport and Eisenreich,1988;Sanders et al.,1995)。因此,这些泥炭沉积地球化学行为保证了假设的成立,为建立精确的泥炭剖面年代学框架和挖掘泥炭沼泽地质档案记录奠定了基础。

3.1.3 　泥炭沼泽定年

泥炭沉积过程中由于存在持续分解和压缩变化,泥炭剖面深度与历史年代之间一般不是线性关系(Clymo et al.,1990)。精确的泥炭剖面定年有助于有机物质累积速率、外源物质沉降通量等历史重建,因而对泥炭沼泽地质档案记录研究具有重要作用。常用的定年方法均是基于雨养泥炭的大气沉降的单一物源这一特性的,包括连续测年方法(传统^{14}C、AMS^{14}C、^{210}Pb、酸不溶灰分、苔藓增长法、恒定容重法、树木年轮法、花粉密度法)和年代-地层学标志方法[孢粉地层学法、磁性标志物、散落核素法(如^{137}Cs、^{241}Am、^{207}Bi)、有机化合物(如PCBs)、球型颗粒物](表3-1)。各种测年方法有着不同的假设前提,并适用于不同的研究目的,测试费用也各有高低。连续测年方法常用来建立整个剖面的年代框架,而年代-地层标志方法则一般针对剖面中存在显著变化的特定层次(如污染物质明显富集区段),它们也常用来校正整个剖面的年代谱图。除了表3-1中所列方法外,由于采矿、工厂冶炼、汽车尾气等人类活动导致的Pb、Cu、Zn等重金属沉降与累积在特定历史时期尤为突出(如过去大量含铅汽油的使用),所以也具有作为地层时标的潜力。还有泥炭地层中火山灰的发现也是重要的测年手段,虽然火山灰地层年代法主要检测千年尺度的泥炭沉积,但是一些现代火山爆发所产生和传送到泥炭地中的火山灰将是今后重要的近现代短时间尺度时标记录(Lowe,2011)。

表3-1 现代泥炭沼泽常用定年方法总结

类型	方法	目的	假设条件	费用
连续测年方法	传统^{14}C	对多种泥炭碎片定年，时间尺度长	生物圈中^{14}C快速混合，生物死亡后没有^{14}C交换	中等偏高
	AMS^{14}C	对泥炭组分定年，获得^{14}C非线性校正曲线	同上	高
	^{210}Pb	对近现代泥炭定年	因计算模型而异（见文中）	中等偏高
	酸不溶灰分	对其他测年手段进行等时线校正	酸不溶物来源恒定，不发生后迁移	低
	苔藓增长法	对泥炭剖面近表层定年	苔藓增长部分记录了泥炭每年发育情况	低
	恒定容重法	与千年时间尺度的定年作对照校正	恒定的泥炭累积速率，地层没有变化	低
	树木年轮法	对泥炭中树木残体层定年，编译区域地质年代	恒定的泥炭累积速率，存在于树木残体层	中等偏低
	花粉密度法	对植被没有大变化的泥炭沼泽区域定年	恒定的花粉累积速率，沉积后不迁移	低
年代-地层学标志方法	孢粉地层学法	对植被发生大的演替后的泥炭区域定年	孢粉沉积后不迁移，区域植被变化的年代已知	低
	磁性标志物	对化石燃料燃烧等人类活动影响较大的泥炭地定年	磁性颗粒物较稳定，随深度扩散小，区域工业发展历史资料已知	中等偏低
	散落核素法（如^{137}Cs）	建立现代年代框架	放射性核素稳定，沉积后不迁移	中等偏高
	有机化合物（如PCBs）	对存在有机化合物使用历史记录的区域的泥炭地定年	有机化合物稳定，历史使用年代资料已知	中等偏高
	球形颗粒物	对工业生产集中分布区的泥炭地定年	球形颗粒物稳定，工业生产历史已知	低

资料来源：Ohambers and Charman, 2004; Turetsky et al., 2004。

不同测年方法所能建立的时间尺度也不一样。放射性^{14}C定年、花粉密度法和孢粉地层方法等都是常用于千年时间尺度的古生态学研究。传统^{14}C测年技术能够测定约50ka（Taylor，2000），它的样品的预处理方式对测定结果影响较大，通常需要5～10g干泥炭样品，计数时间较长，一般长达一周，测试样品中较老的样品容易形成背景干扰（Shore et al.，1995）。不同的泥炭地类型，^{14}C年代计算模型的选择也很关键，如隆起雨养泥炭地需要采用分段线性累积模型计算^{14}C年龄（Blaauw and Christen，2005）。近20年来发展起来的AMS ^{14}C年代学是泥炭沼泽长期历史记录研究中最常用的方法之一，具有所需样品量少（<1g干泥炭样）、样品前处理简单、样品测量周期短等特点（于学峰和周卫建，2004）。由于AMS通过原子质谱分离技术直接测量^{14}C浓度，而非放射性活度，所以背景辐射不会影响测试结果。花粉密度测年法假设花粉降入速率恒定，花粉密度是用泥

炭剖面某一具体层次之下累积含量表示，如果在这个累积区段内泥炭中花粉平均累积速率已知的话，则可以估算年代了。该方法适用于植被覆盖没有显著变化的花粉来源较多的泥炭沼泽，虽然测试费用低，但是实验步骤繁杂，比较耗费时间（Turetsky et al.，2004）。孢粉地层指示方法与花粉密度测年不同，它是根据泥炭层中孢粉种类组成及丰富度的变化来指示灾害、土地利用、栽培物种或外来物种的引入等原因造成的陆地植被的主要变化，导致陆地植被变化的这些历史事件往往为人所知，因而便可得知年代。由于孢粉种类较多，建立完整的孢粉剖面谱图比较费时，通常选择典型的孢粉种属。

　　放射性核素测年技术在建立短时间尺度年代框架和反演近现代区域环境历史变化研究中发挥着重要作用。铀系的衰变子体^{210}Pb广泛存在于自然环境中，半衰期为22.3年，在现代人类活动的百年时间尺度上具有不可替代的定年优势。放射性^{210}Pb的比活度测定可用γ谱直接测量或经放射化学处理的α谱测量，前者要求的样品前处理相对简单，同时能直接给出^{226}Ra的比活度，因而应用更为普遍（万国江，1997）。利用^{210}Pb计年的模式主要为稳定输入通量–稳定沉积物堆积速率模式（CFS）、常量初始浓度模式（CIC）和恒定补给速率模式（CRS）。CFS模型最为理想化，假设条件是^{210}Pb输入通量和泥炭累积速率都恒定；CIC模型假设^{210}Pb通量随着泥炭累积速率的变化而变化，泥炭表层^{210}Pb的比活度恒定；CRS模型假定降入泥炭表面的^{210}Pb输入速率恒定（Turetsky et al.，2004；张敬等，2008）。对于雨养泥炭沼泽，由于只接受大气干湿沉降，^{210}Pb输入速率是稳定的，其最理想的计年模式为CRS模式（Appleby，2008；Appleby and Oldfield，1978；Bao et al.，2010；Mackenzie et al.，1997）。散落核素时标法（如^{137}Cs）是Delaune等（1978）率先引入盐沼沉积速率的研究中，后来有报道称^{137}Cs在偏酸性且富含有机质的泥炭沼泽中容易受到孔隙水和植物吸收的影响而发生迁移（Fesenko et al.，2002；Rosen et al.，2009），于是^{137}Cs定年法多被用来与^{210}Pb方法作对比和模型校正，以保证获取准确的年代结果。

3.2　^{210}Pb和^{137}Cs测试结果及年代

3.2.1　长白山泥炭沼泽年代

赤池（Ch-1、Ch-2）、圆池（Yc-1、Yc-2、Yc-3、Yc-4）、锦北（Jb）、大牛

沟（Dng-2）、金川（Jc）和哈尔巴岭（Ha）共10个剖面[137]Cs和[210]Pb的放射性比活度如图3-1（a）所示。这些剖面的[137]Cs和[210]Pb的放射性比活度及年代分析详见（贾琳，2007），下面是其简要概述。Ch-1剖面[137]Cs的测定深度下限为39cm，在泥炭剖面深11～13cm有一小蓄积峰，将其定为1963年，相应地，由[210]Pb计算出的沉积物年代对应于1971～1959年，对比说明由[210]Pb计算出的沉积物各层年代与[137]Cs时标对应年代一致。Ch-2剖面[137]Cs和[210]Pb测定下限深度均为24cm，过剩[210]Pb随着深度增加呈较好的指数减小趋势，由CRS模式计算出24cm对应于1833年。Yc-1剖面[137]Cs测定深度至11cm，[210]Pb的测定深度下限是20cm，具有指数递减的趋势。Yc-2剖面[210]Pb的测定深度下限为31cm，Yc-3剖面[137]Cs于9cm处的蓄积峰（638.82Bq/kg）很明显，对应1963年；而[210]Pb的测定深度至27cm，由[210]Pb计算出9cm处的年代为1967年，与[137]Cs时标保持较好的一致性。Yc-4泥炭剖面[210]Pb测定深度下限为27cm。锦北（Jb）泥炭沼泽类型为典型的高位泥炭藓泥炭沼泽，其[210]Pb的测定深度下限为41cm，由CRS模式计算出其对应于1743年。泥炭剖面[210]Pb比活度随深度变化而变化。大牛沟泥炭剖面测年数据显示，[137]Cs于泥炭深5cm处有417.45Bq/kg的蓄积峰［图3-1（a）］，对应1963年的核试验峰值。[210]Pb的测定深度下限为37cm，由CRS模式计算出其对应于1855年。哈尔巴岭测年数据显示，[137]Cs于泥炭深8cm处记录了1963年的核试验峰值。[210]Pb测定深度下限为25cm，据CRS模式计算出其对应于1862年。金川测年数据显示，[137]Cs的测定下限为14cm，[137]Cs于泥炭深9～10cm处有168.91Bq/kg的蓄积峰［图3-1（a）］，对应1963年的核试验峰值。[210]Pb测定深度下限为25cm，由CRS模式计算出其对应于1808年。

在上述基础上，采用恒定补给速率模式（CRS）推算年龄，建立了赤池（Ch-1、Ch-2）、圆池（Yc-1、Yc-2、Yc-3、Yc-4）、锦北（Jb）、大牛沟（Dng-2）、金川（Jc）和哈尔巴岭（Ha）剖面的年代序列［图3-1（b）］。需要说明的是：[210]Pb具有测定深度，在其范围内是运用回归法计算出的年代，在测定深度下限以前的年龄是以测定深度处的平均沉积速率进行推测的年龄。

3.2.2　大兴安岭雨养泥炭年代

大兴安岭摩天岭三个雨养泥炭剖面的[210]Pb和[137]Cs放射性比活度如图3-2所示。MP1和MP2剖面的[210]Pb放射性比活度整体表现为随着深度逐渐减小，直到在MP1的51cm深度、MP2的59cm深度和MP3的59cm逐渐达到恒定。根

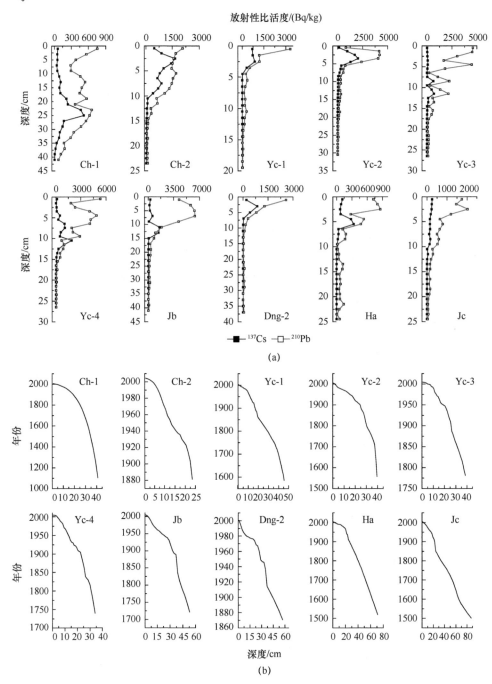

图3-1　长白山泥炭沼泽赤池（Ch-1、Ch-2）、圆池（Yc-1、Yc-2、Yc-3、Yc-4）、锦北（Jb）、大牛沟（Dng-2）、金川（Jc）和哈尔巴岭（Ha）剖面^{137}Cs和^{210}Pb的年代分析

（a）^{137}Cs和^{210}Pb放射性比活度变化；（b）剖面深度－年代关系

据恒CRS计算出年代，其年代-深度关系如图3-2所示，分别为MP1、MP2和MP3泥炭剖面建立了135年、170年和190年的年代框架。MP1、MP2和MP3剖面的 ^{137}Cs 放射性比活度沿着深度由表层向下，逐渐增加，分别在23cm、17cm和15cm处达到最大值；然后沿着剖面深度增加逐渐减小，分别在49cm、53cm和35cm处减小到检测限之下。在更深的层中检测到相对较小的峰值，MP1为33cm，MP2为27cm，MP3为31cm。大气核试验产生的核素 ^{137}Cs 计年是基于该放射性核素在沉积物记录中的层位对比， ^{137}Cs 峰值很可能来源于大气核试验的峰值年（1963年）（United Nations Scientific Committee on the Effects of Atomic Radiation，2000）。在早先发表的两份研究报告中，最显著的 ^{137}Cs 峰值归因于约1963年核武器试验峰值（Bao et al.，2010，2012）。根据这一标定，过去45年来从 ^{137}Cs 年代和 ^{210}Pb 年代得到的平均的泥炭沉积速率和累积通量一致（Bao et al.，2010），但是 ^{137}Cs 的高峰期对应年代比 ^{210}Pb 计算的年代早约20年。这表明，1986年切尔诺贝利反应堆灾难事件后，北半球 ^{137}Cs 的广泛沉降可能是剖面中 ^{137}Cs 主要峰值的可能原因（Azoury et al.，2013）。在中国东北吉林省的小龙湾湖沉积物中也报道了切尔诺贝利事件的 ^{137}Cs 的显著峰值（Xia and Xue，2004）。因此，对摩天岭泥炭柱心的 ^{137}Cs 变化进行了新的评定，将最显著的峰值深度确定为1986年，将底部的较小峰值确定为1963年。这种时间标记与5年偏差内的 ^{210}Pb 年表一致（图3-2）。此外，林庆华等（2004）报道了同一泥炭地106cm长柱心的三个 ^{14}C 年龄，75cm深度层的校准 ^{14}C 年龄为过去176年。这也与我们的 ^{210}Pb 年代吻合，进一步证明了我们依据 ^{210}Pb 和 ^{137}Cs 技术建立的年代学框架是一致和可靠的。

3.2.3　黑龙江凤凰山泥炭年代

黑龙江凤凰山2个泥炭剖面FH-1和FH-2深度较浅，只有40cm，它们的 ^{137}Cs 和 ^{210}Pb 的放射性测试结果如图3-3所示。非过剩 ^{210}Pb （ $^{210}Pbex$ ）随深度增加呈对数式下降（ $R^2>0.8$ ）。通过对数拟合方法，初步计算出两个泥炭柱心的年龄。FH-1和FH-2的沉积物记录分别覆盖了大约176年和188年。不仅如此，在两个泥炭芯中， ^{137}Cs 在上层部分呈较高的值，在大约17cm以下的部分，低于检出值的阈值（图3-3）。对于FH-1，在5cm和9cm处能观察到 ^{137}Cs 活动的两个明显的峰值。类似地，对于泥炭芯FH-2，在5cm和9cm处也能观察到两个峰值。

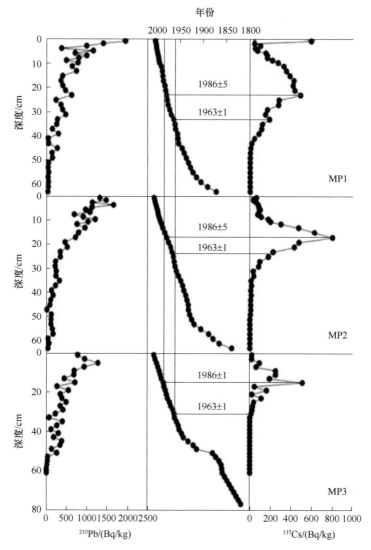

图3-2　东北大兴安岭摩天岭泥炭地三个岩芯中过剩^{210}Pb和^{137}Cs放射性比活度（Bq/kg）剖面
与深度（cm）的关系，以及通过^{210}Pb CRS模型估算的年代学与^{137}Cs时间标记的比较

　　年龄模型的可靠性对于重建凤凰山泥炭芯金属污染的历史至关重要。在此，通过放射性尘埃^{137}Cs记录中的年代地层学时间提供校验。自1952年以来，在沉积物中可以测到大气中的^{137}Cs，其峰值通常记录在大约1963年和1986年（United Nations Scientific Committee on the Effects of Atomic Radiation，2000）。对于两根泥炭芯，^{137}Cs记录在9cm处有一个独特的峰，被认为是1963年核武器的

大气测试引起的放射性尘埃最大值（图3-3）。在两根泥炭芯中，发现另一个主要的峰值在5cm处，被认为可能是1986年切尔诺贝利核反应堆事故引起的放射性尘埃最大值（Azoury et al.，2013）。对于两根泥炭芯，供给模型的恒定速率模拟的^{210}Pb定年与^{137}Cs时间标记非常一致（图3-3）。

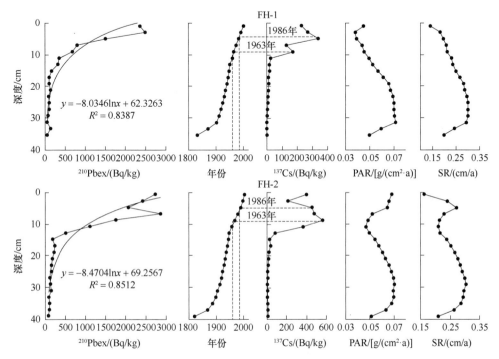

图3-3　黑龙江凤凰山两个泥炭剖面过剩^{210}Pb比活度（^{210}Pbex）随深度变化、深度–年代关系及沉积速率（SR）和泥炭累积速率（PAR）

3.2.4　黑龙江三江平原沼泽

黑龙江三江平原淡水沼泽采集的5个短柱心剖面的^{210}Pb放射性结果如图3-4（a）所示。过剩^{210}Pb比活度随着深度的向下增加而逐渐减小，并在25～48cm层段趋于稳定，这个深度也就是总^{210}Pb与支持性^{210}Pb达到平衡的深度。根据CRS计算沉积年龄，并建立过去200年来的连续年代框架。这5个剖面的年代与深度关系如图3-4（b）所示。

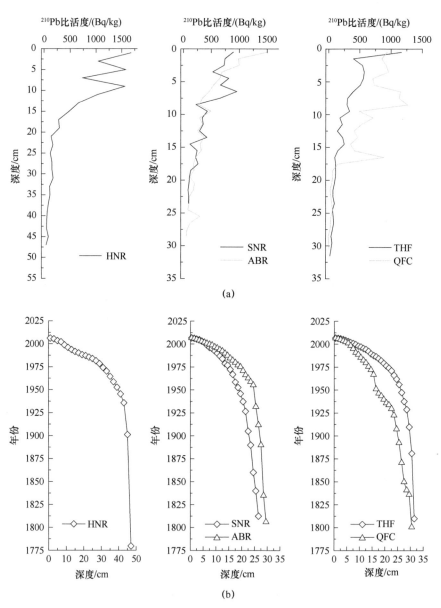

图3-4 三江平原湿地5个沉积柱心的²¹⁰Pb年代结果

（a）²¹⁰Pb放射性比活度随深度的变化；（b）²¹⁰Pb年代与深度的关系图谱

3.3 AMS^{14}C测试结果及年代

3.3.1　长白山哈尼泥炭沼泽

长白山哈尼泥炭岩芯（Hani-1和Hani-3）显示出60～490cm非常相似的年代和年龄-深度模型（表3-2和图3-5）。对于Hani-1，500cm以下的样品在区域转移过程中遗失，因此利用Hani-3柱心重建500～930cm部分的年龄深度模型和环境演变记录。总体年代模型（图3-5）显示：泥炭自发育开始以来，泥炭累积速率比较稳定，930～490cm段平均沉积速率为0.07cm/a，在490～410cm段平均沉积速率减小到0.03cm/a，在410～180cm段平均沉积速率为0.06cm/a，从180cm向柱心顶部，沉积速率表现出增加趋势，平均为0.08cm/a（图3-5）。

表3-2　哈尼泥炭 AMS^{14}C 测试结果、校正年龄和测试样品描述

样品	深度/cm	实验室编号	^{14}C年代/BP	校正年代范围/a cal BP	测试材料
Hani-1 B8	60.5	BETA-499811	270±30	152～435	全样
Hani-1 D17	183.0	BETA-499312	1850±30	1715～1865	全样
Hani-1 J21	491.0	BETA-499813	7410±30	8178～8323	全样
Hani-3 B7	56.9	BETA-499800	450±30	471～536	泥炭藓茎叶
Hani-3 C22	122.6	BETA-499801	1020±30	803～1042	泥炭藓茎和薹草种子
Hani-3 D25	177.3	BETA-499802	1710±30	1553～1699	棕色苔藓
Hani-3 E6	211.5	BETA-499804	2350±30	2324～2464	泥炭藓茎
Hani-3 G12	322.8	BETA-499805	4080±30	4445～4806	薹草种子
Hani-3 I10	418.3	BETA-499806	4540±30	5053～5314	泥炭藓茎和薹草种子
Hani-3 J21	490.8	BETA-499807	7340±30	8033～8276	薹草种子
Hani-3 L20	589.0	BETA-499808	8560±30	9495～9550	狭叶杜香叶子和种子
Hani-3 M21	643.0	BETA-499809	9270±30	10297～10598	泥炭藓茎、狭叶杜香叶子、棕色苔藓茎
Hani-3 O11	722.0	BETA-435994	10260±30	11831～12144	全样
Hani-3 Q20	840.0	BETA-435995	11430±30	13181～13358	全样
Hani-3 S20	939.0	BETA-499810	12280±40	14041～14456	叶子、种子和针叶树树叶

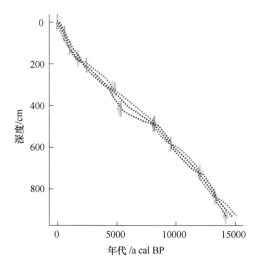

图3-5　基于BACON软件构建的哈尼泥炭地年龄深度模型（Blaauw and Christen，2011）

灰色区域包含所有可能的年龄深度模型，而灰色虚线表示95%的置信区间。橙色线和深蓝色线分别对应于哈尼1号和哈尼3号每个模型样本的加权平均年龄。橙色（哈尼-1）和蓝色（哈尼-3）符号代表AMS ^{14}C日历年龄分布

3.3.2　三江平原淡水沼泽

过去采集的10个沉积剖面的传统 ^{14}C数据来源于以前的研究工作，见表3-3中的参考文献。对于5个新采集的沉积柱心，将5个底层样品送往中国科学院地球环境研究所国家黄土与第四纪地质重点实验室进行加速质谱放射性 ^{14}C定年（AMS ^{14}C）。从 ^{14}C年代来看，三江平原沼泽发育历史较早，长达10000 a BP，如QTC和CFC泥炭剖面。这个区域的泥炭平均发育历史约为4000 a BP，然而，整个区域的泥炭发育情况并不一致，也有时间较短的，如UWR剖面，形成年代大约在1318±65 a BP，XBC剖面在30~40cm层段，测得的 ^{14}C年龄特年轻，属于现代 ^{14}C年龄。

表3-3　三江平原沼泽15个柱心位置及 ^{14}C数据总结

柱心	地理坐标	采样深度/cm	测年深度/cm	定年样品	^{14}C年代/a BP	参考文献
NXL	132°09'04"E 45°19'36"N	150	79~80	泥炭	1205±139	张淑芹等，2004a
			118~120	泥炭	1486±140	
			150	有机质/矿物沉积物	1857	
YMC	132°23'00"E 45°34'00"N	150	76~80	泥炭	860±180	夏玉梅和汪佩芳，2000
			100~104	泥炭	1048±247	
			126~130	泥炭	1900±205	
			139~145	泥炭	3400±342	

续表

柱心	地理坐标	采样深度/cm	测年深度/cm	定年样品	^{14}C 年代/a BP	参考文献
XBC	130°34′20″E 45°49′30″N	60	30~40	泥炭	modern C	牛焕光，1986
			55~60	泥炭	3991±82	
DBC	132°31′00″E 46°33′30″N	157	25~27	泥炭	405±130	张淑芹等，2004b
			50~52	泥炭	620±94	
			65~67	泥炭	1333±177	
			80~82	泥炭	2158±207	
			105~107	泥炭	2968±227	
			120~122	泥炭	3678±412	
			135~137	泥炭	4027±308	
			150~152	有机质/矿物沉积物	4417±307	
SHC	130°39′20″E 46°35′10″N	200	100~110	泥炭	1267±76	牛焕光，1986
			195~200	黏土矿物	2541±80	
FBC	132°57′00″E 46°35′30″N	120	118~120	泥炭	1585±90	叶永英等，1983
BBR	133°41′00″E 47°32′20″N	180	50~55	泥炭	820±70	牛焕光，1986
			110~120	泥炭	3075±70	
			170~180	有机质/矿物沉积物	4615±75	
QTC	133°20′10″E 48°03′15″N	257	65~67	泥炭	1285±75	夏玉梅，1988
			110~113	泥炭	4965±90	
			150~153	泥炭	7645±105	
			220~223	泥炭	9525±125	
			253~257	黏土矿物	10585±515	
CFC	134°22′30″E 48°15′50″N	170	95~100	泥炭	3625±80	夏玉梅，1988
			145~150	泥炭	9300±100	
			160~170	有机质/矿物沉积物	10295±305	
UWR	130°03′10″E 48°23′50″N	65	53~63	泥炭	1318±65	牛焕光，1986
HNR	133°37′43″E 47°47′22″N	54	52~54	泥炭	2897±143	本书
SNR	133°45′42″E 47°15′49″N	32	31~32	有机质/矿物沉积物	3912±193	本书
ABR	134°28′06″E 47°55′04″N	35	34~35	有机质/矿物沉积物	5910±170	本书
THF	133°38′49″E 47°35′28″N	32	31~32	有机质/矿物沉积物	3428±167	本书
QFC	133°47′01″E 47°35′41″N	35	34~35	有机质/矿物沉积物	2990±190	本书

3.4 沉积速率及其变化

3.4.1 长白山泥炭沼泽

对长白山泥炭沼泽赤池（Ch-1、Ch-2）、圆池（Yc-1、Yc-2、Yc-3、Yc-4）、锦北（Jb）、大牛沟（Dng-2）、金川（Jc）和哈尔巴岭（Ha）剖面建立了约200年时间序列。结合^{210}Pb年代和泥炭的干容重、质量深度等理化指标，可以计算出泥炭的沉积速率和累积速率。长白山赤池（Ch-1、Ch-2）、圆池（Yc-1、Yc-2、Yc-3、Yc-4）、锦北（Jb）、大牛沟（Dng-2）、金川（Jc）和哈尔巴岭（Ha）剖面的泥炭平均沉积速率和累积速率见表3-4。在这些剖面中，Ch-1剖面具有最大的平均沉积速率（1.809cm/a）和平均累积速率 [0.908g/（cm^2·a）]；最小的是Yc-1剖面，平均沉积速率为0.210cm/a，平均累积速率为0.034g/（cm^2·a）。

表3-4　长白山泥炭的沉积速率和累积速度的最大值、最小值、平均值统计

剖面	Ch-1 (n=21)	Ch-2 (n=24)	Yc-1 (n=29)	Yc-2 (n=31)	Yc-3 (n=37)	Yc-4 (n=30)	Jb (n=22)	Dng-2 (n=29)	Ha (n=38)	Jc (n=34)
累积速率/[g/（cm^2·a）]										
最大值	2.726	0.336	0.057	0.585	0.144	0.144	0.211	0.181	0.363	0.252
最小值	0.106	0.046	0.021	0.025	0.039	0.022	0.038	0.083	0.091	0.028
平均值	0.908	0.095	0.034	0.058	0.062	0.043	0.060	0.120	0.137	0.063
标准误	0.852	0.074	0.013	0.099	0.026	0.030	0.037	0.030	0.054	0.047
沉积速率/（cm/a）										
最大值	4.435	1.177	0.341	2.018	2.002	1.664	0.994	0.684	0.885	0.642
最小值	0.305	0.190	0.136	0.146	0.183	0.157	0.208	0.218	0.205	0.158
平均值	1.809	0.428	0.210	0.313	0.578	0.394	0.396	0.470	0.478	0.287
标准误	1.495	0.304	0.075	0.322	0.518	0.386	0.178	0.115	0.220	0.126

3.4.2 大兴安岭雨养泥炭

大兴安岭摩天岭三个泥炭剖面泥炭沉积速率和累积速率随深度和沉积年代变化的变化趋势如图3-6所示。MP1、MP2、MP3剖面的沉积速率变化范围分别是0.15～0.86cm/a（均值为0.68cm/a）、0.37～0.72cm/a（均值为0.59cm/a）、

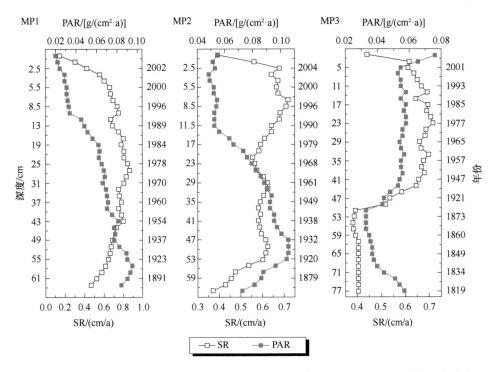

图3-6 大兴安岭摩天岭泥炭地沉积速率（SR）和累积速率（PAR）随深度和时间变化的变化

0.38～0.72cm/a（均值为0.56cm/a）；相应地，三个剖面的累积速率变化范围分别是0.02～0.09g/（cm²·a）［均值为0.06g/（cm²·a）］、0.05～0.11g/（cm²·a）［均值为0.08g/（cm²·a）］、0.03～0.08g/（cm²·a）［均值为0.05g/（cm²·a）］。对于MP3剖面55cm深度之下，由于过剩^{210}Pb检测下限至此，所以对应深度的平均沉积速率被用来代表下层的沉积速率，在此基础上推算下层年代。MP1剖面、MP2剖面和MP3剖面55cm以上层段，沉积速率的总体变化趋势是从1880～1990年先逐渐增加，然后在最近20年里逐渐减小。这种变化趋势表明：泥炭形成过程中在最开始泥炭堆积速率较大，然而随着泥炭越积越多，可分解的有机物质增多，厌氧环境也有利于分解（Belyea and Clymo，2001），因而分解过程使得泥炭沉积速率下降。

根据^{137}Cs峰值对应的深度和相应的时标（1963年），计算出来的MP1、MP2和MP3剖面过去45年平均沉积速率分别是0.51cm/a、0.42cm/a和0.38cm/a；平均累积速率分别是0.08g/（cm²·a）、0.07g/（cm²·a）和0.03g/（cm²·a）。根据^{210}Pb计算出来的年代，过去45年来平均沉积速率和累积速率也总结在表3-5中。通过这一比较，两种方法获得的沉积速率和累积速率具有较好的一致性（表3-5）。这也说明了大兴安岭摩天岭泥炭基于^{210}Pb构建的年代框架是可靠的。

表3-5 由^{210}Pb年代和^{137}Cs时标得到的过去45年的平均沉积速率和泥炭累积速率比较

剖面	平均沉积速率/(cm/a)		平均累积速率/[g/(cm^2·a)]	
	^{210}Pb	^{137}Cs	^{210}Pb	^{137}Cs
MP1	0.68	0.51	0.05	0.08
MP2	0.65	0.42	0.06	0.07
MP3	0.66	0.38	0.06	0.03

3.4.3 黑龙江凤凰山泥炭

利用^{210}Pb测年，计算出黑龙江凤凰山泥炭芯FH-1的沉积速率范围为0.14~0.30cm/a，平均值为0.25cm/a，泥炭芯FH-2的沉积速率范围为0.16~0.30cm/a，平均值为0.25cm/a。相应地，FH-1的泥炭累积速率范围为0.04~0.07g/(cm^2·a)，平均值为0.06g/(cm^2·a)，FH-2的泥炭累积速率范围为0.05~0.07g/(cm^2·a)，平均值为0.06g/(cm^2·a)。泥炭累积速率随深度变化的整体趋势呈类似"S"形（图3-3）。FH-1随深度变化的沉积速率在大约30cm前呈增加趋势，然后减少。FH-2随深度变化的沉积速率在表层5cm呈增加趋势，在5~15cm呈下降趋势，接着增加到约30cm，最后一直减少到底部（图3-3）。

3.4.4 黑龙江三江平原泥炭

黑龙江三江平原5个泥炭剖面泥炭沉积速率和累积速率随沉积年代变化的变化趋势如图3-7所示。它们随着时间增加表现出不断增加的趋势，在1980年后增加趋势更加显著。将这些泥炭柱心的沉积过程分1980年前后两个阶段，每个阶段的沉积速率和累积速率统计值如表3-6所示，发现1980年后泥炭的沉积速率和累积速率均值大于1980年之前的沉积速率和累积速率均值。

表3-6 三江平原5个柱心泥炭的沉积速率（SR）和累积速率（PAR）的最大值、最小值、平均值统计

柱心		年份	N	最小值	最大值	平均值	标准偏差
THF	SR/(cm/a)	1980~2020	18	0.77	2.98	1.35	0.61
		1800~1980	14	0.16	0.74	0.49	0.18
	PAR/[g/(cm^2·a)]	1980~2020	18	0.36	0.98	0.52	0.19
		1800~1980	14	0.13	0.39	0.32	0.08

续表

柱心		年份	N	最小值	最大值	平均值	标准偏差
SNR	SR/(cm/a)	1980~2020	13	0.55	2.10	1.09	0.56
		1900~1980	10	0.22	0.48	0.36	0.09
	PAR/[g/(cm²·a)]	1980~2020	13	0.17	0.82	0.34	0.20
		1900~1980	10	0.10	0.15	0.13	0.01
QFC	SR/(cm/a)	1980~2020	11	0.49	1.57	0.92	0.37
		1800~1980	20	0.14	0.47	0.28	0.10
	PAR/[g/(cm²·a)]	1980~2020	11	0.10	0.91	0.31	0.24
		1800~1980	20	0.06	0.13	0.09	0.01
ABR	SR/(cm/a)	1980~2020	16	0.69	2.06	1.12	0.38
		1800~1980	14	0.15	0.67	0.45	0.18
	PAR/[g/(cm²·a)]	1980~2020	16	0.19	0.61	0.32	0.13
		1800~1980	14	0.07	0.19	0.15	0.04
HNR	SR/(cm/a)	1980~2020	15	0.98	1.93	1.19	0.27
		1800~1980	9	0.21	0.95	0.67	0.23
	PAR/[g/(cm²·a)]	1980~2020	15	0.12	0.39	0.18	0.08
		1800~1980	9	0.10	0.26	0.21	0.05

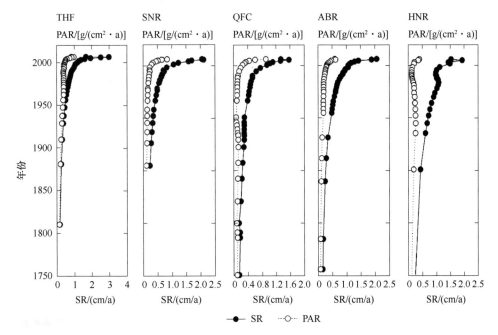

图3-7　三江平原湿地5个沉积柱心泥炭沉积速率和累积速率随深度和时间变化的变化

这些剖面的底层深度、^{14}C年代及据此得到的平均沉积速率随纬度变化的变化如图3-8所示。可以看到，位于三江平原北部（如48°N）的沉积柱心比南部（如45°N）的具有更久的发育历史，这说明气候因子对泥炭形成具有重要的影响。对于沉积速率，不同湿地类型之间的差异则较纬度差异明显。草本泥炭地的沉积速率为0.15～0.81mm/a，平均为0.44mm/a；而腐殖化沼泽和沼泽化草甸，沉积速率为0.06～0.12mm/a，平均值为0.08mm/a。这说明从草本泥炭到腐殖化沼泽，再到沼泽化草甸，泥炭形成和累积过程变得微弱，自然泥炭地会逐渐退化到沼泽化草甸。

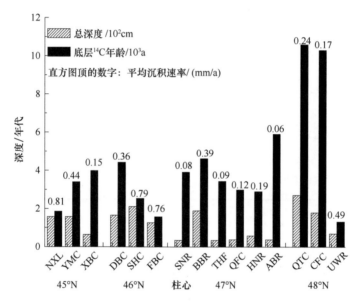

图3-8　三江平原湿地沉积柱心总深度和柱心底部^{14}C年龄和对应的平均沉积速率随纬度分布特征。直方图顶上的数字是平均沉积速率

泥炭记录的尘暴演化

长白山泥炭沼泽磁化率特征及其环境意义

4.1.1　泥炭磁化率随深度变化的分布特征

赤池（Ch-1）、锦北（Jb）、大牛沟（Dng-2）、金川（Jc）、哈尔巴岭（Ha）5个剖面质量磁化率分布如图4-1所示。所有剖面磁化率表层富集明显，且其富集含量可达以下层位富集平均值的5～10倍。赤池（Ch-1）泥炭剖面质量磁化率值变化范围为$1.87 \times 10^{-8} \sim 8.44 \times 10^{-8} \mathrm{m}^3/\mathrm{kg}$，且自剖面表层至底层质量磁化率含量呈递减趋势。尤其是在6～10cm泥炭层，磁化率值（$8.16 \times 10^{-8} \sim 8.43 \times 10^{-8} \mathrm{m}^3/\mathrm{kg}$）呈明显峰值，约为底层（36～42cm）磁化率值的5倍。赤池（Ch-1）泥炭层的磁化率峰值范围出现在7～10cm层，对应于1971～1990年。锦北（Jb）0～8cm泥炭层磁化率值变化范围在$1.32 \times 10^{-8} \sim 3.15 \times 10^{-8} \mathrm{m}^3/\mathrm{kg}$，其平均含量为$2.14 \times 10^{-8} \mathrm{m}^3/\mathrm{kg}$，为8～27cm层平均含量（$0.21 \times 10^{-8} \mathrm{m}^3/\mathrm{kg}$）的10倍。锦北（Jb）泥炭剖面质量磁化率分布在整个剖面呈现逐渐增长的态势，尤其在10cm之上的表层富集明显，对应的富集时间段为1948～2005年。大牛沟（Dng-2）表层0～14cm也富集明显，其含量平均值为$1.92 \times 10^{-8} \mathrm{m}^3/\mathrm{kg}$，为以下层位含量的3～4倍，剖面突出峰值发生在12～13cm层，为$4.96 \times 10^{-8} \mathrm{m}^3/\mathrm{kg}$，对应于1924～1931年。金川（Jc）表层（0～6cm）富集变化范围在$0.70 \times 10^{-8} \sim 4.44 \times 10^{-8} \mathrm{m}^3/\mathrm{kg}$，此剖面段磁性颗粒物的平均含量（$2.54 \times 10^{-8} \mathrm{m}^3/\mathrm{kg}$）为6～88cm段（$0.44 \times 10^{-8} \mathrm{m}^3/\mathrm{kg}$）的6倍，表层富集自12～13cm处（1976年左右）开始，至2cm处（2000年左右）达到极值。哈尔巴岭（Ha）泥炭表层（0～5cm）磁化率值富集变化范围在$1.52 \times 10^{-8} \sim 5.91 \times 10^{-8} \mathrm{m}^3/\mathrm{kg}$，其平均含量为$3.93 \times 10^{-8} \mathrm{m}^3/\mathrm{kg}$，为5～55cm段平均含量（$0.76 \times 10^{-8} \mathrm{m}^3/\mathrm{kg}$）的5倍多。哈尔巴岭（Ha）泥炭层磁化率值富集开始

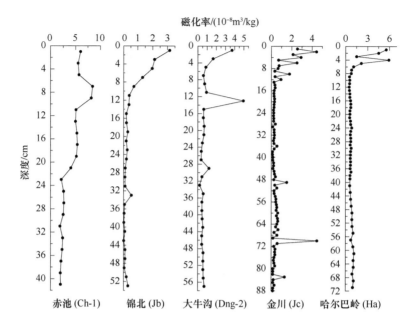

图4-1　长白山赤池、锦北、大牛沟、金川和哈尔巴岭泥炭剖面质量磁化率分布

于8～10cm层，对应于1981年左右，在4～5cm处（1985年左右）其磁性物质含量达到极值（5.91×10^{-8}m^3/kg）。尽管4cm以上表层磁性物质含量有波动，但是相对以下层位来讲，磁化率值仍然较高，表现出相对富集。

4.1.2　泥炭磁化率表聚性特征的环境意义

随着工业发展和城市扩张，大量化石燃料的燃烧，自然环境中磁性颗粒沉降物加速增加，大气中磁性颗粒物含量也急剧增加，且大多以亚微米气溶胶形式存在，并能够随风迁移至很远的距离。大气磁性颗粒物污染影响到泥炭表层的磁性颗粒物含量，因而不同时期大气磁性颗粒物的沉降被记录并保存在泥炭芯中（王国平等，2006）。分析对比不同泥炭层位磁性颗粒物的含量可反演大气中磁性颗粒物的污染历史，进而为探讨环境变化的历史及不同时段污染的来源提供了一种方法和手段。

长白山位于东北地区东部边缘的中朝边界，终年盛行西风（杨美华，1981）。近年来蒙古国、中国西部沙尘天气比较活跃，强劲的西风将高空扬沙传送到不同地区，进而记录在泥炭沼泽沉积层中。研究表明，中蒙地区风送沙尘的化学组成以Fe、Al及Si等地壳元素为主（钱正安等，2006），长白山泥炭中Fe、Mn及Al等元素在表层明显富集（贾琳，2007；贾琳等，2006），这说明长白山受到了外来尘降的影响，与已被证实的来自干旱和半干旱地区风尘对长白山土壤成土作用产生影响的结论（Zhao et al.，1997）相一致。又因为Fe磁性矿物含量是控制沉积物磁化率高低的主导因素（王建等，1996），所以大气运动向长白山输送的磁性颗粒物在表层沉积，表现为泥炭档案中磁化率的表层富集规律。另外，在西风主导作用下，煤、石油等化石燃料燃烧释放出的磁性颗粒物随空气运动被输送到数千千米以外，最终以不同颗粒大小沉降在泥炭沼泽中。因此，随着年代的拉近，泥炭沼泽磁化率值的增加可充分反映环境的恶化趋势，尤其是磁化率值在泥炭表层成倍的含量增值为该结果提供了充分证据。

长白山泥炭沼泽磁化率的表层富集规律不仅指示了远距离传输的大气沉降对区域环境的影响，而且还可以反映源区磁性颗粒物的释放在各环境因素作用下引起的磁性颗粒物污染扩大化，尤其是自改革开放以来，城市扩张、工业发展及长白山地区森林的砍伐、铁路公路网的完善等均导致了环境中磁性颗粒物释放的加剧。由研究区域可以看出，长白山各泥炭采样点位于吉林省东南部（图2-1），西北部铁路网广布，哈尔巴岭泥炭样点甚至就位于铁路边缘。通过泥炭剖面年代-深度的重建，本研究发现泥炭表层的富集集中在20世纪50年代至今，这与中国经济发展的时间相吻合。工业的发展带来了中国经济飞速发展，但大量化石燃料的使用导致了大量污染物的释放，环境中的污染物，尤其是磁性颗粒物激增。据各县志（安图县志地方志地方编纂委员会，1993；敦化市地方志编纂委员会，1991；抚松县地方志地方编纂委员会，1993；辉南县地方志地方编纂委员会，2000）介绍，长白山铁路（抚松段、浑白段等）开通时间大多集中于20世纪70～80年代，起初的列车主要以煤为主要燃料，现今列车的主要燃料被柴油取代。这些燃料的使用不仅引起铅、镉等重金属的环境污染，并且其所包含的磁性颗粒物也将不可避免地随燃料的燃烧释放到大气中（Oldfield et al.，1978）。国外就定年泥炭所记录的研究（Oldfield et al.，1981）表明，芬兰泥炭沼泽中等温剩磁在1860年即缓慢增长，至20世纪其含量激增，达到1860年的2～3倍。这与长白山泥炭沼泽所记录的质量磁化率随深度变化的历史变化是一致的，且长白山泥炭沼泽磁化率值的富集增量较芬兰的研究更为明显，泥炭沼泽所记录的在20世纪富集程度更为严重，这表明人类活动造成磁性颗粒物的释放已经超出地缘政治界限，是一个值得关注的全球性污染问题。

4.2 长白山大牛沟泥炭粒度特征及其尘暴指示意义

以长白山大牛沟泥炭沼泽为研究对象（图4-2），通过对沼泽垂直剖面的精细采样，对沉积物粒度垂直分布特征和粒度参数进行综合研究，并利用经验判别函数与红原泥炭、红黏土、黄土和古土壤、河流沉积相和湖泊沉积相做对比分析，揭示大牛沟泥炭灰分粒度特征及其环境指示意义。

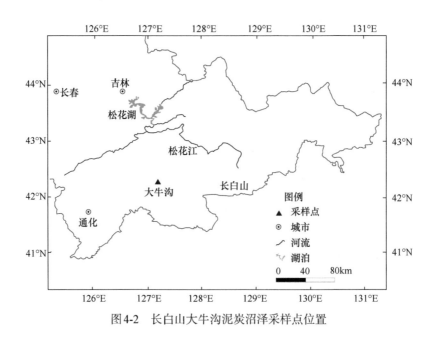

图4-2　长白山大牛沟泥炭沼泽采样点位置

4.2.1　粒度分布与频率累积曲线

对粒径分组采用了如下的划分方案：砂（>63μm）、粉砂（4～63μm）和黏土（<4μm）。大牛沟两个泥炭沉积剖面（Dng-1、Dng-3）沉积物粒度-深度分布见图4-3。Dng-1和Dng-3剖面自上至下黏土颗粒物含量逐渐增多，粉砂颗粒物含量趋于稳定，而砂级颗粒在表层明显富集。所以，随着剖面深度向下增加，颗粒物分布具有由粗变细的趋势。Dng-1和Dng-3剖面的黏土含量变化

范围分别为0~27.29%和8.04%~44.46%，均值分别为14.51%和24.63%。对于粉砂颗粒含量，Dng-1剖面变化范围为57.52%~79.14%，均值为70.69%；而Dng-3剖面相应的值为54.75%~68.81%，平均值为60.48%。此外，两个剖面的砂组分变化区间分别为3.24%~31.54%和0.59%~37.10%，均值依次为14.80%和14.89%。这说明大牛沟沼泽沉积物中黏土颗粒和粉砂颗粒物占绝对优势，砂组分含量较少。由于细悬浮颗粒物在风蚀作用下可以远距离传输（Leys and Mctainsh，1996；Lu et al.，2001），所以这些细颗粒组分很可能源于风尘沉积。

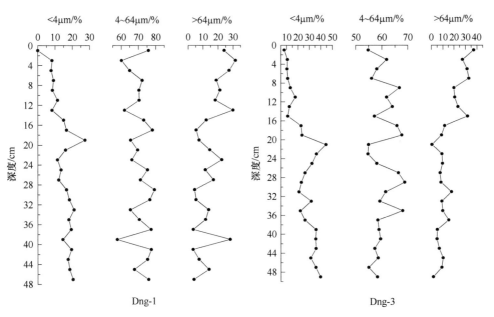

图4-3 大牛沟泥炭剖面（Dng-1、Dng-3）泥炭灰分粒度组分随深度分布

不仅粒度-深度曲线能清晰地反映出粒度组成，应用频率分布曲线描述样品的总体粒度特征，也能够较为直观地显示出样品中各粒度的相对含量及其对总量的贡献，并判断出沉积作用形式的变化。以泥炭剖面每10cm间隔的粒径含量的平均值来绘制泥炭剖面的频率分布和累积频率曲线，结果如图4-4所示。综观Dng-1和Dng-3的粒度频率曲线，总体表现为峰尖突出的单峰态，但在表层也存在双峰迹型。单峰分布反映出物质沉积前所受搬运营力性质单一，双峰态的频率曲线特征表明了流水与风力的混合作用（Nickling，1983；Sun et al.，2002）。因此，可以推断出泥炭沼泽形成过程中泥炭灰分仅来源于大气尘降一种营力，而表

层10cm的双峰态比其他层次都明显，这与表层沉积过程容易承受多种搬运营力的现实相吻合。

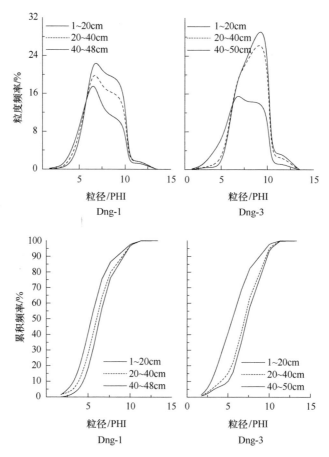

图4-4 大牛沟泥炭（Dng-1、Dng-3）粒度分布曲线和累积频率曲线

4.2.2 粒度参数分析

平均（mean）粒径、标准差（SD）、偏度（skewness）和峰态（kurtosis）是经常使用的粒度参数，本节采用已经出版的公式计算这些参数（Folk and Ward，1957；Lu et al.，2001）。随机抽取一些计算结果展示在表4-1中。为了方便比较，表4-1中同时列举了引自其他文献的红原泥炭、红黏土、黄土、古

土壤、河流和湖泊沉积物的相应粒度参数值。大牛沟泥炭灰分的粒度参数值与红原泥炭、红黏土、黄土和古土壤的粒度参数很相近，而不同于河流和湖泊沉积物。这个比较说明了大牛沟泥炭灰分来源与红原泥炭、红黏土、黄土和古土壤类似，而与河流和湖泊沉积相物源有别。前者被证明是典型的风尘沉积（Lu et al.，2001；刘东生，1985；于学峰等，2006），因此，大牛沟泥炭灰分也是风尘来源。相对于河流和湖泊沉积，大牛沟这两个剖面具有类似的而且比较小的标准差（1.23～2.21），这说明了大牛沟泥炭沉积物具有很好的分选性，分选动力较为单一（图4-5）。

表4-1　大牛沟泥炭（Dng-1和Dng-3）与其他地区泥炭和沉积物的粒度分布参数比较　　　　　　　　　　　　　　（单位：PHI）

样品名称	平均粒径	标准差	偏度	峰态	样品名称	平均粒径	标准差	偏度	峰态
Dng-1	4.87	1.23	0.09	0.91	Dng-3	4.77	2.03	−0.18	1.06
	4.90	1.85	−0.19	1.10		5.24	2.03	−0.15	0.99
	5.08	1.81	−0.10	1.06		5.26	2.21	−0.07	1.02
	5.45	1.76	−0.07	1.12		5.10	2.15	−0.15	0.94
	5.31	1.81	−0.05	1.16		5.67	1.93	−0.10	0.92
	5.53	1.86	−0.17	1.15		5.85	2.19	0.04	0.93
红原泥炭[*]	6.66	1.76	0.02	0.02	古土壤[**]	6.72	1.75	0.62	2.71
	6.51	1.86	0.00	0.00		6.71	1.76	0.61	2.70
	6.60	1.86	0.02	0.02		6.70	1.76	0.62	2.70
	6.76	1.87	0.02	0.02		6.68	1.77	0.61	2.70
	6.96	1.85	0.01	0.02		6.64	1.79	0.61	2.69
	7.04	1.85	0.01	0.02		6.58	1.83	0.59	2.66
红黏土[**]	7.63	1.54	0.10	2.53	河流沉积物[**]	5.35	1.81	1.32	4.14
	7.71	1.46	0.15	2.62		5.34	1.82	1.27	4.02
	7.52	1.45	0.15	2.70		5.84	1.94	0.92	3.00
	7.58	1.44	0.17	2.66		5.38	1.86	1.16	3.69
	7.44	1.49	0.21	2.66		5.75	1.82	1.04	3.36
	7.68	1.42	0.14	2.67		5.67	1.96	0.76	3.06

续表

样品名称	平均粒径	标准差	偏度	峰态	样品名称	平均粒径	标准差	偏度	峰态
黄土**	5.76	1.74	1.06	3.69	湖泊沉积物**	7.71	17.04	0.06	0.04
	5.75	1.75	1.05	3.69		7.60	46.80	0.04	0.00
	5.81	1.74	1.03	3.61		7.76	17.34	0.05	0.03
	5.92	1.78	0.95	3.38		7.30	16.00	0.10	0.04
	5.92	1.74	1.00	3.52		7.62	16.69	0.07	0.03
	5.94	1.76	0.94	3.40		7.12	19.43	0.05	0.03

数据来源：* 引自（于学峰等，2006）；** 引自（Lu et al.，2001）。

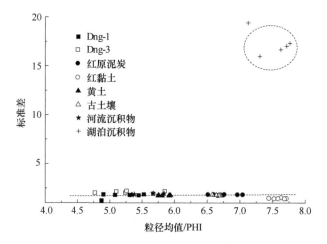

图4-5　长白山大牛沟泥炭剖面（Dng-1、Dng-3）与其他沉积物粒径-标准差关系比较，数据来源参见表4-1说明

　　此外，大牛沟泥炭Dng-1剖面的粉砂-黏土比（Kd）变化范围为2.39～8.43，平均值为5.29；Dng-3剖面的粉砂-黏土比变化范围是1.24～6.82，平均值为3.12。它们随泥炭剖面深度变化的变化趋势如图4-6所示，在表层具有较大值，沿着深度增加明显地逐渐减小。粉砂-黏土比最开始用于黄土堆积研究，以指示尘源区干冷的气候条件和生态环境（刘东生，1985）。它同样能够用来反映现代大气降尘变化，较大的粉砂-黏土比说明了干冷的气候条件、不好的植被覆盖或者区域生态环境退化状况，而粉砂-黏土比小的话，说明气候条件温暖湿润，植被覆盖好，生态环境退化不明显（何葵等，2005）。大牛沟泥炭灰分Kd均值为3.12～5.29，比兰州降尘Kd（2.85～3.96）（戴雪荣等，1995）和洛川黄土Kd

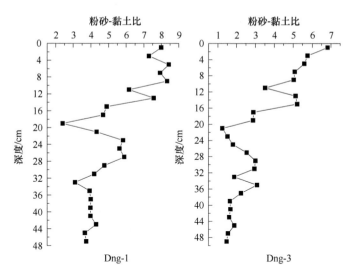

图 4-6 长白山大牛沟泥炭（Dng-1、Dng-3）剖面粉砂-黏土比随深度变化的变化

（0.91～2.26）（刘东生，1985）都高。这说明当地生态环境有严重的退化趋势，使得较粗颗粒的干土壤尘极为容易地输入大牛沟泥炭沼泽中。

4.2.3 粒度特征对大气尘降的指示意义

根据不同沉积相沉积物粒度参数的统计特征，前人得出了风成沉积和水成沉积之间的沉积环境判别的经验公式：

$$Y=-3.5688M+3.0716\sigma^2-2.0766SK+3.1135K \qquad (4\text{-}1)$$

式中，M 为平均粒径；σ 为粒度标准差；SK 为偏度；K 为峰态，并在风成沉积物判别中得到了很好的应用（Lu et al.，2001；成都地质学院陕北队，1978）。

通过将大牛沟泥炭灰的粒度参数判别函数值与红原泥炭、红黏土、黄土和古土壤、河流沉积相和湖泊沉积相（Lu et al.，2001）作对比，判别泥炭灰颗粒物的动力来源。如图 4-7 所示，大牛沟沉积剖面的粒度沉积参数的判别函数值均为负值，与红原泥炭、红黏土、黄土和古土壤一致，而与河流相及湖泊沉积相相反，表明该区泥炭沼泽灰分来源与红原泥炭、红黏土、黄土和古土壤有着类似的归因，而与河流相、湖相不同。红原泥炭和红黏土都被证实为风成沉积，且黄土沉积为典型的风成沉积，这就说明大牛沟区域泥炭沼泽沉积过程中粉砂粒级颗粒物主要源于大气沉降。上述结果与已被证实的来自

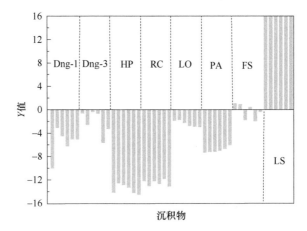

图4-7　长白山大牛沟泥炭（Dng-1、Dng-3）与其他几种沉积物的判别函数值

HP. 红原泥炭；RC. 红黏土；LO. 黄土；PA. 古土壤；LS. 湖泊沉积物；FS. 河流沉积物

（Lu et al., 2001；成都地质学院陕北队，1978）

干旱和半干旱地区风尘对长白山土壤成土作用产生影响的结论（Zhao et al., 1997）相一致。

大牛沟泥炭灰分的黏土颗粒含量变化指示了长距离传输的大气尘埃输入历史，这是因为能够长距离随大气迁移的主要是细颗粒悬浮物，而且泥炭沉积过程中主要是有机物累积，对矿物颗粒的改变较小（Leys and Mctainsh，1996；Lu et al., 2001；Patterson and Gillette，1977）。有别于长距离传输的外源尘，由人类活动特别是交通运输和牲畜活动产生的当地尘埃，颗粒较粗（Mctainsh et al., 1997）。大牛沟泥炭灰分中黏土组分含量随着剖面深度增加而增加，而砂组分含量相反有减少的趋势，这反映出长距离输入到大牛沟泥炭沼泽的外源土壤矿物有减少的趋势，其原因在于中国北方干旱-半干旱区生态可持续性逐步得到了改善。此外，单峰形态说明沉积物来源于单一的搬迁动力，而双峰形态反映了流水和风力等复合搬迁动力（Nickling，1983；Sun et al., 2002）。因此，大牛沟泥炭灰分颗粒频率曲线在表层表现出的双峰特点（图4-4）说明泥炭剖面上层灰分来源不止是长距离的外源尘，也有因为地表流水及人为活动等原因产生的当地的矿物颗粒，正因为这样，所以表层粗颗粒组分较多，而且这种人为干扰带来的当地尘埃有增加的趋势。图4-6所显示的大牛沟泥炭灰分Kd值表层富集现象与中国东北地区人口增长、经济建设和农业开发时期一致（邓伟等，2004）。因此，泥炭灰分粒度分布特征分析在一定程度上能够指示区域环境变化，这会为区域可持续发展提供理论依据。

4.3　长白山哈尼泥炭沼泽记录的尘暴演化历史

矿物粉尘在全球气候系统中扮演着重要角色，它提供了云层形成的凝聚核，会影响辐射平衡，会影响大气圈的化学组分，会向陆地和海洋环境中提供养分进而影响营养元素的生物地球化学循环。矿物粉尘不仅影响气候，它的释放、传输和沉降过程也会受到气候和环境变化的影响。粉尘与气候之间的交互作用可以通过地质载体的古尘记录来反演和研究。泥炭地是重要的古环境和古气候档案，环境代用指标（地球化学、生物和物理指标）丰富，泥炭堆积年代序列便于重建且连续性好，最早可以追溯到晚更新世。这为在不同时空尺度上研究粉尘动态与过去的环境和气候条件及变化过程之间的相互作用提供了可能。因此，利用中国东北地区长白山哈尼泥炭柱心的物理参数（灰分含量、干容重、粒度和矿物学特征）和化学参数（微量元素），结合 AMS ^{14}C 定年数据，重建东北地区过去14.5ka 的粉尘沉积和古气候变化历史，尝试初步确定矿物颗粒的主要来源，探讨区域粉尘演化的主要控制因素。

4.3.1　泥炭沼泽的营养状态和主要地球化学特征

1. 岩芯地层学、干容重和灰分含量

泥炭芯的沉积地层、灰分含量、干容重和特定元素浓度的深度记录如图 4-8 所示。植物残体保存相对完好，在深暗色的腐殖化较强的泥炭层和浅灰色的腐殖化较弱的泥炭之间存在一定差异。植物组成通常以莎草为主，伴生有泥炭藓属。对于哈尼 1 号（Hani-1）柱心：

0～21cm，发现新鲜的未分解泥炭；

21～100cm，泥炭呈黄色，腐殖化程度低；

100～589cm，更加腐殖化的棕色泥炭，其间在约 180cm 深度处发现一矿物质层，在 290～330cm 处发现了浅棕色的植物残体相对完好的泥炭层；

589～639cm，明显富含矿物质的沉积层（包含粗砂和黏土）；

639～830cm，泥炭颜色较深，分解程度非常强烈。

对于哈尼 3 号（Hani-3）柱心：

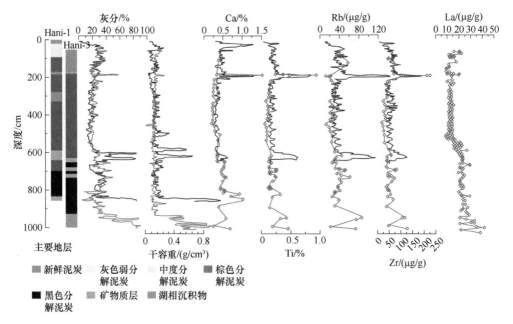

图4-8 哈尼1号（黑色曲线）和哈尼3号（红色曲线）岩芯的沉积地层、灰分含量、干容重和特定元素浓度的深度记录

50～180cm，泥炭是中度腐殖化的，浅棕色，含有保存完好的植物残体；

180～185cm，富含矿物质的沉积层；

185～600cm，泥炭成分相当均匀，呈褐色，分解程度高；

600～931cm，泥炭主要是深棕色，其特征是腐殖化程度更高，在645～649cm、683～691cm和723～729cm处含有明显的矿物质层；

930cm以下，岩芯由灰色淤泥质的湖相沉积物组成。

Hani-1和Hani-3岩芯泥炭的干容重分别为0.02～0.66g/cm³和0.05～0.28g/cm³。Hani-1的灰分含量为2%～85%，Hani-3的灰分为5%～58%。对于Hani-1，在583～639cm，灰分含量快速增加至85%，这对应着该层段富含矿物组分。Hani-3的灰分高值出现在600～800cm层位（32%～50%）和180.5cm深度处（58%）。总体上看，在200～600cm层位，两个柱心的灰分含量相对较低而且稳定，分别为19%±4%（Hani-1）和21%±4%（Hani-3）。此外，两个泥炭柱心从100cm至地表层段，灰分含量均表现出增加趋势，表层灰分高达40%。

2. 泥炭沼泽的营养水平状态

泥炭地的营养状态可能会影响泥炭地球化学记录中无机组分的保存形态。

哈尼两个岩芯的灰分含量平均为24%～26%，与中国其他泥炭地的灰分含量值一致（＞10%）（Bao et al.，2010；Ferrat et al.，2012a，2012b；Wei et al.，2012），但高于典型雨养泥炭的灰分值（一般＜5%）（Sapkota et al.，2007；Shotyk et al.，1998；Tolonen，1984；Weiss et al.，2002a）。哈尼泥炭灰分含量较高，地表植被以薹草为主，通常是富含矿物质的生境，是典型的矿养属性。然而，考虑到哈尼泥炭地距离全球最大粉尘源区之一的亚洲干旱-半干旱区距离较近，该泥炭地会有更多的粉尘沉降，从而导致泥炭具有更高的灰分含量（Ferrat et al.，2012b；Pratte et al.，2018）。所采集的泥炭柱心的孔隙水电导率较低（45～93μs），表明溶解物质非常有限，而pH（4.2～5.1）和碳氮比（18～29）表明该泥炭属于中营养到贫营养的营养状态（Schröder et al.，2007）。钙和锶的浓度已被广泛用作泥炭的营养指标（Shotyk，1997；Steinmann and Shotyk，1997）。哈尼泥炭中钙和锶的浓度随深度增加略有增加，这可能表明矿物溶解后的垂直迁移。然而，25～650cm层位，钙和锶的含量分别为0.27%±0.08%和（45.9±15.3）μg/g；650cm以下，钙和锶含量分别为0.57%±0.23%和（87.9±27.9）μg/g，比25～650cm层位增加了不到2倍，远远低于在一些矿物营养泥炭地观察到的3～16倍的增加幅度（Pratte et al.，2017；Steinmann and Shotyk，1997）。综上所述，这些证据表明，哈尼泥炭地的矿物溶解和元素再迁移过程是有限的，因此它可以用作地球化学分析、重建粉尘档案。

　　为了确定地球化学行为类似、迁移转化过程相同的化学元素，对哈尼泥炭中多种元素累积速率进行了主成分分析（PCA）。如果对哈尼泥炭整个柱心做PCA分析，结果表明钙、锶和铁的累积速率分属于不同铝和钛等组分（图4-9），表明它们可能部分受到成岩过程的影响，如氧化还原条件的变化和垂向再迁移过程等（Steinmann and Shotyk，1997）。如果对哈尼1号第1主成分（PC1）50cm以下的样品和哈尼3号样品第2主成分（PC2）再次进行PCA分析，又发现钠、钛、锆、镁、铕和钡的累积速率属于同一组分。这表明其他过程也在影响包括钙和锶等元素的地球化学记录。当地岩石和沉积物为火山成因，富含斜长石（钠、钙和铕含量丰富），并含有辉石（如富钛辉石）和橄榄石（富含镁）。锆石是重矿物，是土壤中锆的主要来源，其衍生产品（如大气粉尘）常存在于较粗的颗粒中，因此通常在更靠近源区的地方沉降（Martínez et al.，2002；Schuetz，1989；Taboada et al.，2006）。因此，哈尼3号的PC2和哈尼1号的PC1的变化可能指示来自当地粉尘颗粒的输入［图4-11（c）］。稀土元素与其他成岩元素（钇、铝、钪、钍、铷）分别在不同的主成分上，意味着它们受不同的过程控制。泥炭中稀土元素的稳定性

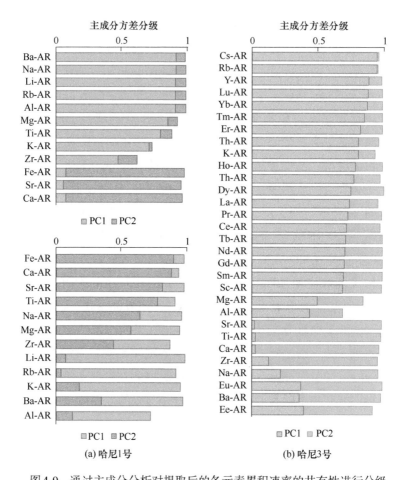

图4-9　通过主成分分析对提取后的各元素累积速率的共有性进行分级

（a）哈尼1号（上图是对整个柱心包括顶部50cm和矿物层进行主成分分析；下图则对不包括顶部50cm和矿物层的样品进行主成分分析）；（b）哈尼3号（共有度对应于由提取成分解释的元素的总方差）

现已得到很好的证实（Aubert et al., 2006; Krachler et al., 2003; Kylander et al., 2007, 2013; Pratte et al., 2017; Vanneste et al., 2016）。大量研究表明，在大多数情况下，稀土元素存在于较细的组分中（Gaiero et al., 2004; Gallet et al., 1996, 1998; Weber et al., 1998）。在大气粉尘中，对Th也观察到了同样的分布特征，它富集在黏土颗粒物中（Castillo et al., 2008; Muhs et al., 2007）。因此，该主成分（哈尼3号的第1主成分PC1）可能代表更大尺度的大气矿物粉尘输入。

4.3.2　灰分粒度、矿物组分、元素含量和粉尘通量

1. 粒度和矿物学

哈尼泥炭的平均粒径为11.6～257μm，平均为18.6μm，而中值粒径范围为10～18.7μm［平均为（10.5±1.9）μm］。样品主要由淤泥质颗粒物组成（4～63μm），但是黏土（<2μm）和砂子（>63μm）颗粒在每个样品中以不同的比例存在（图4-10）。然而，样品在分析前进行了烧失量测试，这可能导致了黏土的压实，这意味着黏土部分的代表性可能被降低了。通过聚类分析确定了3个不同粒度分布的类型（图4-10）。由于所有样品在粉砂组分都显示出一种主要分布模式，3个聚类簇的确定主要基于粒度分布中不同模式（单峰、双峰和多峰）的存

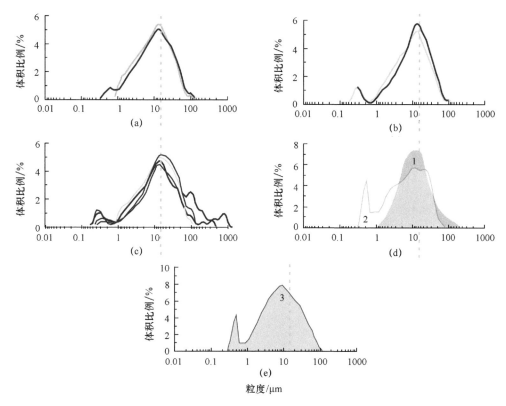

图4-10　长白山哈尼泥炭样品中矿物组分的粒度分布聚类分析结果：（a）聚类1，（b）聚类2和（c）聚类3。从每个聚类的子群中选择代表性样本的粒度分布模式作为特征模式，并与区域大气粉尘和湖泊沉积物粒度特征进行比较（d）、（e）

1. 长白山地区被动采样获取的大气粉尘粒度均值（Li et al.，2017）；2. 龙岗地区2002年雪上采集的粉尘事件样本（Chu et al.，2009）；3. 从四海龙湾湖沉积物岩芯中提取的沉积物样本（Chu et al.，2009）

在。聚类1（$n=74$；由3个子组组成）代表具有相对单峰粒度分布的样品。聚类2（$n=35$；两个亚组）对应于在其分布中呈现细颗粒（<1μm）的样品。两个亚组的区分主要是基于主模的幅值。聚类3（$n=26$；5个亚组）包括粗颗粒（>100μm）的样品。聚类3中亚组的分离主要基于砂和黏土含量。

泥炭灰分样品矿物成分的半定量估计值如表4-2所示。对所选柱心样品的X射线衍射（XRD）分析表明，石英是大多数样品中的主要矿物，其次是层状硅酸盐、斜长石和钾长石。一些样品含有更多的斜长石，特别是在180.5cm、182.7cm（1700～1760a cal BP）和635.0cm的深度处，斜长石矿物含量超过了石英。

表4-2　选定的长白山哈尼泥炭样品的矿物组成

深度/cm	石英/%	钾长石/%	斜长石/%	层状硅酸盐/%	辉石/%
58.2	>50	5～20	5～20	20～50	
64.7	20～50	5～20	20～50	20～50	
104.0	20～50	<5	5～20	20～50	
126.5	20～50	<5	5～20	20～50	
162.7	>50	<5	5～20	20～50	
180.5	20～50	5～20	>50	5～20	5～20
182.7	20～50	5～20	>50	5～20	5～20
228.4	>50	5～20	5～20	20～50	
241.0	20～50	20～50	5～20	20～50	
284.1	20～50	5～20	5～20	20～50	
336.7	20～50	5～20	5～20	20～50	
382.5	>50	5～20	5～20	20～50	
408.2	20～50	<5	5～20	20～50	
463.0	20～50	5～20	5～20	>50	
507.0	>50	20～50	<5	20～50	
579.0	20～50	5～20	5～20	>50	
603.0	20～50	5～20	5～20	20～50	
613.0	20～50	5～20	5～20	20～50	
635.0	20～50	20～50	20～50	20～50	<5
645.0	>50	5～20	5～20	5～20	
685.0	>50	5～20	5～20	20～50	
723.0	20～50	20～50	20～50	5～20	<5
759.0	20～50	5～20	5～20	5～20	
803.0	>50	<5	5～20	20～50	
847.0	20～50	20～50	20～50	5～20	
873.0	>50	<5	5～20	5～20	

深度 /cm	石英 /%	钾长石 /%	斜长石 /%	层状硅酸盐 /%	辉石 /%
911.0	20~50	5~20	5~20	20~50	
917.0	>50	<5	5~20	20~50	
931.0	>50	<5	5~20	20~50	
947.0	>50	5~20	20~50	20~50	
987.0	>50	<5	20~50	20~50	

2. 元素含量及粉尘通量

造岩元素之间显示出相似的含量分布模式（图4-8）。虽然使用了不同的消解方法，但除了哈尼1号的矿物层外，两个柱心显示出非常相似的元素含量。两个岩芯中的造岩元素含量在600cm以下略高，通常在600~400cm处于最低水平。除Cs和Rb之外，大多数元素含量在两个柱心的180cm左右位置出现峰值。

因为哈尼1号和哈尼3号岩芯的放射性碳年龄、灰分含量和造岩元素含量分布具有很好的一致性，将2个柱心记录结合起来，重建了一个复合的粉尘通量历史。使用稀土元素之和（不包括Eu，因为它在当地粉尘组分PC2上显示高载荷系数）计算粉尘增强率，即粉尘通量 $[g/(m^2 \cdot a)]$，采用以下公式（Shotyk et al., 2002）：

$$[\Sigma REE]_{sample}/[\Sigma REE]_{UCC} \times DBD \times SR \times 10000$$

式中，$[\Sigma REE]_{sample}$ 为样品中稀土元素浓度之和；$[\Sigma REE]_{UCC}$ 为上地壳中稀土元素浓度之和（143.0mg/kg；Wedepohl，1995）；DBD为样品的干容重（g/cm^3）；SR为泥炭沉积速率（cm/a）。

选择稀土元素的依据是它们在地球化学行为中比较稳定，在PC1上显示较高载荷，指示了区域大气粉尘输入（图4-9）。以前的研究表明利用不同的造岩元素和参比元素重建粉尘沉降历史，将产生非常相似的变化趋势，但对粉尘通量的估值会产生数值差异（Kylander et al., 2016；Shotyk et al., 2002）。正因为如此，对哈尼泥炭粉尘记录，利用Ti元素也重建了该区域粉尘演化历史。Ti在哈尼3号和哈尼1号的PC2和PC1上具有较高载荷（图4-9），表明当地粉尘来源对其记录有重要贡献 [图4-11（b）和（c）]。对于顶部500cm（过去8ka cal BP），粉尘通量重建是基于哈尼1号和哈尼3号的平均Ti浓度，而底部500cm（过去8~14.5ka cal BP）仅基于哈尼3号柱心。对于最底部湖相沉积层，可能主要受到地表径流影响，为了避免高估大气粉尘沉降信号而没有利用湖相沉积层（930~1000cm，过去14.5~15.8ka cal BP）样品进行粉尘通量历史重建。因此，哈尼泥炭地代表了14.5ka的矿物粉尘沉积记录。

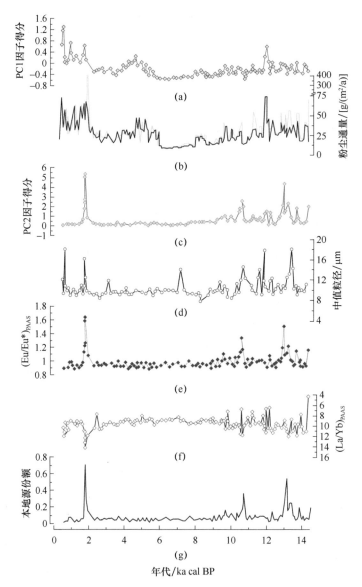

图4-11 （a）Hani-3岩芯PC1的因子得分（FS），（b）基于ΣREE（棕色）和Ti（蓝色）的粉尘通量，（c）Hani-3岩芯PC2的因子得分，（d）中值粒径，（e）经太古宙澳大利亚页岩标准化的Eu/Eu*异常（Eu/Eu*）PAAS，（f）哈尼泥炭记录中矿物组分（La/Yb）PAAS的比例，（g）基于Eu/Eu*区分的本地来源颗粒组分

在过去14.5～12.0ka cal BP，基于ΣREE重建的粉尘通量在25g/（m²·a）左右振荡旋回，并显示出一个以过去11.8ka cal BP为中心的峰值［图4-11（b）］。从过去11.7～8.0ka cal BP粉尘沉积通量表现为从35g/（m²·a）逐渐减少到10g/（m²·a）

的模式，其间有一些小的峰值。在过去8.0~6.0ka cal BP，观察到最低的粉尘沉积速率，平均为（6.3±1.3）g/（m² · a）。粉尘通量在过去5.7ka cal BP左右急剧增加，在过去5.1ka cal BP左右达到35g/（m² · a）的峰值。在过去4.5~2.2ka cal BP，粉尘沉积保持相对稳定，平均为（20.7±4.7）g/（m² · a）。自过去2.0ka cal BP以来，粉尘通量再次增加，显示出较大的变化幅度：368（过去1.8ka cal BP）~15g/（m² · a）。基于Ti的粉尘通量显示了非常相似的时间变化趋势，并且大多数与基于ΣREE的粉尘通量值非常接近。在过去12.0ka cal BP以前出现了一些比基于ΣREE的通量更高的峰值，这些峰值超过50g/（m² · a）。另外，在过去1.7ka cal BP左右，基于Ti的粉尘通量高达420g/（m² · a）。

4.3.3 哈尼泥炭中粉尘初步来源判别

镧（La）、钍（Th）、钪（Sc）和锆（Zr）等不相容元素可作为源识别的有用指纹。这些可用于区分长英质（La和Th含量高）和镁铁质（Sc含量高）成分的来源（Olivarez et al.，1991；Taylor and McLennan，1985）。哈尼泥炭样品的La、Th和Sc三端元图（图4-12）反映了本地镁铁质源和外来长英质源的混合影响。基于它们与哈尼泥炭样品的元素指纹非常接近，中国沙漠和沙丘地被认为是主要的外来物源，但是现有证据无法区分其具体的来源，这是因为它们来自混合较好的上部大陆地壳物质。矿物学组成显示了大量的石英和钾长石（表4-2），表明其为长英质来源。这些矿物往往富集在粉尘和黄土沉积物的较粗部分（>2μm）（Ferrat et al.，2011；Gallet et al.，1996）。尽管石英通常存在于砂粒中，但颗粒撞击和化学风化等作用会产生淤泥/黏土大小的石英颗粒（Crouvi et al.，2010；Goudie et al.，1979；Smith et al.，2002）。哈尼泥炭灰分的粒度分布［平均中值粒径：（10.5±1.9）μm］与在哈尼泥炭地附近采集的现代降尘样品［12~17μm；图4-10（d）中1］（Li et al.，2017）、2002年龙岗地区的沙尘事件样品［6.8μm；图4-10（d）中2］（Chu et al.，2009）、2011年哈尔滨市沙尘样品（12.1μm）（Xie and Chi，2016）及四海龙湾湖沉积物［图4-10（e）中3］（Chu et al.，2009）都是非常相似的。虽然单独使用粒度来解译矿物颗粒的来源受到几个因素的限制（如方法学上的，不同过程产生相似分布），但结合地球化学和矿物学证据，它为哈尼泥炭中矿物颗粒的主要异地来源初步判别提供了补充意义。此外，Zr-Sc-Th的相对丰度三端元图也证明哈尼泥炭中的矿物颗粒来自遥远的沙漠粉尘［图4-12（b）］。哈尼泥炭样品的元素组分接近中国沙漠、沙丘和黄土的细粒级成分（<5μm）。

La-Th-Sc三端元图还显示：有些层次的样品更接近当地土壤、熔渣和玄武岩的镁铁质成分［图4-12（a）］。这表明当地土壤环境变化也有助于哈尼泥炭地的矿物输入。Eu异常的偏正峰值和PC2组分的记录进一步证实了这一点［图4-11（c）和（e）］。碱金属和斜长石通常具有较高的Eu含量，但稀土元素浓度较低（Taylor and McLennan，1985）。在过去1700a cal BP，Eu异常峰值是最显著的（1.68），并对应着最高的斜长石含量的记录（表4-2）。虽然该地区的表土含有大量来自远距离搬运的粉尘沉积物（Zhao et al.，1997），但它们保存了当地玄武岩的稀土元素特征，通常显示出正的Eu异常［经后太古宙澳大利亚页岩归一化：（Eu/Eu*）$_{PAAS}$＝1.29－1.56］（Schettler et al.，2006a）。在哈尼泥炭地附近也存在正Eu异常的火山渣和火山灰沉积物，这些物质可能增加了泥炭中矿物质的积累

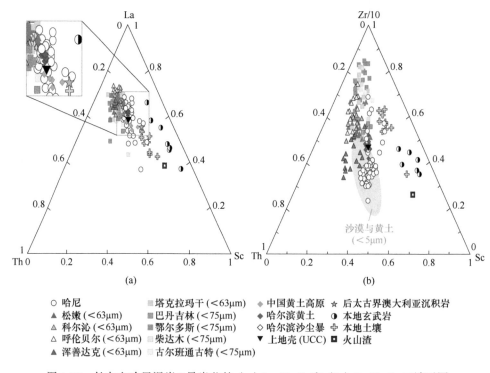

图4-12　长白山哈尼泥炭3号岩芯的（a）La-Th-Sc和（b）Zr-Th-Sc三端元图

潜在源区有沙漠（正方形表示），即塔克拉玛干（Jiang and Yang，2019）、柴达木（Zhang et al.，2018）、巴丹吉林（Zhang et al.，2018）、古尔班通古特（Zhang et al.，2018）、鄂尔多斯（毛乌素、库布齐）（Rao et al.，2011；Zhang et al.，2018）；沙丘地（三角形表示），即浑善达克（Xie et al.，2019；Zhang et al.，2018）、呼伦贝尔、科尔沁、松嫩（Xie et al.，2017）；中国黄土高原（Ferrat et al.，2011）；哈尔滨黄土（Xie et al.，2017）和沙尘暴（Xie and Chi，2016）；绿色区域代表中国沙漠、沙丘和黄土的细微部分（Hao et al.，2010；Zhang et al.，2018）；本地土壤和熔渣样本来自本书；PAAS和UCC的组成数据来自Taylor和McLennan（1985）；龙岗火山区域的玄武岩组分数据来自Chen等（2007）

（Liu et al.，2009）。早于9.5ka的样品显示正Eu异常，也显示出重稀土元素富集[（La/Yb）$_{PAAS}$；图4-11（f）]，粒度分布特征以＞100μm组分为主[聚类3；图4-10（c）]。而大于100μm的颗粒很少通过悬浮输送，特别是在到达核心位置所需的距离超过600m且泥炭地植被具有异质性和不规则性的情况下不会发生。这种颗粒通常是通过跳跃和径流输送的（Tsoar and Pye，1987）。与在哈尼泥炭地边缘采集的另一个泥炭柱心研究（Li et al.，2017）相比，我们的岩芯的泥炭灰分粒度主要组分更精细，粗颗粒更少，这正好说明了上述观点。上述所有证据都表明，在晚更新世和早全新世，当地来源的矿物颗粒更频繁地流入哈尼泥炭中。

因此，运用一个两端元模型估算当地来源矿物颗粒对哈尼泥炭中粉尘的贡献份额。两个端元分别为两个主要潜在粉尘来源，包括来自当地火山源（Eu/Eu*=1.93）和来自远源的沙漠和沙丘地＜75μm部分（Eu/Eu*=0.89）[图4-11（g）]。在大部分层序记录中，当地来源的颗粒物贡献占比不到10%；对于过去约1.7ka cal BP、过去9.7～10.7ka cal BP和12.8～13.5ka cal BP等粉尘高峰时期，当地粉尘输入占比分别为66%、11%～36%和10%～52%。为了更准确地区分本地源和外来源，更重要的是区分具体的外来源，即不同的沙漠和沙丘，需要使用其他稀土元素比值和更稳定的同位素（钕、锶、铅）进行更深入的研究。

4.3.4　哈尼泥炭中粉尘记录的古气候变化

由于哈尼泥炭中的矿物颗粒主要来自中国北方的沙漠和沙丘（图4-12），因此可以将哈尼粉尘记录与这些地区的气候记录进行耦合比较。沙尘的移动和输送通常与风速、源区的降水量、潜在蒸散量或干燥度（影响土壤湿度和植被覆盖）有直接关系（Lancaster 1988；Tsoar and Pye，1987）。下面将哈尼泥炭粉尘记录与源区风成活动的强度、湿润和干旱气候记录进行比较。

1. 与中国北方和东北地区其他风尘活动记录的比较

将哈尼剖面与中国北部和东北部的各种风成记录进行对比，包括中国干旱/半干旱地区和尘源区下风向区域的湖泊记录、晚更新世和全新世黄土及尘源区的沙丘/古土壤记录。这些记录大多与我们的研究一致，显示晚更新世和晚全新世的风成活动大于早全新世，尤其是中全新世。与早、中全新世相比，晚更新世时期的粉尘沉积相对较高[图4-13（m）]。位于哈尼东北12km处的四海龙湾沉积物中外来硅质碎屑物质地球化学记录也证实了上述观点[图4-13（k）]（Schettler

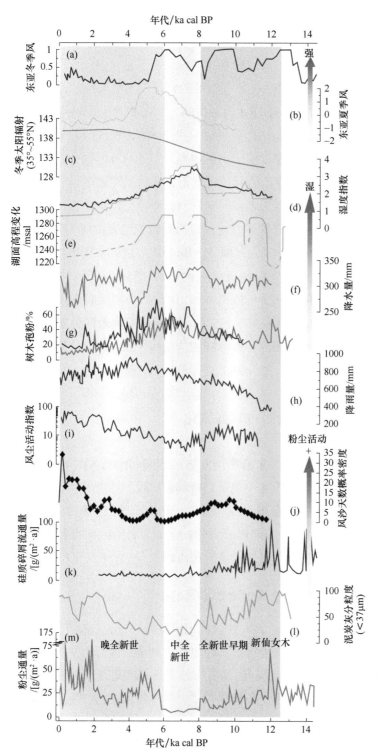

图4-13 （a）基于硅藻的东亚冬季风指数（Wang et al., 2012）；（b）中国东部季风区东亚夏季风的孢粉指数（Wang et al., 2010）；（c）35°～55°N冬季太阳辐射所指示的西风强度（Chen et al., 2016）；（d）基于孢粉合成的湿度指数，内蒙古东部（橙色线）和中国干旱/半干旱地区（黑线）（Zhao et al., 2009）；（e）内蒙古达里诺尔湖水位（Goldsmith et al., 2017）；（f）内蒙古呼伦湖孢粉记录的年降水量（Wen et al., 2010）；（g）湖泊沉积物中乔木花粉的百分比，内蒙古岱海（黑线）（Xiao et al., 2004）和青海湖（绿色虚线）（Shen et al., 2005）；（h）四海龙湾湖孢粉记录的年降水量（Stebich et al., 2015）；（i）夏日淖尔湖的风尘活动指数（Xu et al., 2018）；（j）中国黄土高原风沙天数的概率密度（Wang et al., 2014）；（k）四海龙湾湖外源硅质碎屑流通量（Schettler et al., 2006）；（l）固山屯泥炭灰分粒度组分（<37μm）（Li et al., 2017）；（m）哈尼泥炭记录的外源粉尘通量（Pratte et al., 2020） et al., 2006a）。哈尼粉尘通量在过去12.2~11.8ka cal BP时期显示明显峰值，可能是新仙女木（YD）冷干气候背景下外来输入的长英质成分增加的表现［图4-13（m）］。这种粉尘沉积的增加也出现在四海龙湾的玛珥湖泊沉积记录中。在干旱的中亚和青海湖的湖泊沉积物中粒度组成揭示了风尘活动在YD期间增强（An et al., 2011，2012）。在晚更新世和YD时期，中国北部沙漠南缘的沙丘记录也反映出风尘活动的增强（Lu et al., 2013；Stauch，2019）。

来自潜在尘源区和下风区的湖泊和泥炭地记录的风尘活动与全新世哈尼粉尘沉积模式相一致［图4-13（i）~（k）］。位于浑善达克沙地的夏日淖尔湖的风尘记录［图4-13（i）］（15~63μm和＞150μm组分比例）（Xu et al., 2018年）和西北地区的托勒库勒湖的风尘记录（粒度均值和＞63μm组分）（An et al., 2011）都表明风尘活动在早全新世相对较低，到中全新世达到最低，在过去6.0ka cal BP后增加。在尘源区的下风处，青藏高原东部若尔盖泥炭沼泽稀土元素和铅同位素记录也指示了晚全新世风尘活动增加的特点（Ferrat et al., 2012a，2012b）。东北地区的四海龙湾记录揭示了从全新世早期到中期，风尘沉积呈逐渐减少［图4-13（k）］（Schettler et al., 2006a，2006b；Zhu et al., 2013）。与同一区域的固山屯泥炭记录（＜37μm）（Li et al., 2017）和韩国济州岛的风成石英通量历史（Lim et al., 2015）相比，中全新世的风尘活动存在一个极小值［图4-13（1）］。

在中国的干旱地区，对沙丘地的风尘记录和古土壤进行了广泛研究：前者意味着沙的流动性（风尘活动增加或沙丘扩张/堆积），后者表明风沙活动减少和植被覆盖增加（Li et al., 2002；Lu et al., 2013；Mason et al., 2009；Sun et al., 2006）。覆盖整个亚洲尘源区（包括塔克拉玛干沙漠、古尔班通古特沙漠、柴达木沙漠、巴丹吉林沙漠、腾格里沙漠、毛乌素沙地等）的150多个沙丘/古土壤剖面的光释光年龄（OSL）数据汇编表明，晚全新世（过去5ka）比早、中全新世时期（过去5~12ka）风沙活动有所增强（Xu et al., 2018）。这一特征在中国黄土高原的黄土/古土壤记录中也很明显，其中来自风成沙的OSL年龄最高值与3.4ka之后的时期有关［图4-13（j）］，指示了中国尘源地区的风尘活动在晚全新世有所增加（Porter，2001；Wang et al., 2014）。这符合以前的观点，即全新世中期至晚期中国沙漠和沙丘边界逐渐南移（Lu et al., 2013）。

2. 与中国北方和东北地区其他湿润/干旱气候记录的比较

哈尼泥炭记录的高粉尘通量时期对应着中国北部和东北部的其他陆地记录的干旱时期［图4-13（d）~（h）］。不少古气候重建（温度和湿度/降水）研究表明中国北部和东北地区在新仙女木期间处于更干燥或更冷的气候状态（Fan et al.，2018；Goldsmith et al.，2017；Stebich et al.，2009；Wang et al.，1994；Wu et al.，2016；Zheng et al.，2017）。结合风沙序列和植被历史，有研究重建了中国干旱区域的有效湿度，表明晚更新世气候更加干旱，之后早全新世时期气候逐渐变得湿润（Li et al.，2014）。

中国尘源区的多个记录表明：早全新世时期气候相对湿润，到中全新世时期气候更加湿润，而晚全新世时期气候变得干燥（Chen et al.，2015；Goldsmith et al.，2017；Shen et al.，2005；Wen et al.，2010；Xiao et al.，2004；Xu et al.，2018；Zhao et al.，2009）。这些记录包括：①基于孢粉合成的湿度指数，横跨干旱和半干旱的中国［图4-13（d）］（Zhao et al.，2009）；②内蒙古达里诺尔湖水位重建［图4-13（e）］（Goldsmith et al.，2017）；③基于内蒙古呼伦湖孢粉记录进行的年降水量重建［图4-13（f）］（Wen et al.，2010）。然而，东北地区的一些古气候记录表明，早全新世时期的气候条件比晚全新世时期更干燥（Chen et al.，2008，2019；Stebich et al.，2015；Zheng et al.，2018），这更符合中亚干旱地区的观测结果（Chen et al.，2016；Wang and Feng，2013）。上述多数记录揭示了一致模式，即从早全新世到中全新世气候逐渐变得更加湿润，到晚全新世逐渐变得干燥［图4-13（h）］。哈尼泥炭过去6ka cal BP粉尘记录的3个峰值集中在5.0ka cal BP、1.5ka cal BP和0.5ka cal BP左右［图4-13（m）］。中国北方沙漠（毛乌素、库布齐、科尔沁和呼伦贝尔）沙/古土壤剖面的OSL定年显示：从古土壤到风成沙的过渡处于过去5.7～4.4ka cal BP，表明这个时期气候快速干燥（Li et al.，2007）。此外，湖泊水位和湖相孢粉记录显示内蒙古地区降水量在过去5.3～4.5ka cal BP有所下降［图4-13（d）～（f）］（Goldsmith et al.，2017；Wen et al.，2010）。哈尼泥炭记录的1.5ka cal BP和0.5ka cal BP粉尘峰值，主要是因为中国干旱和半干旱地区在晚全新世时期有效湿度呈现总体减少的趋势（Shen et al.，2005；Wen et al.，2010；Xiao et al.，2004；Xu et al.，2018）。

总之，中国尘源区及其下风向区和中国东北地区的古气候记录，与哈尼泥炭粉尘沉积记录较大程度上是一致的，揭示了晚全新世期间气候更干燥、风尘活动更强，也表明东北地区风尘活动、干旱/有效湿度与粉尘沉积之间存在一定的关系。然而，哈尼泥炭粉尘记录与中国东北和中亚干旱地区的一些古气候记录也存在差异，表明古气候记录的空间异质性。

3. 潜在的控制因素

亚洲沙尘的排放和输送主要受高空西风和西伯利亚高压胁迫的东亚冬季风

控制（Sun et al., 2001）。中国北方的现代沙尘暴主要发生在春季（3～5月），在此期间，西伯利亚高压产生冷锋作用（Roe, 2009）。然而，由于不同潜在粉尘源区之间元素指纹的相似性［图4-12（a）］，本研究中还不能进行精确来源的识别，也不能详细分析哈尼泥炭地粉尘供应的控制系统。将哈尼泥炭的粉尘沉积记录与来自湖光岩玛珥湖的基于硅藻重建的东亚冬季风指数进行比较［图4-13（a）］（Wang et al., 2012），晚全新世高粉尘通量出现在低东亚冬季风强度时期，中全新世低粉尘通量对应着东亚冬季风较强时期，这表明哈尼泥炭粉尘记录不是东亚冬季风变化的直接结果。

哈尼泥炭粉尘记录与来自中国干旱和半干旱地区的风尘活动和干旱/湿度气候记录的相似性（图4-13），以及泥炭灰分矿物颗粒中含有的异源长英质地球化学组分（图4-12），意味着哈尼泥炭地的粉尘输入受中国尘源区气候和环境变化的控制。气候干旱化已被广泛用来解释粉尘排放的增加（Biscaye et al., 1997; Harrison et al., 2001; Rea and Leinen, 1988）。然而，正如前人所讨论的（Marx et al., 2018），主要的粉尘来源，如中国北部的沙漠和沙丘，位于已经干旱的环境中，在这些环境中，湿度水平很少抑制粉尘的排放。其他因素，如植被覆盖、沉积物补给和风力强度，对粉尘释放也有重要影响。需要注意的是，其中的一些因素如植被覆盖和沉积物补给也部分受水分/降水量的影响。对北部沙丘地区沙丘移动性的现代观察发现：风力（风尘强度）的变化本身对沙丘的移动/稳定作用有限，需要考虑其他因素（Mason et al., 2008）。在干旱和半干旱地区，重建的植被覆盖与湿度/干旱格局相似，说明植被对有效水分（降水量和潜在蒸散量之间的平衡）非常敏感（Liu et al., 2005）。在中全新世时期，沙漠和沙丘地面积减少（Dallmeyer et al., 2015; Lu et al., 2013），东部沙地（毛乌素、浑善达克、呼伦贝尔和科尔沁）几乎完全被植被覆盖（Lu et al., 2013; Yang et al., 2013）。

中国沙尘源区的古气候和古环境变化与全新世东亚夏季风变率一致，表明中国干旱半干旱地区的降水受该机制控制（Wang et al., 2010）。大部分沙漠和沙丘位于东亚夏季风的边缘区，东亚夏季风对季风边缘区水文平衡和有效湿度起着重要调控作用，特别是东部沙丘地区（Lu et al., 2005; Winkler and Wang, 1993）。来自中国北部季风区的东亚夏季风记录，包括来自中国季风区湿度/温度记录综合集成的东亚夏季风指数［图4-13（b）］（Wang et al., 2010），内蒙古岱海和青海湖乔木孢粉［图4-13（g）］（Shen et al., 2005; Xiao et al., 2004），公海湖重建的降水量（Chen et al., 2015），达里诺尔湖水位变化［图4-13（e）］（Goldsmith et al.，2017），一致认为：在早全新世，东亚夏季风强度逐渐增强，在中全新世（6～7ka cal BP）达到最大强度并且其季风北缘线向北扩展最大，随后从4～6ka cal BP逐渐减弱并且季风北缘线往南撤退（Dong et al.，2018；Wang et al.，2010，2014）。研究表明整个沙漠带在过去8～4ka经历了更潮湿的气候条件（Yang et al.，2011）。因此认为，在中全新世期间，东亚夏季风强度的增强和季风北缘线进一步北移可能增加了中国干旱边缘地区的沉积物补给。而随后在晚全新世时期，东亚夏季风减弱，相应地干旱增加，这形成了更强的沉积物可利用性和更多的潜在大气粉尘来源。

哈尼泥炭粉尘记录中在新仙女木（YD）时期可以观察到一个粉尘峰值，但它不如在晚全新世时期粉尘峰值那样突出，而且它的时间跨度很短（11.8～12.2ka cal BP）［图4-13（m）］。研究显示东亚夏季风在YD期间持续减弱（An et al.，2012；Chen et al.，2015；Dykoski et al.，2005）。假设哈尼泥炭粉尘记录和中国沙尘源区的气候/环境变化之间的关系仍然适用于YD时期，那么哈尼所在的东北地区在YD期间也更干燥。然而，研究显示东北地区YD期间的湿度/降水记录之间存在差异（Goldsmith et al.，2017；Li et al.，2017；Schettler et al.，2006b；Stebich et al.，2015；Zhou et al.，2010），所以在此期间是什么控制湿度还不清楚。这些差异可能归因于这样一个事实，即其中有些记录是基于单一代用指标重建的，而这些代用指标包含了不同的气候信号。哈尼泥炭中YD时期沙尘通量相对较低的部分原因可能是东北地区存在多年冻土和较长霜冻期，抑制了沙尘的输送（Jin et al.，2000；Parplies et al.，2008）。因此，哈尼泥炭中粉尘沉降与中国沙尘源区及其下风区的干/湿气候和风力强度记录耦合较好。粉尘沉积的最小值（最大值）对应于有效湿度/降水量和植被覆盖的最大值（最小值）。这种模式与全新世东亚夏季风气候变率一致，调控了中国干旱区的气候变化。全新世晚期东亚夏季风减弱，而东亚冬季风或西风活动增强（图4-13），进而输送到下风向区沉降的粉尘物质相应增加。叠加在这些气候机制上的是人类活动的潜在影响，尤其是在全新世晚期。越来越多的证据表明：早在7.0ka cal BP左右，人类就定居和生活在中国的干旱地区，到2.0ka cal BP之后更为显著（Dodson et al.，2009；Schültz and Lehmkuhl，2009；Zhuo et al.，2013）。人类活动是晚全新世区域环境变化的重要影响因素，其对中国北方干旱区粉尘排放的影响还需进一步研究（Schültz and Lehmkuhl，2009；Zhu et al.，1989；Zhuo et al.，2013）。

4.4 凤凰山泥炭沼泽记录的尘暴演化历史

在过去一百年来，雨养泥炭沼泽一直是环境变化的重要档案，尤其是偏远地区的高山泥炭沉积是调查人为环境污染历史变化的良好替代方法。东亚冬季风（EAWM）经常将中国北方和蒙古国的干旱与半干旱地区的土壤粉尘运送到数千千米外的地区。中国东北是中国北方沙漠和沙地的东部边缘，位于亚洲沙尘暴的影响范围。沙尘暴是一种经常发生在中国东北部地区春季的灾害性的天气事件，因此，使其成为研究近期自然沙尘演化记录的理想区域。在本研究中，对位于中国东北黑龙江省凤凰山上一处贫营养沼泽中的两根短泥炭柱心（以 ^{210}Pb 和 ^{137}Cs 测定年代）进行了痕量和主要元素组成和累积研究，建立了近现代大气粉尘沉积历史，并探讨EAWM对中国东北粉尘沉积的影响。研究结果将有助于评价利用矿养型泥炭沼泽沉积档案的可行性，并提高我们对泥炭地响应人为影响和气候变化的理解。

4.4.1 泥炭物理和化学参数

干容重（DBD）含量随着深度增加呈略微增加的趋势，FH-1和FH-2的平均值为0.24g/cm³。含水量（WAT）随深度增加呈略微减少的趋势，FH-1和FH-2的平均值分别为79.8%和82.5%（图4-14）。灰分含量（ASH）首先是随着深度增加而增加，直到大约10cm的位置，接着是随深度增加而减少，对于FH-1直到大约30cm的位置，对于FH-2减少到大约26cm的位置。FH-1的灰分含量在30cm以下随着深度的增加而增加，而对于FH-2，其灰分含量在26~34cm随深度的增加而增加，34cm以下的部分，随着深度的增加而减少。灰分波动较大，FH-1、FH-2的平均值分别41.4%和44.7%。FH-1和FH-2总有机碳（TOC）的平均值分别为23.8%和23.4%，低于通常泥炭有机碳30%的基线（图4-14）。高灰分含量（30%~57%）和低总有机碳含量（<30%）表明了凤凰山泥炭地为矿养型特征。

4.4.2 主要元素和痕量元素的含量

铝（Al）、钙（Ca）、镁（Mg）的深度剖面显著相关（$R^2>0.52$，表4-3），

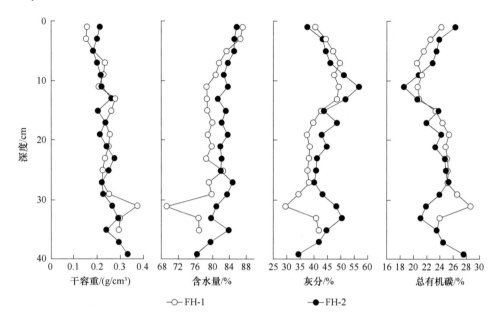

图4-14 中国东北凤凰山贫营养泥炭沼泽两根泥炭柱心物理化学参数随深度的变化

在FH-1中，除了铝外，随着几次波动整体呈现出上升的趋势；钾（K）和钛（Ti）的深度剖面也非常类似（$R^2=0.70$，表4-3），随着几次波动整体呈现出下降的趋势；铁（Fe）和锰（Mn）在表层中都呈现上升趋势。在可溶解组分中的金属含量明显低于不可溶解组分中的金属含量（图4-15）。这里的Al、Fe和Ti的含量比大兴安岭摩天岭的雨养泥炭沼泽的大约高出3倍（Bao et al.，2012）。含水量和大部分化学元素之间存在显著的相关性（表4-3），因此，解冻和冰冻过程的水位变化明显影响到沼泽中泥炭的无机成分。

图4-16展现了痕量元素（V、Cr、Co、Ni、Cu、Pb和Zn）的深度分布。除了V和Cr呈现下降趋势，其余大部分呈现向沉积物表面增加的趋势。在所有痕量元素中，V、Cr和Cu呈现出有界变化（最大值和最小值的比低于2.5），在FH-1、FH-2中的平均总含量分别为141.6mg/kg、45.5mg/kg和36.8mg/kg和151.4mg/kg、55.4mg/kg、38.1mg/kg。相反，Co、Ni、Pb和Zn的含量呈较大波动，其比率系数在2.5以上，Co的比率系数甚至高达10，FH-1、FH-2中的总含量平均值分别为16.0mg/kg、18.9mg/kg、31.7mg/kg和58.1mg/kg和22.3mg/kg、26.7mg/kg、46.8mg/kg和93.2mg/kg。尽管Co、Ni、Pb和Zn的表层含量与深层含量有着巨大的差异，但只有Pb的易提取含量（可溶性组分）多于不可溶性组分（图4-16）。这表明除了Pb，Cu、Co、Ni和Zn没有明显的污染。Co、Ni和Zn的巨大

表4-3　所有被分析元素与沉积物性质之间的Pearson相关系数（R）

	V	Cr	Co	Ni	Cu	Pb	Zn	Al	Ca	Mg	Na	K	Fe	Mn	Ti	有机碳	灰分	干容重	含水量
V	1.00																		
Cr	0.71**	1.00																	
Co	−0.30	−0.23	1.00																
Ni	0.04	0.12	0.74**	1.00															
Cu	−0.19	−0.14	0.75**	0.68**	1.00														
Pb	−0.21	−0.28	0.79**	0.86**	0.72**	1.00													
Zn	−0.25	−0.23	0.91**	0.90**	0.77**	0.94**	1.00												
Al	−0.13	−0.26	0.35*	0.24	0.16	0.24	0.35*	1.00											
Ca	−0.44**	−0.42*	0.94**	0.68**	0.74**	0.80**	0.90**	0.53**	1.00										
Mg	−0.33*	−0.28	0.81**	0.68**	0.72**	0.70**	0.83**	0.52**	0.85**	1.00									
Na	0.14	−0.09	0.54**	0.65**	0.59**	0.54**	0.64**	0.45**	0.56**	0.62**	1.00								
K	0.31	0.19	−0.39*	−0.40*	−0.31	−0.55**	−0.48**	0.09	−0.41*	−0.10	−0.17	1.00							
Fe	−0.36*	−0.46**	0.68**	0.67**	0.55**	0.92**	0.83**	0.16	0.72**	0.56**	0.27	−0.57**	1.00						
Mn	−0.27	−0.24	0.88**	0.61**	0.72**	0.72**	0.78**	0.22	0.83**	0.71**	−0.47**	−0.34*	0.55**	1.00					
Ti	0.56**	0.50**	−0.60**	−0.62**	−0.47**	−0.82**	−0.76**	−0.11	−0.69**	−0.49**	−0.20	0.70**	−0.89**	−0.53**	1.00				
有机碳	0.39*	0.22	0.14	−0.00	0.11	−0.01	−0.01	−0.00	0.07	−0.22	0.22	−0.07	−0.10	0.13	0.24	1.00			
灰分	−0.30	−0.11	−0.10	0.12	−0.07	0.07	0.08	0.01	−0.05	0.25	−0.17	0.03	0.14	−0.13	−0.28*	−0.98**	1.00		
干容重	0.45**	0.33*	−0.42**	−0.44**	−0.51**	−0.55**	−0.52**	0.14	−0.48**	−0.36*	−0.11	0.47**	−0.58**	−0.43**	0.65**	0.34*	−0.34*	1.00	
含水量	−0.29	−0.11	0.50**	0.61**	0.57**	0.62**	0.61**	−0.13	0.50**	0.45**	0.21	−0.56**	0.58**	0.48**	−0.67**	−0.31	0.39**	−0.86**	1.00

* 在0.05水平上显著相关（双尾检验）；** 在0.01水平上显著相关（双尾检验）。

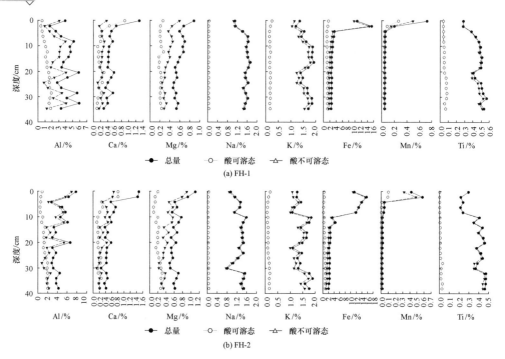

图4-15　凤凰山泥炭沼泽中两根泥炭芯的主要元素含量（Al、Ca、Mg、Na、K、Fe、Mn和Ti）

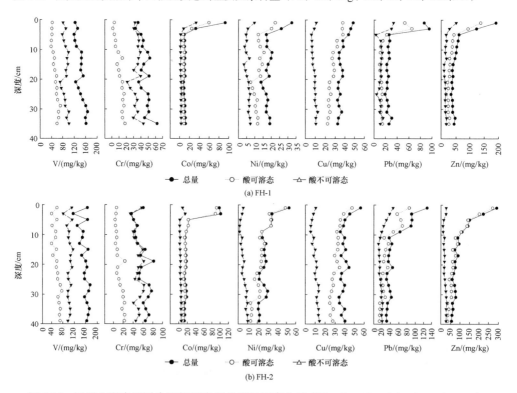

图4-16　凤凰山泥炭沼泽中两根泥炭芯的痕量元素含量（V、Cr、Co、Ni、Cu、Pb、Zn）

变化可能是它们在矿养泥炭沼泽中的迁移行径所导致的（De Vleeschouwer et al.，1999）。大气Pb污染的历史已被重建，并进行了详细讨论（Bao et al.，2016）。

4.4.3　东亚冬季季风对沙尘沉积的影响

气候和土地利用的变化可以改变大气中的风传天然土壤颗粒的数量和来源，并影响泥炭地中大气成岩元素沉积的通量。为重建过去环境变化，从Ti含量，泥炭的容积密度、平均值，泥炭累积的长期速率，并假设"土壤粉尘"含有与上大陆地壳相同成分的Ti，计算出大气土壤尘埃的沉积速率（ASD）（Sapkota et al.，2007；Bao et al.，2012；Vanneste et al.，2015）。ASD可以代表一个地区土壤侵蚀和大气环流强度的综合影响。遵循ASD方程（Bao et al.，2012），图4-17展示了计算出的凤凰山泥炭沼泽ASD，及摩天岭泥炭记录的ASD变化（Bao et al.，2012）。二者的吻合程度很高，且二者都表现出随时间变化下降的趋势。此外，还将其与中国北方1954～2002年的沙尘暴记录的数据进行了比较（Zhou and Zhang，2003）。在某一年中报道的扬尘事件的数量提供了沙尘暴大小的定性指

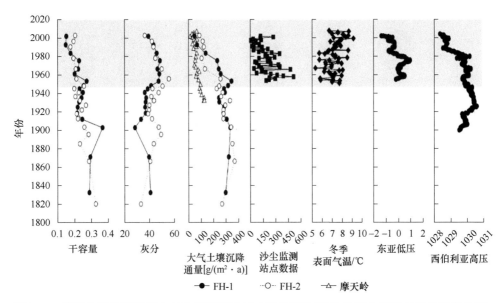

图4-17　凤凰山泥炭记录的大气土壤沉降通量ASD随时间变化的历史及其与其他研究比较，包括中国东北摩天岭沼泽的ASD值（Bao et al.，2012），1954～2002年华北沙尘暴事件的数目（Zhou and Zhang，2003）、1952～2008年冬季表面气温（WSAT）、从东亚低压（EAT）和西伯利亚高压（SH）推断的东亚冬季风指数（Liu et al.，2014）

标。ASD序列与近60年来的沙尘事件记录一致，表明了中国东北地区沙尘暴数量和规模的减少趋势。东亚气候受东亚季风（EAM）系统的强烈影响，东亚冬季季风（EAWM）通常会从中国北部和蒙古国的干旱和半干旱地区，将土壤粉尘送到数千千米外的中国东北、日本，甚至到太平洋（Sagawa et al., 2014）。由于中国东北泥炭地受EAWM的影响，高山沼泽ASD通量的历史将为EAWM的发展提供参考。人们普遍认为，EAWM与西伯利亚高压（SH）、东亚低压（EAT）推断的指数及冬季表面气温（WSAT）有关（Liu et al., 2014）。因此，我们使用这三个指标来表示EAWM的变化，并将它们与我们重建的ASD通量进行比较（图4-17）。在过去几十年中，ASD的下降趋势与EAWM的下降趋势相一致。从泥炭地球化学分析中推断出的ASD将是追踪EAWM变化的潜在代理。然而，泥炭分解过程引起的岩芯顶部容积密度降低的影响也应该被考虑。

本研究中可溶性组分中的痕量金属含量似乎表明，凤凰山地区除铅外，未受到其他金属的明显污染。近60年来，大气土壤粉尘通量呈下降趋势。粉尘代理与EAWM指数相当，表明了ASD作为东亚地区EAWM的气候代表的潜力。总体而言，我们的结果表明，凤凰山的矿养型泥炭沼泽可以作为地球化学档案，并证明矿养型泥炭沼泽可以作为污染和粉尘的档案。

4.5 大兴安岭泥炭沼泽记录的尘暴演化历史

4.5.1 泥炭剖面基本特征

大兴安岭摩天岭3个泥炭剖面的干容重、含水量和灰分含量等基本理化特征如图4-18所示。底层的泥炭具有较大的干容重和灰分含量，随着深度的上升而逐渐减小。含水量的变化趋势与此相反，在表层最大，然后逐渐减小至底层泥炭。MP1剖面45cm以上的层段泥炭干容重、含水量和灰分含量平均值分别是0.09 g/cm^3、81.6%和9.69%；45cm以下层段这3个指标均值分别是0.37g/cm^3、53.2%和59.63%。MP2剖面50cm以上的层段泥炭干容重、含水量和灰分含量平均值分别是0.15g/cm^3、73.9%和9.94%；50cm以下层段这3个指标均值分别是0.27g/cm^3、60.5%和22.09%。MP3剖面60cm以上的层段泥炭干容重、含水量和灰分含量平均值分别是0.08g/cm^3、89.1%和13.66%；60cm以下层段这3个指标均值分别是0.30g/cm^3、71.9%和26.62%（表4-4）。

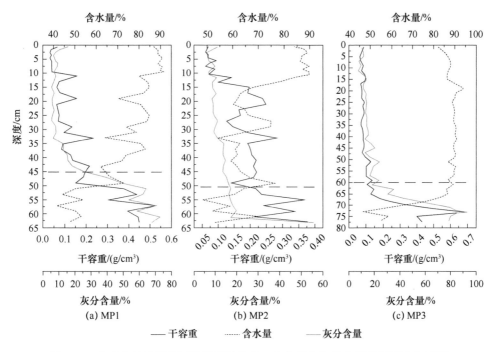

图 4-18　大兴安岭摩天岭雨养泥炭干容重、含水量和灰分含量的剖面分布特征

表 4-4　大兴安岭摩天岭雨养泥炭沼泽 3 个泥炭芯基本理化特征

柱心	泥炭层 /cm		干容重 /（g/cm³）	含水量/%	灰分/%	有机碳 /%	总氮/%	泥炭类型
MP1	0~45	Max.	0.24	92	26.01	40.48	1.64	
	（n=28）	Min.	0.03	62	5.26	30.13	0.96	雨养
		Mean±SD	0.09±0.06	81.6±8.7	9.7±4.8	38.0±2.2	1.22±0.19	
	45~63	Max.	0.53	73	73.15	26.20	1.11	
	（n=9）	Min.	0.16	41	39.38	2.31	0.18	矿养
		Mean±SD	0.37±0.13	53.2±10.4	59.6±10.6	17.9±8.3	0.78±0.25	
MP2	0~50	Max.	0.28	90	15.31	41.26	0.86	
	（n=30）	Min.	0.06	54	5.89	34.43	0.55	雨养
		Mean±SD	0.15±0.07	73.9±12.2	9.9±2.7	38.1±1.6	0.70±0.08	
	50~63	Max.	0.38	77	55.92	35.42	0.89	
	（n=8）	Min.	0.14	48	15.94	8.43	0.31	矿养
		Mean±SD	0.27±0.09	60.5±9.7	22.1±13.7	22.8±8.6	0.70±0.18	

续表

柱心	泥炭层 /cm		干容重 / (g/cm³)	含水量/%	灰分/%	有机碳 /%	总氮/%	泥炭类型
MP3	0~60	Max.	0.13	94	24.23	40.30	0.91	
	(n=29)	Min.	0.06	82	6.90	4.43	0.35	雨养
		Mean±SD	0.08±0.01	89.1±2.3	13.7±3.7	37.3±2.1	0.67±0.12	
	60~78	Max.	0.70	90	86.26	32.70	0.85	
	(n=10)	Min.	0.11	46	17.82	9.54	0.38	矿养
		Mean±SD	0.30±0.19	71.9±16.7	53.6±26.6	19.6±9.6	0.60±0.19	

注：表中n为样品数量。

有机土壤（histosol）通常含有较高的有机物质（有机碳含量>20%）和较小的容重比（0.2~0.3g/cm³），而矿物土壤（spodosol）通常以低有机质含量（有机碳含量<20%）和相对大的容重比（1.0~2.0g/cm³）为特征（Mitsch and Gosselink，2007）。通过比较分析干容重和有机碳，大兴安岭摩天岭泥炭沼泽剖面

可以划分为两个典型层段，即MP1剖面45cm以上、MP2剖面50cm以上和MP3剖面60cm以上为雨养泥炭沼泽，这些层面之下为矿养泥炭沼泽（表4-4）。通过现场观测，这些泥炭剖面上层颜色浅，分解程度低，下层颜色较深，有机质分解比较完全，而且受到了底层冻土融冻过程的影响（图4-19）。因此，泥炭发育的现场观测记录与理化特征参数分析较为一致，可以断定这3个剖面保存较为完整，上层雨养泥炭剖面可以用来反演大气沉降过程。

雨养泥炭层

矿养泥炭层

底部冻土层

图4-19 大兴安岭摩天岭典型泥炭沼泽剖面

4.5.2 磁化率和粒度特征

1. 泥炭磁化率

大兴安岭摩天岭3个泥炭剖面的质量磁化率随剖面深度和时间变化的变化特征如图4-20所示。在柱心底层，磁化率都比较大，MP1剖面45cm以下层段

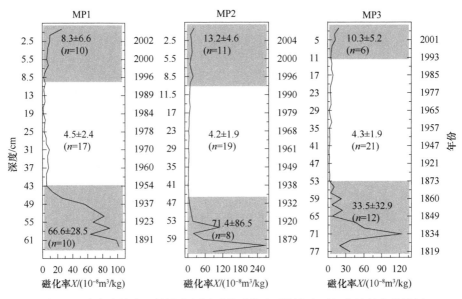

图4-20 大兴安岭摩天岭泥炭沼泽质量磁化率随深度和时间变化的变化特征

磁化率平均值为（66.6±28.5）×10^{-8}m³/kg，MP2剖面50cm以下层段平均值为（71.4±86.5）×10^{-8}m³/kg，MP3剖面55cm以下层段平均值为（33.5±32.9）×10^{-8}m³/kg。中间层段的磁化率值比较小，而且表现很稳定，没有较大的起伏变化，MP1、MP2和MP3的均值分别为（4.5±2.4）×10^{-8}m³/kg、（4.2±1.9）×10^{-8}m³/kg和（4.3±1.9）×10^{-8}m³/kg。对于表层10cm，能够发现磁化率有一个增加的趋势，它们的均值分别是（8.3±6.6）×10^{-8}m³/kg（MP1）、（13.2±4.6）×10^{-8}m³/kg（MP2）和（10.3±5.2）×10^{-8}m³/kg（MP3）。这些变化特征反映了摩天岭泥炭沼泽底层泥炭受到了矿物土壤的影响，或者是在泥炭形成当初受到了火山灰的影响（Bai et al.，2005）。同时，表层磁化率的增加说明了区域环境污染和破坏，这与以前的研究结论一致（Bao et al.，2010a）。

2. 泥炭灰分粒度

大兴安岭摩天岭泥炭沼泽3个剖面粒度变化特征如图4-21所示。泥炭灰分的颗粒大小按照砂（>64μm）、粉砂（4~64μm）和黏土（<4μm）分级。MP1剖面黏土组分变化幅度是4.4%~19.5%，平均值是12.4%；MP2剖面黏土含量为2.4%~25.5%，平均值为15.7%；MP3剖面黏土含量为1.2%~65.8%，平均值为22.1%。对于粉砂组分，MP1剖面的最大值为90.5%，最小值为46.5%，均值为

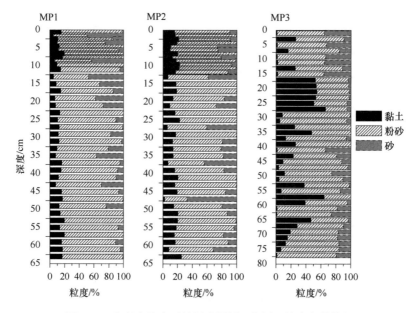

图4-21　大兴安岭摩天岭泥炭沼泽3个剖面粒度变化特征

74.1%；MP2剖面的最大值为83.5%，最小值为30.8%，均值为70.2%；MP3剖面的最大值为92.3%，最小值为29.1%，均值为64.6%。对于砂粒组分，MP1剖面为0～49.1%，平均值为13.6%；MP2剖面为0.1%～66.9%，平均值为14.2%；MP3剖面为0～36.5%，平均值为13.2%。由此可见，大兴安岭摩天岭泥炭灰分主要是由粉砂颗粒组成。

4.5.3　元素浓度和富集因子分析

1. 质量控制

当前不具有已经测定的金属元素浓度的泥炭标准参考样品，因此，采用中国地质科学院地球物理地球化学勘查研究所制定的灌木枝叶（GBW07602）为参考标样。每批元素测试实验时都首先测试分析3个标样，运用SPSS 11.5的单一样本T检验来分析测得的标样元素浓度是否与参考值有显著差异。标样的Al、Ca、Fe、Mn、Ti和V的平均浓度是0.18%、2.18%、978μg/g、52.89μg/g、89.62μg/g和2.93μg/g。比较这些金属元素的测得值与参考值，在$P=0.05$水平上不存在显著差异（表4-5）。

表 4-5　参考样品（灌木枝叶组合样：GBW07602）的元素分析结果比较

金属元素	测量值/（μg/g）				参考值/（μg/g）	单一样本 T 检验
	最小值	最大值	均值（n=9）	标准误		P 值[b]
Al[a]	0.12	0.27	0.18	0.02	0.21	0.172
Ca[a]	1.91	3.08	2.18	0.11	2.22	0.757
Fe	806.24	1143.30	978.11	31.77	1020	0.224
Mn	43.47	79.24	52.89	3.74	58	0.209
Ti	76.91	107.95	89.62	3.47	95	0.159
V	1.91	3.96	2.93	0.27	2.4	0.080

注：a. 单位：%；b. 显著性水平为 0.05。

2. 元素浓度

元素浓度测试分酸可溶态和酸不可溶态，二者之和为元素总的含量。大兴安岭摩天岭泥炭剖面 Al、Ca、Fe、Mn、V 和 Ti 元素浓度统计列在表 4-6 中。对于 MP1 剖面，酸不溶态的 Ti 含量最大值为 4.95mg/g，最小值为 0.47mg/g，平均值为 1.40mg/g；对于 MP2 剖面，酸不溶态的 Ti 含量最大值为 6.65mg/g，最小值为 2.33mg/g，平均值为 4.02mg/g；对于 MP3 剖面，酸不溶态的 Ti 含量最大值为 5.03mg/g，最小值为 0.93mg/g，平均值为 2.94mg/g。大兴安岭摩天岭泥炭剖面 Al、Ca、Fe、Mn、Ti 和 V 元素浓度随深度变化的分布趋势如图 4-22 所示。对于矿养泥炭层（MP1：45cm 以下，MP2：50cm 以下，MP3：55cm 以下），元素 Ti 的浓度特别大，而且随着深度的上升而减小。对于上层段雨养泥炭，Ti 浓度表现出相反的变化趋势，随着剖面的上升而增大。这也正好说明底层泥炭受到了矿物土壤的影响，上层泥炭接受大气降尘。

表 4-6　大兴安岭摩天岭泥炭沼泽 Al、Ca、Fe、Mn、V 和 Ti 的含量统计

项目	最小值			最大值			平均值			标准差		
	酸可溶态	酸不溶态	总量	酸可溶态	酸不溶态	总量	酸可溶态	酸不溶态	总量	酸可溶态	酸不溶态	总量
MP1（n=37）												
Al /%	1.20	0.34	2.06	2.92	4.36	6.90	1.95	1.03	2.97	0.37	0.75	0.90
Ca /%	0.35	0.29	0.80	8.35	2.11	9.19	3.49	0.59	4.08	2.26	0.29	2.39
Fe /%	0.34	0.67	1.27	1.40	7.07	8.47	0.78	1.62	2.39	0.25	1.03	1.10
Mn/（mg/g）	0.09	0.10	0.22	2.23	2.86	4.73	0.96	1.01	1.93	0.68	0.86	1.43
V/（μg/g）	19.65	26.52	46.27	64.78	111.38	176.16	33.12	54.56	87.69	10.26	20.41	28.38

续表

项目	最小值			最大值			平均值			标准差		
	酸可溶态	酸不溶态	总量	酸可溶态	酸不溶态	总量	酸可溶态	酸不溶态	总量	酸可溶态	酸不溶态	总量
Ti/(mg/g)	0.11	0.47	0.64	0.31	4.95	5.26	0.19	1.40	1.59	0.05	1.01	1.02
MP2($n=38$)												
Al /%	1.72	0.78	3.29	5.99	7.67	10.21	3.67	2.24	5.90	1.22	1.44	1.34
Ca /%	0.89	0.34	1.48	8.72	1.06	9.53	5.54	0.61	6.15	1.93	0.17	1.97
Fe /%	0.69	1.12	1.99	2.27	4.53	5.59	1.18	1.97	3.15	0.38	0.62	0.61
Mn/(mg/g)	0.27	0.31	0.59	2.42	7.16	9.58	0.96	1.36	2.31	0.58	1.48	1.99
V /(μg/g)	13.55	48.36	86.22	66.87	216.10	261.70	30.52	93.33	123.85	10.94	33.13	39.38
Ti /(mg/g)	0.14	2.33	2.55	0.57	6.66	6.92	0.29	4.02	4.32	0.11	1.02	0.98
MP3($n=39$)												
Al /%	0.39	0.99	2.15	6.52	4.85	8.56	2.88	2.43	5.31	1.61	0.99	1.89
Ca /%	0.08	0.23	0.45	9.22	0.65	9.59	3.91	0.39	4.31	2.71	0.10	2.73
Fe /%	0.36	0.55	1.67	5.52	3.12	8.25	2.26	1.57	3.83	1.39	0.64	1.73
Mn/(mg/g)	0.04	0.08	0.18	1.79	2.58	3.95	0.57	0.42	0.99	0.38	0.52	0.84
V /(μg/g)	16.53	19.65	47.25	73.56	111.58	158.73	35.21	63.83	99.04	10.99	22.28	27.69
Ti /(mg/g)	0.04	0.93	1.08	0.67	5.03	5.07	0.21	2.94	3.15	0.15	0.92	0.93

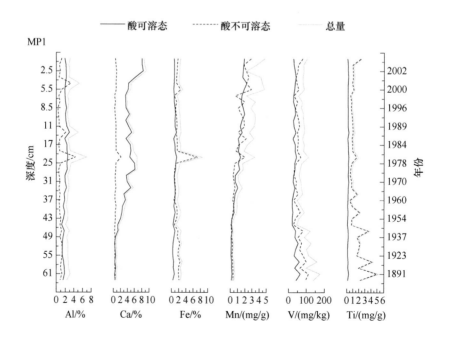

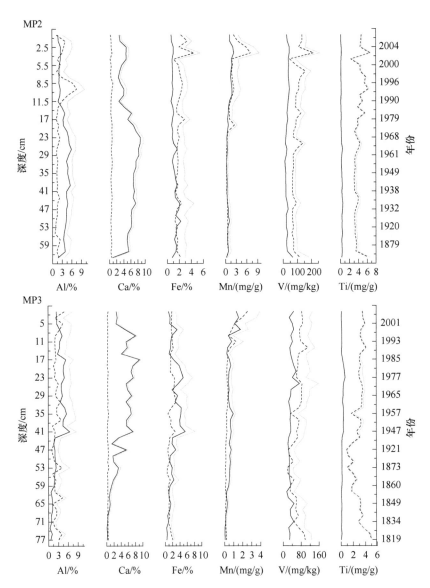

图 4-22　大兴安岭摩天岭泥炭剖面化学元素（Al、Ca、Fe、Mn、Ti 和 V）随深度和时间变化的分布趋势

3. 富集因子

富集因子法是一种双重归一化的方法。通常选择一种相对稳定的地壳来源元素作为参比元素（如 Ti），将泥炭灰分中的待查元素 M 与参比元素 Ti 的相对浓度（M/Ti）$_{\mathrm{sample}}$ 和地壳中相应元素 M 与 Ti 的平均丰度比（M/Ti）$_{\mathrm{ucc}}$ 按照式（4-2）求得富集因子（$\mathrm{EF}_{\mathrm{ucc}}$）（Hans，1995；Shotyk et al.，2001）：

$$EF_{ucc} = (M/Ti)_{sample}/(M/Ti)_{ucc} \qquad (4-2)$$

在计算元素富集因子过程中，元素 M（Al、Ca、Fe、Mn、V）的总量应用于上述公式。它们的地壳丰度参考文献（Hans，1995）。计算得到的富集因子随深度和时间变化趋势如图4-23所示。能够明显看出，这5种元素的富集因子在上层段大于1，在底层则变化较小，趋近1。应用富集因子法时，如果某元素的富集因子较为接近1，则可以认为该元素相对于地壳来源，没有富集，它主要是土壤或岩石风化的尘刮入大气中沉降造成的，如果该元素的富集因子大于1，则可认为它不仅是地壳物质的贡献，也可能与人类的各种活动的不同贡献有关。我们研究的几种元素均是典型的地壳来源元素，是土壤矿物的重要组成部分（Zhang et al.，1996）。因此，它们的表层富集说明大气尘降是主要贡献，泥炭中的矿物灰分主要来自于外源土壤尘的大气输入。

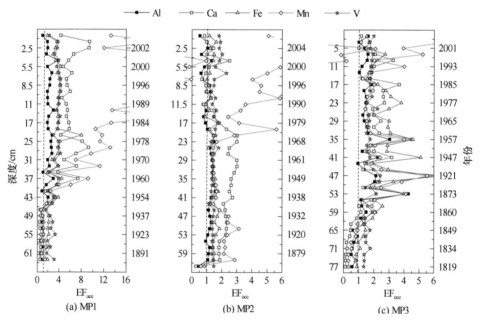

图4-23   大兴安岭摩天岭泥炭剖面中地壳元素（Al、Ca、Fe、Mn、V）的富集因子随深度和时间变化趋势图

4.5.4   大气尘降通量和变化特征

1. 大气土壤尘输入速率计算

大兴安岭摩天岭3个泥炭剖面的基本理化特征分析已经表明雨养泥炭层段

矿物质主要来自大气尘降。根据这些雨养泥炭层段的 Ti 含量、干容重和平均泥炭累积速率和 Shotyk 等（2002）提出的计算方法，可以确定大气土壤尘输入速率。Shotyk 等（2002）假定土壤尘中 Ti 的浓度等于地壳中 Ti 的丰度，为 4010μg/g（0.40%），因此，将泥炭中 Ti 的含量除以土壤尘中 Ti 的浓度，就可以得到泥炭中土壤尘的浓度，即 Ti（μg/g）/（0.40%）＝Ti（μg/g）×250。根据土壤尘的浓度就可以计算土壤尘输入的速率，即土壤尘输入的速率 [μg/（cm² · a）]＝250×Ti(μg/g)×干容重（g/cm³）×泥炭沉积速率（cm/a）。由于本研究中先把泥炭灰化，再测得 Ti 的含量，因此实验得到的 Ti 的浓度是相对于泥炭灰的，并不是 Shotyk 等（2002）研究中相对于泥炭全样的 Ti 元素浓度，因此，在计算过程中，使用泥炭灰分含量校正 Ti 的浓度，因此，对前人公式略作修改。具体计算公式如下：

$$CSD＝Ti×Ash /（0.40\%）＝Ti×Ash×250 \qquad （4-3）$$

$$ASD＝CSD×DBD×SD \qquad （4-4）$$

式中，CSD 为土壤尘浓度（concentration of 'soil dust'），μg/g；ASD 为大气土壤尘输入速率（deposition rate of atmospheric soil dust），μg/（cm² · a）；Ash 为泥炭灰分含量，%；DBD 为泥炭干容重，g/cm³；SD 为泥炭沉积速率，cm/a。在计算过程中，应用 Ti 的酸不溶态含量。

2. 大气尘降通量及变化

根据大兴安岭摩天岭雨养泥炭记录获得的区域大气尘降通量如图 4-24 所示。由 MP1 剖面得到的平均大气尘降通量为（13.4±13.6）g/（m² · a），由 MP2 剖面得到的平均大气尘降通量为（68.1±25.3）g/（m² · a），由 MP3 剖面得到的平均大气尘降通量为（49.7±17.2）g/（m² · a）。根据这些数据估算大兴安岭摩天岭地区大气尘降通量为 14～68g/（m² · a）。与东亚、西亚、南美洲和大洋洲的相关研究进行对比（表 4-7），我们的结果与先前发表的数据是一致的。在比较的过程中，需要注意：不同的试验方法和不同的实验地区对大气尘降通量的计算结果有一定的影响（Ramsperger et al.，1998）。大兴安岭摩天岭大气尘降通量比内蒙古科尔沁沙地南缘的奈曼地区的尘降通量小，这主要是因为奈曼是中国北方农牧交错带，沙漠化发生和发展比较典型，是北方沙尘的主要尘源地（李晋昌等，2010）。本研究结果比较接近中国渤海的大气尘降通量（刘毅和周明煜，1999）和韩国釜山区域的大气尘降通量（Moon et al.，2005），但是大于日本札幌市区域的大气尘降通量（Uematsu et al.，2003）。我们的研究区域、中国渤海、韩国釜山和日本札幌市都在中国北方和蒙古国干旱区戈壁沙漠起源的亚洲尘暴的下风向传

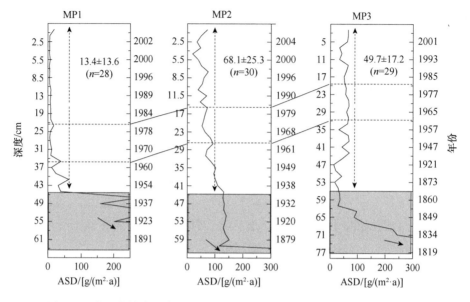

图4-24　大兴安岭摩天岭泥炭记录的大气尘降通量剖面随深度和时间变化

输路径上。上述大气尘降通量的比较说明尘暴输入速率随着距离尘源区域愈远而逐渐减小。此外，本研究结果与南美阿根廷西南部潘帕斯（Ramsperger et al.，1998）、西亚死海地区（Singer et al.，2003）、大洋洲的澳大利亚东部（Mctainsh and Lynch，1996）的大气尘降通量监测数据是可比较的。因此，通过泥炭档案反演大气尘降通量是大气颗粒直接监测实验的一种有效的替代方法，而且直接监测工作量巨大，往往限于几个月到几年的时间尺度，监测站点也很有限，而本书的替代方法相对来说时间尺度长，且省钱又省力。

表4-7　全球不同区域大气尘降平均通量比较

区域	采样地点	气候条件	年降水量/（mm/a）	研究方法	采样时间	降尘通量/[g/(m²·a)]	参考文献
东亚	中国大兴安岭摩天岭	半干旱半湿润地区	450	泥炭档案	1949～2009年	13.4～68.1	本书
	科尔沁沙地南缘的奈曼	半干旱地区	364	直接监测	2001～2002年	257.3	李晋昌等，2010
	中国渤海	海洋区域	990	直接监测	1987～1992年	26.4	刘毅和周明煜，1999
	韩国釜山	沿海地区	2000	直接监测	2002年	10～77	Moon et al.，2005
	日本札幌市	湿润地区	1000	直接监测	1994～1995年	5.2	Uematsu et al.，2003

续表

区域	采样地点	气候条件	年降水量/(mm/a)	研究方法	采样时间	降尘通量/[g/(m²·a)]	参考文献
南美	阿根廷西南部潘帕斯	半干旱半湿润地区	400~900	直接监测	1993~1995年	40~80	Ramsperger et al., 1998
西亚	死海	干旱地区	50	直接监测	1997~1999年	25.5~60.5	Singer et al., 2003
大洋洲	澳大利亚东部	干旱半干旱地区	600~1000	气象资料	1957~1984年	31.4~43.8	McTainsh and Lynch, 1996

大兴安岭摩天岭雨养泥炭所重建的大气尘降通量的时间变化如图4-24所示。底层的大气尘降通量值较大，被认为受到底层冻土的影响和泥炭沉积时压实作用的影响。上面的雨养泥炭层段计算出来的大气尘降通量相对较小，指示了大气输入的矿物土壤含量变化。这三个剖面的大气尘降通量时间变化趋势存在细微差异，这主要是空间异质性造成的。周自江和章国材（2003）收集了1954~2002年中国北方地区有沙尘暴记录的气象站的数据，指出在某一给定年度里，有沙尘暴记录的气象站数量的多少指示了该年度沙尘暴的强度和影响范围。将MP1和MP2剖面重建的过去60年的大气尘降通量变化与过去50年中国北方沙尘暴数据进行对比（图4-25），二者吻合较好，表现出明显的减小趋势。这与王宁练等（2007）根据冰芯和湖泊沉积记录所反映的中国北方20世纪沙尘天气的发生频率呈减小趋势是一致的。

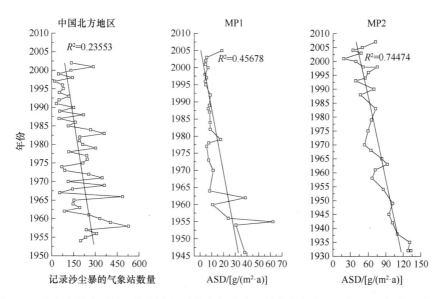

图4-25 大兴安岭摩天岭雨养泥炭记录的大气尘降通量变化与中国北方近50年典型沙尘暴事件发生情况比较

中国北方1954~2002年典型沙尘暴事件数据引自（Zhou and Zhang, 2003）

第5章

泥炭记录的环境污染

5.1 长白山泥炭沼泽记录的大气金属沉降历史

过去50年来，泥炭地越来越被认为是大气金属沉降的有用档案（Lee and Tallis，1973；Madsen，1981；Shotyk et al.，1998；Martinez et al.，1999；De Vleeschouwer et al.，2010；Longman et al.，2018）。泥炭地的全球分布及其高累积速率使其满足年际尺度的古气候和古环境变化历史重建（De Vleeschouwer et al.，2010）。对于近现代发育的泥炭柱心，使用放射性同位素技术定年（^{210}Pb、^{137}Cs 和 ^{14}C），通过稳定铅同位素等元素地球化学分析，有助于定量区分痕量金属的人为来源和自然来源，这对广泛地探索泥炭地的地球化学记录，将其作为人类世的全球标志作出积极贡献（Hansson et al.，2017a；Fiałkiewicz et al.，2018；Liu et al.，2018a）。有研究指出：从自然档案中重建的全球范围内人为Pb污染模式表明中国东北地区缺乏相关数据，中国需要更多的记录数据（Marx et al.，2016）。最近有关中国（尤其是中国东北地区）的大气金属沉降综合研究强调需要更多的泥炭地球化学记录，以形成较为完整的人类活动对自然环境影响的历史和空间格局，更好地揭示区域金属沉降的空间变异性（Pratte et al.，2018）。在本书中，我们利用钛（Ti）材质Wardenaar型泥炭剖面取样器（Eijkelkamp，荷兰），从长白山地区沿海拔采集了6个短泥炭芯，包括赤池（Ch）、圆池（Yc-1）、锦北（Jb）、大牛沟（Dng）、金川（Jc）和哈尔巴岭（Ha）泥炭地，研究了泥炭记录的10种元素的大气沉降，主要目的是重建过去150年的大气金属污染历史和探讨长白山地区大气金属沉降负荷及其沿海拔梯度的分布规律。

5.1.1 长白山泥炭理化性质及营养状况

长白山泥炭Ch、Jb和Ha柱心的含水量剖面向上显著增加，在表层超过80%；

Yc-1、Dng和Jc的含水量在整个剖面中相当稳定，Yc-1和Jc平均约为80%，Dng平均约为60%（图5-1）。Ch和Ha的灰分含量模式相似，随着总有机碳的增加，灰分含量呈上升趋势。对于Yc-1和Jc，随着总有机碳向表面的减小，灰分含量增加。对于Jb和Dng，灰分含量朝10～15cm的水平首先是增加，在20世纪50年代（Jb）和20世纪30年代（Dng）有明显的峰值，然后在0～10cm减小；总有机碳的变化模式与灰分含量顺序相反，具有明显的负相关性（表5-1）。Ch、Jb和Ha的干容重含量向上是减少的，在Ha的底部，达到0.7g/cm³。Jb中一些在20cm以上的样品及Ch和Ha的一些表层样品具有低密度（＜0.2g/cm³）。对于Yc-1和Jc，干容重随深度变化的变化模式相当稳定，平均在0.15～0.2g/cm³。Dng的干容重变化也很小，其值在0.2～0.3g/cm³。对于Jb、Dng、Jc和Ha，其质量磁化率模式呈上升趋势，在表面和近表面层中具有较大的值。Yc-1的质量磁化率很低，在上面5cm仍有增加的趋势。Ch的质量磁化率与干容重变化显著相似（$R^2=$ 0.847，$P<0.001$；表5-1），质量磁化率值也较小。

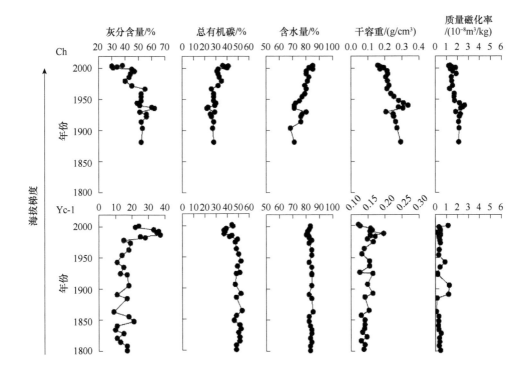

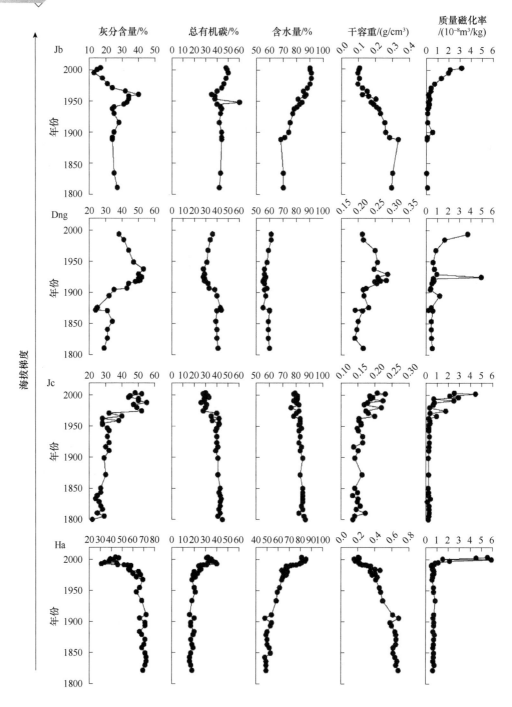

图 5-1   长白山泥炭柱心的灰分含量、总有机碳、含水量、干容重和质量磁化率随时间变化的
变化

表 5-1　长白山泥炭芯中金属和物理化学参数的皮尔逊相关系数（$n=169$）

	灰分	干容重	有机碳	含水量	磁化率	Ti	Al	Fe	Mn	V	Co	Cu	Ni	Pb	Zn
灰分	1.000														
干容重	0.796**	1.000													
有机碳	-0.986**	-0.788**	1.000												
含水量	-0.672**	-0.811**	0.671**	1.000											
磁化率	0.252**	-0.009	-0.257**	0.029	1.000										
Ti	0.732**	0.494**	-0.726**	-0.573**	0.313**	1.000									
Al	0.801**	0.699**	-0.795**	-0.756**	0.231**	0.707**	1.000								
Fe	0.556**	0.309**	-0.558**	-0.443**	0.540**	0.674**	0.644**	1.000							
Mn	0.272**	0.023	-0.277**	-0.222**	0.578**	0.463**	0.351**	0.758**	1.000						
V	0.702**	0.603**	-0.692**	-0.763**	0.131	0.784**	0.749**	0.793**	0.490**	1.000					
Co	0.378**	0.225**	-0.365**	-0.307**	0.592**	0.571**	0.416**	0.598**	0.596**	0.452**	1.000				
Cu	0.592**	0.807**	-0.593**	-0.727**	-0.135	0.394**	0.643**	0.352**	0.052	0.614**	0.131	1.000			
Ni	0.582**	0.620**	-0.581**	-0.823**	0.045	0.621**	0.710**	0.689**	0.396**	0.905**	0.363**	0.713**	1.000		
Pb	0.521**	0.289**	-0.520**	-0.402**	0.576**	0.664**	0.653**	0.683**	0.604**	0.563**	0.769**	0.265**	0.505**	1.0000	
Zn	0.331**	0.4262**	-0.022	-0.328**	-0.116	0.243**	0.515**	0.318**	0.625**	0.673**	0.383**	0.647**	-0.058	0.250**	1.000

* 相关性在 0.05 水平（双尾）显著；** 相关性在 0.01 水平（双尾）显著。

长白山地区由于较低的温度（年均2～5℃）和较高的降水量（年均650～1000mm），泥炭资源比较丰富，泥炭地类型也比较多样。富营养化的草本沼泽广泛分布在沟谷滩地及梯田洼地；一些中营养和低营养的苔藓泥炭地位于阴凉山坡和熔岩台地（Niu and Zhang，1980）。采样点沿长白山海拔梯度分布，Ha和Jc泥炭地是富营养型，Dng是中营养型，Jb、Yc-1和Ch是贫营养型。根据养分和水源的不同，泥炭地可分为雨养泥炭沼泽（bog；对应于极低营养的泥炭地）和矿养泥炭沼泽（fen；对应于富营养和中营养的泥炭地）。对于不同类型的泥炭地，泥炭成分变化很大，但是一般都至少有30%的总有机碳和少于35%的无机矿物（Charman，2002）。雨养泥炭沼泽主要通过大气干/湿沉积获得无机矿物，因此灰分含量低（<5%干重），干容重低（0.08～0.1g/cm³）（Tolonen，1984）。对于矿养泥炭沼泽，除了大气沉降外，来自周围岩石风化和土壤侵蚀及地下水位波动影响也是重要的营养来源。因此，矿养泥炭沼泽的特点通常是灰分含量较高（高达干重的35%），缺乏泥炭藓等指示性物种（Charman，2002）。以往的研究指出，中国东北地区泥炭中的矿物含量相当高（大部分>30%），其主要原因是陆源矿物的长期输入（Zu et al.，1985）。本研究中的泥炭地具有较高的灰分含量和干容重（更接近有机土的值，0.2～0.3g/cm³）。根据上述定义和特征分析，位于较低海拔、矿物营养丰富（Fe和Mn浓度较高）的Ha、Jc和Dng泥炭地被归类为矿养泥炭沼泽。Ch、Yc-1和Jb泥炭地位于高海拔地区，具有相对较高的总有机碳值，反映了它们贫营养泥炭属性（图5-1）。这些高海拔雨养泥炭沼泽内金属的地球化学记录反映了大气沉降的变化，可为长白山低海拔泥炭地的记录提供参考。

5.1.2　过去150年中的金属污染历史

长白山6根泥炭柱心的元素浓度（Al、Ti、Fe、Mn、V、Co、Cu、Ni、Pb和Zn）随时间变化的变化如图5-2所示。对于所有泥炭柱心，Ti和Al与泥炭灰分显著相关（R^2>0.7，P<0.001；表5-1），它们的历史变化规律也是一致的。Ch和Dng柱心在20世纪30年代，Jb和Ha柱心在50年代，Ti、Al和泥炭灰分分别出现峰值。而Yc-1和Jc柱心中，Ti、Al和泥炭灰分在50年代前相对稳定，随后增长趋势明显，在80年代达到峰值（图5-2）。对于所有柱心，Fe、Mn、Pb和Zn具有显著相关性（表5-1），其垂直变化相似：沿柱心向上，特别是在过去30～40年，Fe、Mn、Pb和Zn的浓度呈上升趋势。Ch和Dng柱心在30年代观察到峰

值（图5-2）。柱心中V、Co、Cu和Ni的历史变化特征不一致，但仍然能在80年代和50年代观察到一致峰值（图5-2）。

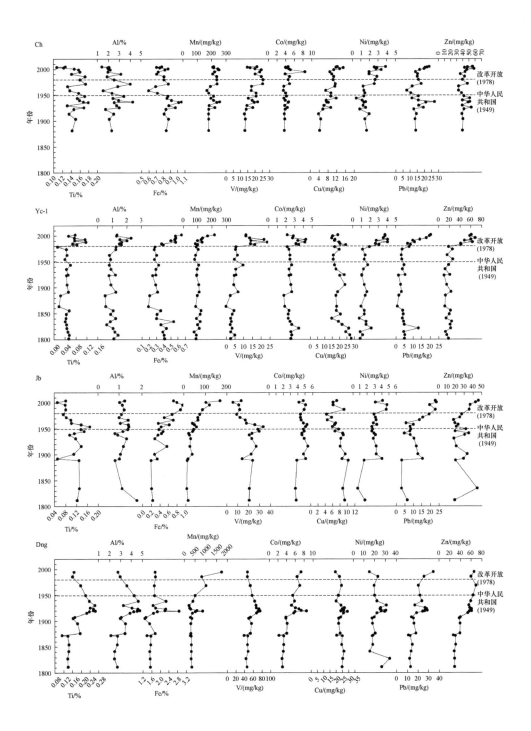

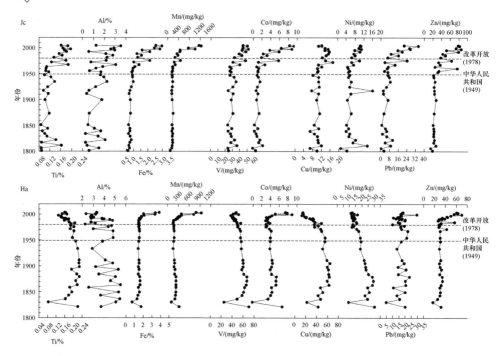

图 5-2 东北地区长白山 6 个泥炭柱心的大量元素（Al、Ti、Fe）和痕量元素（V、Mn、Co、Cu、Ni、Pb 和 Zn）含量的历史变化

近 150 年来 6 个泥炭柱心中 Cu、Ni、Pb 和 Zn 的累积速率随时间变化的变化如图 5-3 所示。长白山地区人类定居和活动的历史可以划分为 3 个阶段：清末 1850 年以来向东北人口大迁移时期、中华民国时期人口增长和战争年代、20 世纪 50 年代后的重工业发展和经济快速增长时期（图 5-3）。根据这 3 个时期，6 个泥炭柱心的地球化学参数和元素累积速率的平均含量如图 5-4 和图 5-5 所示。值得注意的是，位于较低海拔的 Dng、Jc 和 Ha 泥炭柱心的 Fe、Mn 和 Ni 浓度高于位于较高海拔的 Ch、Yc-1 和 Jb 泥炭柱心。

雨养泥炭沼泽是大气金属沉降的有用档案（Shotyk et al.，1998；De Vleeschouwer et al.，2010；Bao et al.，2015a）。此外，一些研究还表明，矿养泥炭沼泽也可以作为人为 Cu、Zn 和 Pb 污染历史的有用记录。长白山地区泥炭中痕量金属元素的累积速率时间变化记录了过去 150 年的大气污染历史（图 5-3）。自 1644 年清朝军队南进北京以来，长白山地区是清朝的发祥地，当时，它是一片人为影响极小的原始森林。在清末（1800～1900 年），清政府于 1850 年废除了移民禁令；长白山地区的人口大量增加，并为农业发展开垦了大面积森林（Wang et al.，2016）。1900～1949 年，长白山地区经历了长期的战争灾难，森林和土地资源被掠夺和破坏。从 1949 年（中华人民共和国成立）到 20 世纪 80 年代（改革开放），农业、采矿业和重工业的大规模投资得到了增加，人口迅速增加（Zhang et al.，2006）。因此，在过去150年长白山地区人类定居和活动对痕量元素输入环境有持续的重要影响，这些元素沉降并保存在高山泥炭地中（Gao et al.，2016）。自1950年前后以来，Ch、Yc-1、Jb和Jc核心中痕量金属含量的增加反映了自中华人民共和国成立（1949年）以来近期工业发展对环境造成的人为影响（图5-3）。这一金属污染记录与大兴安岭摩天岭的泥炭记录（Bao et al.，2015a）及东北地区凤凰山的泥炭记录（Bao et al.，2016，2018）是一致的。1949年以后东北地区环境地球化学记录显著升高的模式表明了东北地区人类世的开始时间为20世纪50年代（图5-6），这与中国东北三江平原（Liu et al.，2018a）人类世时间的界定及在南非开普敦举行的第35届国际地质大会上有关人类世始于1950年左右的投票结果（Zalasiewicz et al.，2017）是一致的。有泥炭记录指出俄罗斯的亚洲部分区域在（1958±6）年人类活动影响开始，并在2000年后痕量金属元素累积速率显著加快（Fiałkiewicz et al.，2016）。这与我国东北地区的泥炭记录一致，证实了亚洲偏远地区的泥炭沼泽记录了工业活动的高峰，此峰值出现的比欧洲和北美洲更晚一些（图5-3）。

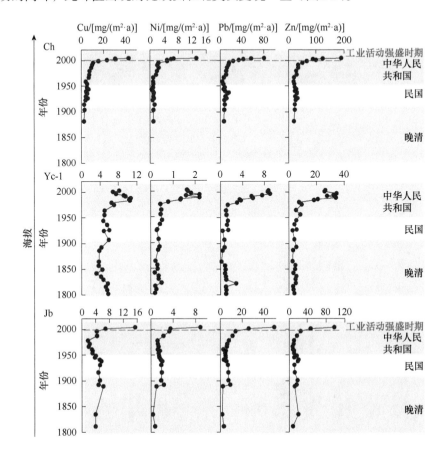

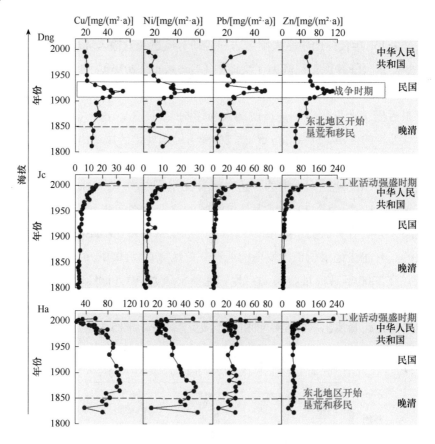

图5-3 中国东北长白山6个泥炭柱心中Cu、Ni、Pb和Zn累积速率（AR）的历史变化

过去150年东北地区人类定居和活动历史可分3个时期：自1850年开始的向东北移民时期；1900～1949年人口增长及战争时期；20世纪50年代后，重工业发展和经济增长时期

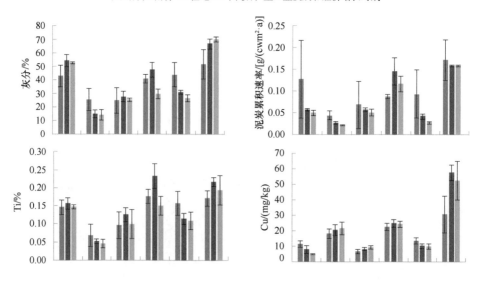

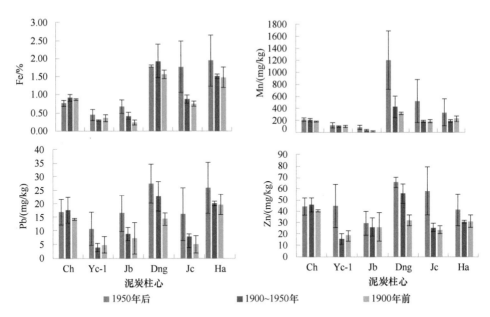

图5-4　中国东北长白山6个泥炭地的3个不同时期地球化学参数的平均含量

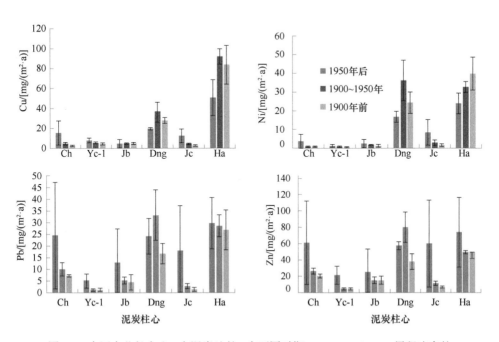

图5-5　中国东北长白山6个泥炭地的3个不同时期Cu、Ni、Pb、Zn累积速率的
平均含量

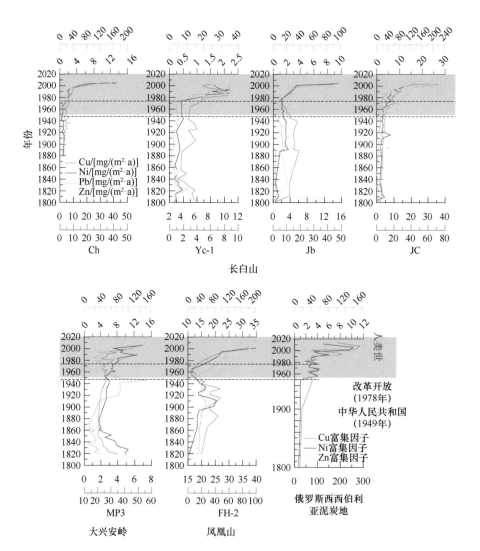

图5-6 中国东北长白山泥炭中Cu，Ni，Pb和Zn累积速率历史变化及其与其他记录的比较，包括大兴安岭摩天岭泥炭记录（Bao et al.，2015），黑龙江凤凰山泥炭记录（Bao et al.，2016），俄罗斯西西伯利亚Mukhrino泥炭记录（Fiałkiewicz et al.，2016）

5.1.3　海拔对泥炭元素分布的影响

全球大气氮沉降（Kalina et al.，2002）、放射性铯沉降（Hososhima and Kaneyasu，2015）、大气^{210}Pb沉降（Le Roux et al.，2008）和潜在危害痕量元素（Gerdol and Bragazza，2006；Bing et al.，2016）均表现出海拔地带性差异。在本书中，虽然20世纪50年代后从大多数泥炭柱心中观察到的人为影响是同步增加的，但是高海拔和低海拔泥炭元素记录间的差异是明显的（图5-3）。随着海拔的增加，泥炭灰分（ASH）、泥炭累积速率（PAR）及Ti、Fe、Mn和Cu等成岩元素呈下降趋势（图5-4）。根据Dng和Ha泥炭柱心，重金属污染最早迹象发生在1850年左右，当时是长白山地区大规模开垦和移民的开始时期。林地最强烈的变化发生在海拔500～800m的低山地区（Kuang et al.，2006）。在较低的海拔，痕量金属可能受到人为活动造成的当地土壤侵蚀输入的影响（Bacardit and Camarero，2010）。因此，低海拔地区泥炭地金属通量的增加早于高海拔地区泥炭地，可能主要是因为移民禁令取消后当地开发导致的局地人为来源。此外，从Dng泥炭记录中观察到了20世纪30年代金属通量的峰值，这与泥炭灰分和磁化率的显著升高是一致的（图5-1）。在30年代，这是一个长期战争时期，森林砍伐的增加可能导致极大的土壤侵蚀输入泥炭地，Dng泥炭记录将是山区脆弱的生态系统受到长期战争影响而发生的土地覆盖变化的响应。与低海拔状况对比，Ch泥炭地的高灰分和高Ti含量是较高的降水和较低的温度造成的结果（Hansson et al.，2017b；Li et al.，2018）。在1830m海拔上的Ch泥炭地Pb和Zn高含量记录也说明了这一点，它们主要是通过远距离迁移污染物的大气沉降输入的。

海拔效应导致泥炭地类型的差异，即营养状态的差异。爱沙尼亚的64个沼泽中痕量元素的分布表明，泥炭地的类型是控制泥炭中痕量元素丰度的最重要因素，雨养泥炭沼泽（贫营养）中大多数痕量元素丰度最低，矿养泥炭沼泽（富营养）中大多数痕量元素丰度最高（Orru and Orru，2006）。在本书中，高海拔泥炭地（Ch、Yc-1和Jb）为贫营养型，Dng为中营养型，泥炭地（Jc和Ha）为富营养型。Jc和Ha泥炭地中的Fe和Mn含量大于Ch、Yc-1和Jb泥炭地。Cu、Zn和Ni的含量与Fe和Mn的含量有很高的相关性（表5-1），这可能是因为Dng、Jc和Ha泥炭地海拔较低，矿质营养组分含量较高。近期，对长白山表层泥炭土中Hg和As的分布及控制因素进行了研究（Liu et al.，2018b）。本书的结果将是有关痕量元素沿海拔梯度分布研究数据库的良好补充。

5.2 凤凰山泥炭记录中Pb污染历史及来源分析

5.2.1 凤凰山泥炭中地壳元素的深度分布

1. 质量控制

将泥炭灰分样品采用两步弱酸提取方法进行地壳元素分析，分析方法详见2.2.3节泥炭化学元素测定部分。由于目前缺乏具有认证元素浓度的泥炭参考材料，采用灌木枝叶材料（GBW07602，中国地质科学院地球物理地球化学勘查研究所）作为标样，与泥炭样品一起进行了质量控制分析。结果与各元素的给定参考值非常一致（表5-2）。随机选择不同深度的样品进行重复分析，以检测仪器和分析方法的测量精度。

表5-2　凤凰山泥炭地随机选取的样品的重复分析和标准样品分析结果
（平均值±绝对标准偏差）

样品编号	深度/cm	Ti/（mg/g）	Mn/（mg/g）	Fe/%	Pb/（mg/kg）
泥炭样品					
FH-1_06	11	4.49±0.02	0.13±0.03	2.30±0.15	25.19±3.07
FH-1_10	19	4.54±0.06	0.09±0.00	2.05±0.16	21.58±2.81
FH-1_14	27	4.61±0.20	0.08±0.03	1.99±0.15	21.77±3.29
FH-1_18	35	4.92±0.02	0.10±0.01	1.84±0.04	17.40±4.47
FH-2_02	3	2.17±0.23	3.58±0.07	15.51±0.19	48.71±5.76
FH-2_06	11	4.04±0.08	0.14±0.01	3.32±0.15	20.79±4.26
FH-2_13	25	4.17±0.20	0.09±0.01	2.10±0.10	17.42±3.77
FH-2_20	39	4.62±0.03	0.09±0.01	1.96±0.04	17.13±2.13
标准样品*					
测试值		0.0896±0.0035	0.0529±0.0037	0.0978±0.0032	6.9±0.8
参考值		0.0950	0.0580	0.1020	7.1

注：*国家标准样品（灌木枝叶，GBW07602）。

2. 泥炭中元素的深度分布

凤凰山两个泥炭柱心（FH-1和FH-2）中可溶性、不可溶性和总钛、锰、铁和铅浓度深度分布如图5-7所示。钛、铁和锰中的可溶性组分显著低于可溶性铅含量。与不可溶性组分相比，可溶性 Ti、Fe 和 Mn 含量沿泥炭芯剖面保持相对稳定。总钛和不溶性钛的浓度与泥炭深度变化明显，总体上呈由表层向底部逐渐增加的趋势。锰和铁的不溶性浓度随着深度的增加而降低，如在4cm层位，分别为6～7mg/g 和17%的峰值。FH-1的总铅浓度范围为17.5～94.8mg/kg，FH-2的总铅浓度范围为27.0～124.5mg/kg。与铁、锰、钛相比，泥炭样品中可溶性铅含量大于不溶性部分；随着深度的增加，两个组分的 Pb 都呈负相关。同样，样品上部14cm处的平均总铅浓度分别比FH-1和FH-2柱心下部（<14cm）高1.9倍和2.4倍。

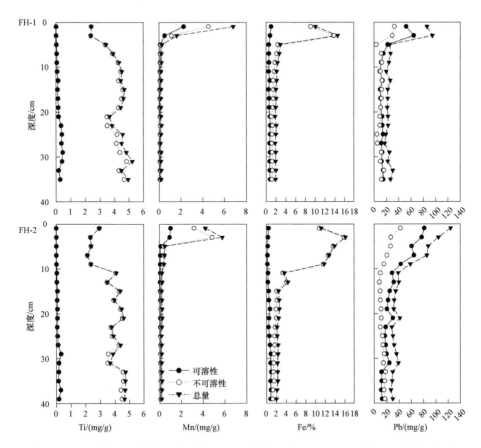

图 5-7　东北凤凰山泥炭柱心中可溶性、不可溶性和钛、锰、铁和铅浓度的深度变化图

5.2.2　凤凰山泥炭中Pb元素的来源分析

近现代样品中的可溶性铅主要是人为铅，其余来自自然来源。对于这种营养相对贫乏的矿养泥炭沼泽，由于原位成岩作用和空气中的含铅颗粒输入，不溶性铅常常受到碎屑矿物的影响。我们建议使用非过剩^{210}Pb放射性比活度（^{214}Pb）与过剩^{210}Pb（^{210}Pbex）放射性比活度比值来解读大气土壤衍生的铅和碎屑矿物铅，并估算泥炭柱心中的碎屑物质。这种方法的主要假设是^{214}Pb来源于泥炭中天然^{226}Ra的原位衰变（在整个岩芯中保持不变），而过剩^{210}Pb主要来自大气沉降物（随深度增加而增加）。^{210}Pb/^{214}Pb值越高，表明大气成分对泥炭中的铅含量贡献更大，比率10被定义为指示碎屑输入和大气沉降之间的边界。通过这样的比值，可以确定以碎屑为主的剖面变化，进而得到碎屑铅的平均浓度。此外，从自然源铅和碎屑源铅之间的差异可以估算出大气土壤尘输入的铅。如图5-8所示，黄线是比率为10的边界，在此边界下，两个过程都与^{214}Pb和^{210}Pbex相关，因此它们聚集在13cm以下，我们假定13cm以下的物质来源主要受成岩作用的影响，13cm以下的不溶性铅的平均浓度被视为碎屑组分。凤凰山泥炭FH-1柱心中碎屑Pb含量为10.4mg/kg，FH-2柱心中碎屑Pb含量为13.7mg/kg。大气土壤铅被定义为不可溶成分和碎屑成分之间的差异。大气土壤铅含量随柱心深度变化而发生变化，在FH-1的4cm深度和FH-2的8cm深度以下，大气土壤Pb含量小于5mg/kg，但是到了近表层分别增加到23mg/kg和30mg/kg（图5-8）。

5.2.3　凤凰山地区人为Pb污染历史

在图5-9中，1820～2003年凤凰山泥炭柱心铅累积速率和铅富集系数的时间变化规律与区域经济指数变化一致。与泥炭柱心剖面中的元素分布模式相似，自20世纪50年代以来，上部14cm剖面中的铅累积速率和铅富集系数显著增加。泥炭样品中的铅累积速率分别为5～24mg/（m²·a）（FH-1）和7～56mg/（m²·a）（FH-2），20世纪50年代后的平均水平是之前的1.4倍（对于FH-1）和2.7倍（对于FH-2），两个岩芯的铅富集系数都非常高。1950年前后FH-1和FH-2的平均铅富集系数比值分别为3和4。当前，铅富集系数增加了15倍。

中国东北黑龙江省凤凰山泥炭具有高灰分和钛浓度，可被视为一个矿养型泥炭地。因此，泥炭柱心不仅有大气沉降的记录，也有局部侵蚀和沉积的记录。

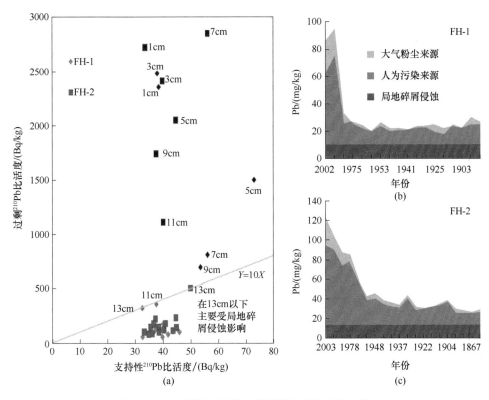

图5-8 东北凤凰山泥炭中放射性核素的时间变化

（a）支持性²¹⁰Pb（²¹⁴Pb）与过剩²¹⁰Pb（²¹⁰Pbex）活度的关系图。根据黄线所示的²¹⁰Pbex/²¹⁴Pb值边界10来估算碎屑部分。（b）和（c）是估算的凤凰山泥炭3种组分铅（人为污染来源、局地碎屑侵蚀和大气粉尘来源）的变化历史

然而，该泥炭地位于凤凰山的山顶，地势平坦，总面积为500hm²，被森林包围。平均的pH大约是5.85。因此，凤凰山泥炭地营养比较贫瘠，局部侵蚀很小，大气沉降仍是主要的物质输入，包括人为铅和土壤粉尘产生的铅积累在泥炭中。由于泥炭地的矿养特性，铁和锰的浓度相对较高。在总Fe和总Pb之间（$R^2=0.874$）及总锰和总铅之间（$R^2=0.724$）观察到显著的线性相关性（图5-10）。这表明泥炭中的铁锰氧化物可能影响铅在柱心中的深度分布模式。这使得重新考虑铁/锰氧化物和铅积累自然贡献对重建人类铅沉积历史的影响变得很重要。因此，我们区分了泥炭地的三种铅来源——人为的、外部大气粉尘沉降的和局地碎屑中的Pb。

与Ti剖面图相比，柱心顶部"不溶性"Pb的富集表明"可溶性"Pb组分并不是唯一的人为源Pb。残留物中可能存在大量人为残留铅，因为与其他消解方法［如盐酸−硝酸超声波消解法（Graney et al., 1995）］相比，我们的"可溶性"

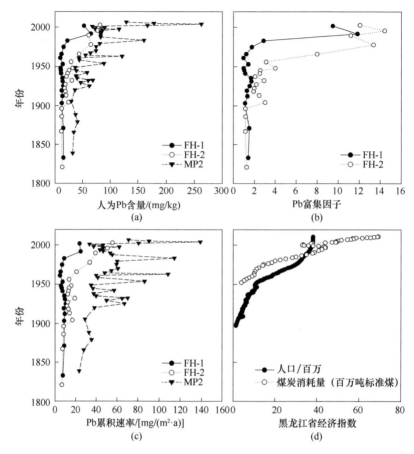

图 5-9 东北凤凰山泥炭柱心中（a）人为铅，（b）Pb富集因子，（c）人为铅累积速率的时间变化及其与区域社会经济发展指数（d）的比较，包括了中国东北大兴安岭摩天岭泥炭中的总铅浓度值和铅累积速率，黑龙江省总人口（百万）和煤炭消耗量（百万吨标准煤）

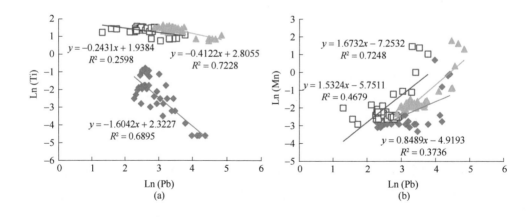

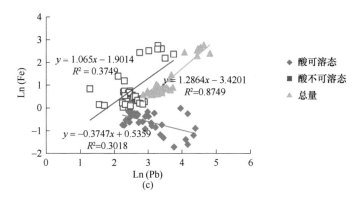

图5-10　中国东北凤凰山泥炭中铅和（a）钛、（b）锰、（c）铁的浓度关系。在线性回归分析之前，浓度被转换成对数

　　浸出法相当温和。然而，使用盐酸或弱酸的消解程序已被证明可从大气气溶胶中去除95%以上的人为铅（Bollhöfer et al., 1999；Kumar et al., 2014）。另外，我们的样品是沼泽泥炭，不是湖泊沉积物。因此，这种沥滤过程的影响将是有限的，并且从泥炭记录中仍然观察到明显增加的人为铅污染。当从元素总量中分离自然组分后，固相Fe/Mn与"不溶性"Pb之间的相关性减弱（R^2降低到约0.3）。可以说，获得的人为源Pb不受氧化还原状态的影响，能够反映人为活动对大气Pb污染的时间变化趋势。

　　因此，上述泥炭的人为Pb记录重建了近150年来该区域Pb污染历史。Pb浓度的增加、Pb累积速率和Pb富集系数的变化都描述了该地区的大气Pb污染加剧态势。该结果与我们之前关于位于中国东北550km处的摩天岭泥炭地的报道一致（Bao et al., 2010a）。Pb的广泛分布主要源于含Pb燃料（如含Pb汽油和煤）的排放，并且Pb在低剂量下对人体神经和循环系统有各种不利的健康影响（Vile et al., 2000）。1949年中华人民共和国成立后，黑龙江省人口和煤炭消耗量急剧上升，与此同时，泥炭中的铅含量也在上升（图5-9）。从1950年到20世纪70年代，一场全国性的运动鼓励了包括农业和重工业在内的工农业发展。1958~1960年的"大跃进"和探索北大荒运动就是很好的例子。因此，在过去的半个世纪里，中国东北地区成为了一个城市发展、经济增长和工业生产力提升极其快速的地区，这也是该地区能源消耗和环境污染的重要驱动力（邓伟等，2004）。自1978年以来，中国奉行相对开放的经济政策，并已进入工业革命和经济增长最强劲的阶段。这一时期随着汽车和燃煤发电行业数量的增加，中国东北地区的人为铅含量也在增加。我们认为，中华人民共和国成立以来，凤凰山泥炭地Pb的积累历史是东北地区工业发展的重要指纹，而化石燃料燃烧发电和供暖则是该地区人为铅污染的主要原因。

5.3　大兴安岭泥炭沼泽记录的Pb污染历史

5.3.1　近代大气²¹⁰Pb输入通量

对大兴安岭摩天岭MP1、MP2和MP3三个剖面的泥炭样品分别进行了²¹⁰Pb放射性测定，过剩²¹⁰Pb含量在3.2节已经给出，同时运用恒定放射性通量（CRS）模式建立了年代框架。通过年代框架、泥炭沉积速率，大气²¹⁰Pb沉降通量可通过式（5-1）和式（5-2）计算：

$$\left[^{210}Pbex \right]_z = A \times DBD \times Z \tag{5-1}$$

$$ADR_{[Pb]} = \sum \left[^{210}Pbex \right]_z / T \tag{5-2}$$

式中，Z 为深度（cm）；$\left[^{210}Pbex \right]_z$ 为深度 Z 处的过剩²¹⁰Pb（Bq/m²）；A 为深度 Z 处的过剩²¹⁰Pb比活度（Bq/kg）；DBD为干容重（g/cm³）；$ADR_{[Pb]}$ 为大气²¹⁰Pb沉降通量［Bq/(m²·a)］；$\sum \left[^{210}Pbex \right]_z$ 为深度 Z 以上累积的过剩²¹⁰Pb（Bq/m²）；T 为沉积年龄（年）。

因此，3个泥炭剖面的大气²¹⁰Pb沉降通量如图5-11所示。MP1剖面计算得出的平均大气²¹⁰Pb沉降通量为（254±50）Bq/(m²·a)，MP2剖面计算得出的平均大气²¹⁰Pb沉降通量为（421±17）Bq/(m²·a)，MP3剖面计算得出的平均大气²¹⁰Pb沉降通量为（165±69）Bq/(m²·a)。大兴安岭摩天岭泥炭沼泽记录的大气²¹⁰Pb输入速率平均值为280Bq/(m²·a)（表5-3）。这种较高的大气²¹⁰Pb沉降通量主要是因为在冬季风影响下由中国北方沙漠和蒙古国传输过来的陆源矿物尘埃输入和每年11月至次年4月的长时间的降雪输入（Preiss et al.，1996）。

在大兴安岭地区，由于缺乏核放射性测试数据，因此，本书数据可以作为代用资料，与其他相邻地区放射性测试数据比较如表5-3所示。Schettler等（2006）对中国东北吉林省四海龙湾纹泥沉积进行了研究，并得出在1790～1970年，大气²¹⁰Pb输入通量为517Bq/(m²·a)。Guelle等（1998）通过3D大气示踪传输TM2模型模拟了全球高分辨率²¹⁰Pb传输和沉降，指出中国东北地区年²¹⁰Pb总沉降通量为200Bq/(m²·a)。本书研究结果与这两

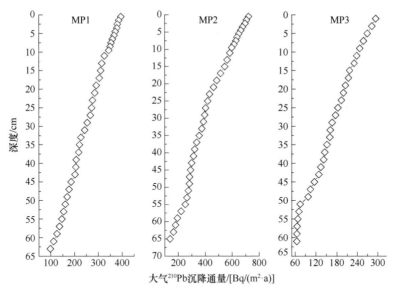

图 5-11　中国东北大兴安岭摩天岭 3 个泥炭剖面的大气 ^{210}Pb 沉降通量随深度的变化

个相邻较近区域的研究结果很相近。此外，Fukuda 和 Tsunogai（1975）在 1970～1972 年通过位于日本北海道 5 个站点采集雨雪湿沉降及干沉降物，测试分析出大气尘埃放射性 ^{210}Pb 沉降通量为 360Bq/（m^2·a），这与本研究结果也是一致的。

表5-3　大兴安岭摩天岭雨养泥炭记录的 ^{210}Pb 平均输入通量及与其他研究的比较

区域	平均 ^{210}Pb 输入速率/［Bq/（m^2·a）］	大气 ^{210}Pb 通量/［Bq/（m^2·a）］	参考文献
大兴安岭泥炭			本书
MP1	254±50		
MP2	421±17		
MP3	165±69		
平均值	280		
吉林省四海龙湾		517[a]	Schettler et al., 2006
中国东北地区		200[b]	Guelle et al., 1998
日本北部北海道		360[c]	Fukuda and Tsunogai, 1975

注：a. 湖泊沉积，^{210}Pb and 泥纹定年；b. 通过 3D 大气示踪传输 TM2 模型模拟的年 ^{210}Pb 总沉降通量；c. 大气放射性尘埃样品测试。

5.3.2 Pb浓度变化及Pb输入速率

大兴安岭摩天岭泥炭Pb浓度含量和沉降速率如图5-12所示。MP1和MP2
剖面的Pb浓度都表现为由底层到表层逐渐增加的趋势，MP1剖面的最大值出现
在23cm处（110μg/g），MP2剖面的最大值出现在2.5cm处（262μg/g），MP3剖面
的Pb浓度变化趋势稍微有些不同，沿着深度剖面，先逐渐增加，然后减小，最
后又有增加的趋势，最大值（102μg/g）出现在41cm处，最小值（29μg/g）出现
在15cm处。总体而言，MP3剖面的Pb浓度均值也是表层有富集趋势。这些富
集的Pb浓度值与美国宾夕法尼亚州Spruce Flats沼泽记录的Pb浓度（179μg/g）
（Schell，1987）和印第安纳州北部Cowles沼泽记录的Pb浓度（199μg/g）（Cole
et al.，1990）一致（表5-4）。

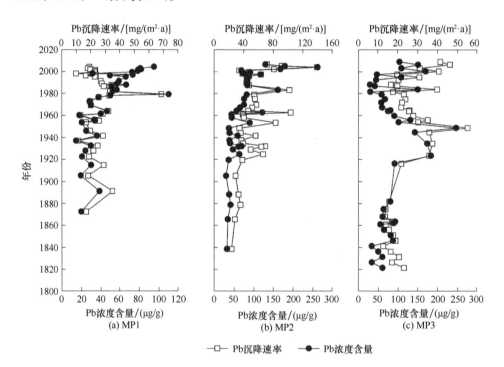

图5-12 中国东北大兴安岭摩天岭泥炭Pb浓度含量及大气Pb沉降速率的深度变化图

大兴安岭摩天岭近现代大气Pb沉降速率如图5-12所示，平均值为26.4～
55.8mg/（m²·a），与美国印第安纳州北部Cowles沼泽记录的平均Pb沉积速率
［50～107mg/（m²·a）］（Cole et al.，1990）和挪威Birkenes雨养泥炭沼泽记录的
平均Pb沉积速率［12.2mg/（m²·a）］（Jensen，1997）一致。而最大值［MP1为

表 5-4　大兴安岭摩天岭雨养泥炭记录的最大 Pb 浓度和平均沉积通量及其与其他研究的比较

区域	湿地类型	最大 Pb 浓度 /(μg/g)	Pb 沉积通量 /[mg/($m^2 \cdot a$)]	参考文献
中国大兴安岭摩天岭	泥炭藓沼泽	102~262	24.6~55.8	本书
美国宾夕法尼亚州	Spruce Flats 沼泽	179		Schell, 1987
美国印第安纳北部	Cowles 沼泽	199	50~107	Cole et al., 1990
挪威	Birkenes 沼泽		12.2	Jensen, 1997

68.9mg/($m^2 \cdot a$)；MP2 为 138.9mg/($m^2 \cdot a$)；MP3 为 55mg/($m^2 \cdot a$)]与 Vile 等（2000）报道的捷克共和国 Pb 污染结果接近。

含 Pb 燃料的大量使用（包括汽车尾气排放和燃煤发电站）致使 Pb 污染在全球广泛存在，而且对人类危害极为严重，较低浓度就可以造成神经伤害（Vile et al., 2000）。我国东北地区近半个世纪以来人口剧增，经济快速发展，对能源消耗需求量大，区域环境污染严重（邓伟等，2004）。这个时期汽车和煤工业扩张趋势与本书 Pb 浓度和 Pb 沉积通量变化趋势较为一致，因此，化石燃料的燃烧，包括冬季燃煤供暖工程，是东北地区 Pb 污染的主要原因，同时说明，运用泥炭沼泽 Pb 的沉积档案可以反演区域环境 Pb 污染历史。

5.4　大兴安岭泥炭沼泽记录的 Hg 污染历史

汞（Hg）是环境中一种重要的微量元素，由于其毒性、持久性和生物累积性，对环境和人类健康有许多不利影响。Hg 的自然来源包括火山活动、土壤排气和海洋中生物驱动的还原过程等。人为来源包括化石燃料燃烧、工业制造、矿石开采和加工及城市、医疗和工业废物焚烧等。人类活动增加了汞在局域、区域和全球大气中的通量，因此，各国政府已达成共识，需要加强全球 Hg 排放控制。大气中的 Hg 主要以气态元素的形式存在，而且汞在大气中的残留时间较长（0.6~1.5 年），这有利于 Hg 的远距离迁移。释放到大气中的相当大比例的汞通常被携带数千千米，通过降水或气溶胶沉降并储存在偏远地区的水生和陆生生态系统中。自然环境中汞积累的长期地质记录有助于重建和区分自然和人为汞排放的历史趋势。在过去的 30 年里，已经有大量关于利用泥炭地作为大气汞沉积档案的研究；其中大部分是在欧洲和北美洲进行的。但到目前为止，关于中国偏远地区历史汞沉积的研究报道很少。我们仍然需要更多来自偏远泥炭沼泽的汞记录数据，以拓宽我们对不同地区人为汞污染的地理分布的理解。因此，本研究分析了中国东北大兴安岭摩天岭泥炭地的3个 ^{210}Pb 和 ^{137}Cs 定年后的泥炭柱心中汞的浓度和累积特征，并研究了泥炭分解（干容重、碳氮比和540nm的紫外吸收）与泥炭中Hg浓度的关系。研究结果对该地区利用泥炭进行金属沉积的历史重建研究具有重要意义，也是对全球Hg污染数据库的有益补充。

5.4.1　泥炭基本理化性质及营养特征

大兴安岭的摩天岭泥炭地靠近北方泥炭地区域，被泥炭藓覆盖，是目前的优势植被（图2-5）。该泥炭地被永久冻土覆盖，导致地表附近存在死水、低温和缺氧条件。前文已经总结的泥炭的物理化学性质（水、灰分、总有机碳和总氮）（表4-4）及Bao等（2015a，2012）报道的其他代用指标表明，上部具有贫瘠营养特性（MP1：45cm以上，MP2：50cm以上，MP：60cm以上），而下部具有矿物营养特性。紫外吸光度和C/N也表明该柱心中下部泥炭比上部泥炭分解度高（图5-13）。DBD在所有3个岩芯中显示了相似模式，随着深度的增加而逐渐增加，从最上面10cm层的0.06g/cm^{3}增加到大约0.21g/cm^3，分别在大约45cm（MP1）、50cm（MP2）和60cm（MP3）深度以下，DBD随深度增加进一步急剧增加，至底部高达约0.6g/cm^3，约为近地表DBD的10倍。紫外吸收在表层显示出较低的值，并向下增加的趋势明显。碳氮比在所有3个岩芯中都呈现出随深度增加而递减的趋势，除了在MP1柱心底部和MP3柱心约20cm深度处出现了异常高值（高达128）。总体来看，下部泥炭比上部分解程度更高。因此，我们认为泥炭柱心底部，灰分含量高且分解程度大，主要受到岩芯底部冻土每年夏末融化的影响，形成泥炭的矿养特征。上部的泥炭是雨养型贫瘠泥炭，这使得它们能够作为中国东北大气Hg沉积的记录。

5.4.2　泥炭分解对Hg富集的影响

已有研究表明，泥炭发育过程中的泥炭分解和质量损失过程可能会影响Hg浓度、泥炭累积和基于它们计算的Hg的累积速率（Biester et al.，2012，2002，2003）。为了评估泥炭分解和汞记录之间的关系，本节采用泥炭干容重（DBD）、紫外吸光度和碳氮比作为有机物分解的衡量指标（图5-13）。DBD与3个柱心的

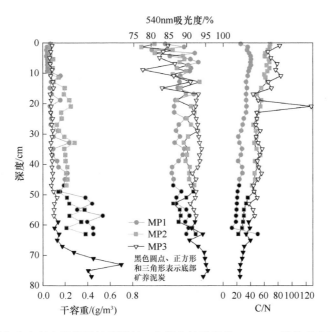

图 5-13　中国东北大兴安岭摩天岭泥炭地 3 个岩芯的干容重、540nm 紫外吸光度和碳氮比指示
的泥炭分解随深度的变化

碳氮比显著负相关（MP1、MP2 和 MP3 的相关性系数分别为−0.716、−0.771 和
−0.714，P<0.001，n=37、38 和 39）。柱心 MP2 和 MP3 的紫外吸光度与碳氮比
呈负相关（相关性系数分别为−0.400 和−0.586，n=38 和 39，P<0.001）。但是
3 个柱心的紫外吸光度都与 DBD 不相关。这些替代指标之间的不完全相关性也
许是因为各个指标强调了泥炭发育和分解过程中一些不同的化学变化，其中碳
氮比是反映泥炭分解过程中质量损失的最佳代表（Biester et al.，2013；Hansson
et al.，2013）。尽管 3 个代用指标显示的分解过程存在差异，总体上还能观察到
泥炭腐殖化度在剖面深处有增加趋势。这种模式曾在瑞士侏罗（Jura）山脉的
两个泥炭地有过报道（Roos and Shotyk，2003）。但是，摩天岭泥炭腐殖化的这
种常规性变化与汞浓度的变化不成比例；对于 3 个柱心，都没有发现 Hg 浓度与
紫外吸光度之间或 Hg 浓度与碳氮比之间存在显著的统计相关关系（P>0.05）。
Hg 浓度与 MP3 中的 DBD 值呈弱负相关（R=−0.418，n=39）。因此，泥炭分
解过程不能解释摩天岭泥炭剖面中 Hg 浓度随深度变化的主要变化。Hg 浓度的
升高及汞的累积速率的增加可能主要是由于大气中 Hg 沉降量的增加（Zaccone
et al.，2009）。

5.4.3　人为Hg污染的变化特征

3个泥炭柱心的Hg浓度随时间变化的变化特征如图5-14所示。沿深度剖面的Hg浓度存在柱心间差异，但在1980年前后10年，3个柱心间都观察到一致的峰值，并且遵循全球趋势，最大值在1980年左右。这个峰值分别为（190±20）μg/kg（MP1，$n=4$）、（250±30）μg/kg（MP2，$n=5$）和（160±10）μg/kg（MP3，$n=7$）。MP3剖面是目前研究中最深的一个，这个柱核的底部可以追溯到1819年。在1819~1829年的泥炭层中，Hg浓度的平均值为（13.3±1.5）μg/kg（$n=3$），该值被设定为工业革命前背景基线。Hg的累积速率的变化模式类似于其浓度分布（图5-15）。工业革命前，相应的Hg的累积速率为（7.2±0.9）μg/（m²·a）（$n=3$）。在1980年左右10年期间，MP1、MP2和MP3的平均Hg的累积速率分别为（112±14）μg/（m²·a）（$n=4$）、（181±38）μg/（m²·a）（$n=5$）和（90±3）μg/（m²·a）（$n=8$）。相应地，1990年后的近期Hg的累积速率平均值分别为（45±25）μg/（m²·a）（$n=13$）、（70±22）μg/（m²·a）（$n=13$）和（38±23）μg/（m²·a）（$n=6$）。

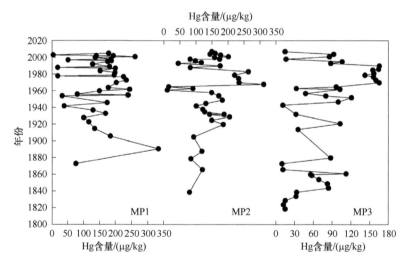

图5-14　中国东北大兴安岭摩天岭泥炭地3个岩芯的汞浓度历史变化

假设1819~1829年MP3柱心中测得的平均汞浓度［（13.3±1.5）μg/kg］为工业化前的背景值

Hg的累积速率的时间变化在3个柱心之间也存在差异（图5-15）。这与一些多柱心研究报道的多样点间异质性特征一致（Allan et al., 2013b; Bindler et al.,

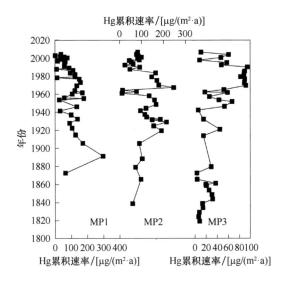

图 5-15　中国东北大兴安岭摩天岭泥炭地3个岩芯中汞累积速率的历史变化

2004；Martinez et al.，2012）。与 Hg 浓度历史变化一样，在现代时期［（1980±10）年］仍然可以观察到 3 个柱心的 Hg 累积速率的主要峰值。位于我们研究地点东北约750km处的小兴安岭泥炭记录了大气 Hg 污染在20世纪80年代出现峰值（Tang et al.，2012），这与本书的结果不谋而合。从1949年到70年代，大规模的农业和重工业投资促进了中国的发展，来自工业生产和农业杀虫剂等 Hg 的有机化合物使用增加可能是泥炭中 Hg 含量高的主要原因。自1978年以来，中国奉行相对开放的经济政策，进入了工业革命和经济增长最强劲的阶段。Hg 的峰值大幅上升可能是20世纪末快速城市化和前所未有的能源消耗的结果（Wang and Chen，2010）。此外，这一重要的峰值期遵循全球趋势。自90年代以来，大气 Hg 沉降有所减少，这与中国经济的持续快速发展和相关的能源消耗增加态势不相一致，但与全球 Hg 排放控制时期相对应，表明过去几十年 Hg 污染的全球影响。

5.4.4　全球 Hg 的累积速率比较

百年尺度的全球 Hg 循环研究比较多，都揭示出不同区域近现代 Hg 累积速率和最大汞累积速率（表5-5）。通过摩天岭泥炭建立的工业化前 Hg 的累积速率背景值为（7.2±0.9）μg/（m²·a），这类似于美国明尼苏达州 Arlberg 沼泽的4.3μg/（m²·a）（Benoit et al.，1998），西班牙西北部的 Penido Vello 泥炭沼泽的1.5～8.0μg/（m²·a）（Martinez et al.，1999），以及中国东北小兴安岭泥炭地的5.7μg/（m² · a）（Tang et al.，2012）。大兴安岭摩天岭泥炭中Hg的最大值平均值和近现代Hg的累积速率分别为90～181μg/（m² · a）（1970～1990年）和38～70μg/（m² · a）（1990～2009年）。我们的结果分别与捷克（Ettler et al.，2008；Zuna et al.，2012）、苏格兰（Farmer et al.，2009）和加拿大（Outridge et al.，2011）等国家泥炭地研究报道的相应值非常一致。邻近区域的小兴安岭泥炭地记录的近现代Hg累积速率平均值为75μg/（m² · a）（1980～2009年），最大Hg累积速率为112.4μg/（m² · a）（1970～1979年），也与本书的结果相当。

表5-5　利用^{210}Pb测年（除非另有说明）计算出泥炭中的总汞的平均近期累积速率和最大累积速率及其与全球其他研究的比较

区域	近现代Hg累积速率平均值/[μg/（m² · a）]	年份	最大Hg累积速率平均值/[μg/（m² · a）]	年份	数据来源
亚洲					
中国大兴安岭	38～70	1990～2009	90～181	1970～1990	本书
MP1	45±25（n=13）	1988～2009	112±14（n=4）	1979～1987	
MP2	70±22（n=13）	1984～2009	181±38（n=5）	1969～1983	
MP3	38±23（n=6）	1991～2009	90±3（n=8）	1973～1990	
中国小兴安岭	75±31	1980～2009	112	1970～1979	Tang et al.，2012
非洲					
南非西部*	29～100	2001～2007	120～160	1990～2000	Kading et al.，2009
欧洲					
比利时	30～60	1990～2008	90～200	1930～1980	Allan et al.，2013
捷克共和国	2～38	1996～2003	48	1973～1987	Ettler et al.，2008
捷克共和国	15～44	1991～2006	43～106	1959～1990	Zuna et al.，2012
丹麦	14	1994	184	1953	Shotyk et al.，2003
法罗群岛	16	1998	34	1954	Shotyk et al.，2005
格陵兰岛	14.1	1995	164	1953	Shotyk et al.，2003
爱尔兰	19～24	1993～1996	60～70	1950～1970	Coggins et al.，2006
挪威	2～11	1900～2000			Steinnes et al.，2005
苏格兰	27±15	1993～2004	51～183	1950～1970	Farmer et al.，2009
西班牙	56±26	工业时期	87	1900～1990	Martinez et al.，1999

区域	近现代Hg累积速率平均值/[μg/(m²·a)]	年份	最大Hg累积速率平均值/[μg/(m²·a)]	年份	数据来源
瑞典	17	1991~1998	23~25	1950~1990	Bindler, 2004
瑞士	13~17	1835~1990	29~43	1950~1980	Roos and Shotyk, 2003
北美洲					
美国缅因州	8~13	1990~1999	25~32	1961~1976	Roos et al., 2006
美国明尼苏达州	25±8	1980~1991	71±22	1950~1960	Benoit et al., 1998
加拿大马尼托巴省	82±29	1988~2003	128	1998	Outridge et al., 2011
加拿大新斯科舍	8~12	1988~1997			Lamborg et al., 2002
加拿大南安大略省	10~18	1998~2000	54~141	1950~1969	Givelet et al., 2003
南美洲					
智利巴塔哥尼亚	20~63	1935~1995	63	1940	Biester et al., 2002

* 洪泛平原湿地沉积物。

大气Hg沉降的长期监测也是评估区域大气Hg收支和理解大气Hg的全球循环的重要途径（Fu et al., 2012）。在中国的一些偏远地区已经开展了大气Hg沉降监测，如长白山（Wan et al., 2009）、梵净山（Xiao et al., 1998）、贡嘎山（Fu et al., 2010）和乌江流域（Guo et al., 2008）；此外，在城市地区也有类似的监测工作，如贵阳（Tan et al., 2000）、长春（Fang et al., 2004）、北京（Wang et al., 2006b）、重庆（Wang et al., 2014）和南京（Zhu et al., 2014）。表5-6给出了从摩天岭泥炭记录推断的近现代Hg累积速率与中国Hg沉降直接观测数据的比较。表5-6中结果与中国东北地区长白山和长春市的监测结果一致，符合区域Hg污染的特点；比西南高山的监测数值小，大概是气候环境不同，导致大气Hg的区域传输差异；结果小于贵阳、北京等大城市的数值，验证了人类活动对城市地区Hg沉降通量的贡献大于偏远地区。

因此，中国东北大兴安岭的泥炭沼泽柱心记录了约200年来大气Hg累积历史。统计分析表明，有机物分解对泥炭中Hg浓度的保存没有显著影响。Hg累积速率的时间变化在近现代时期[（1980±10）年]表现出一个主要峰值，这对应于特定的社会经济发展时期，反映了人类活动造成的Hg污染的历史变化。我们计算的Hg累积速率值和大气Hg污染的重建历史符合世界各地许多研究报道的情况，在数值上具有很好的可比性。

表5-6　基于泥炭记录推算的平均近期累积速率与中国汞沉积的直接测量值的比较

区域	近现代Hg累积速率均值 / [μg/ (m² · a)]	年份	计算方法	数据来源
偏远地区				
大兴安岭	38～70	1990～2009	泥炭记录	本书
长白山	24.9～28.6	2005～2006	野外Hg监测	Wan et al., 2009
梵净山	115	1996	泥炭藓包技术	Xiao et al., 1998
贡嘎山	92.5	2005～2007	野外Hg监测	Fu et al., 2010
乌江流域	34.7	2006	野外Hg监测	Guo et al., 2008
城市地区				
贵阳	96～955①	1997～1998	泥炭藓包技术	Tan et al., 2000
长春	43.1～152.4	1999～2000	大容量玻璃纤维滤器	Fang et al., 2004
北京	270～407	2003～2004	大容量玻璃纤维滤器	Wang et al., 2006
重庆	23.6～33.8	2010～2011	自动降水收集器	Wang et al., 2014
南京	>56.5②	2011～2012	野外Hg监测	Zhu et al., 2014

注：①通过月均值Hg通量（43.8±35.8）μg/ (m² · month) 换算的;
②研究报道了9个月单位面积的Hg通量是56.5μg/m²，所以年通量大于该值。

5.5 大兴安岭泥炭记录的痕量元素污染历史

5.5.1　污染元素浓度与质量控制

当前没有已测定的金属元素浓度的泥炭标准参考样品，因此，采用中国地质科学院地球物理地球化学勘查研究所制定的灌木枝叶（GBW07602）为参考标样。每批元素测试实验时都首先测试分析3个标样，标样的As、Cd、Hg和Sb的平均浓度是0.37μg/g、0.14μg/g、0.026μg/g和0.045μg/g。我们的测得值与这些金属元素的参考值是可比较的（表5-7）。

以每个剖面各层次样品为重复，计算出大兴安岭摩天岭雨养泥炭As、Cd、Hg和Sb元素浓度最值、平均值和标准差（表5-8）。MP1、MP2和MP3剖面中：As的平均浓度依次是2.183μg/g、1.441μg/g和1.884μg/g；Cd的平均浓度依次为16.85μg/kg、14.71μg/kg和13.16μg/kg；Hg的平均浓度依次是0.152μg/g、0.144μg/g和0.078μg/g；Sb的平均浓度依次是0.273μg/g、0.203μg/g和0.209μg/g。

表5-7 参考样品（灌木枝叶组合样：GBW07602）的元素分析结果比较

金属元素	测量值/（μg/g)				参考值/(μg/g)
	最小值	最大值	平均值（n=6）	标准差	
As	0.3470	0.3692	0.3549	0.0089	0.370
Cd	0.1254	0.1314	0.1281	0.0026	0.140
Hg	0.0241	0.0281	0.0261	0.0015	0.026
Sb	0.0443	0.0527	0.0472	0.0031	0.045

表5-8 大兴安岭摩天岭雨养泥炭污染元素（As、Cd、Hg和Sb）的浓度统计

元素	最小值/（μg/g)			最大值/（μg/g)			平均值^a/（μg/g)			标准差		
	MP1	MP2	MP3	MP1	MP2	MP3	MP1	MP2	MP3	MP1	MP2	MP3
As	0.861	0.381	1.063	5.960	4.597	5.368	2.183	1.441	1.884	1.752	0.895	1.182
Cd^b	0.11	0	0.37	62.79	53.85	48.16	16.85	14.71	13.16	14.18	11.53	10.56
Hg	0.003	0.009	0.009	0.333	0.311	0.164	0.152	0.144	0.078	0.074	0.064	0.052
Sb	0.165	0.096	0.131	0.431	0.441	0.369	0.273	0.203	0.209	0.069	0.067	0.063

注：a. MP1：n=37；MP2：n=38；MP3：n=39；b. Cd单位为μg/kg，其他均为μg/g。

5.5.2 污染元素浓度剖面变化

MP1、MP2和MP3剖面As、Cd、Hg和Sb污染元素随深度变化的分布趋势如图5-16所示。As表现为底层较大，随着深度的上升逐渐变小，而且波动幅度小，相对比较稳定。Cd表现出随着深度的上升逐步增大的趋势，波动幅度较大，在剖面中间层段（MP1：25cm；MP2：23cm；MP3：39cm），均出现了明显峰值。Hg在剖面表层均表现出减小态势，但是在中下层的变化（大约23cm以下）有一定差异，在MP1剖面，Hg随着深度上升而减小；在MP2和MP3剖面，Hg随着深度上升而有增大趋势。Sb则表现为表层和底层均富集的"C"形趋势，有一定的波动幅度。

5.5.3 污染元素累积速率

结合年代框架，可以通过泥炭沉积速率来计算各种金属元素的累积速

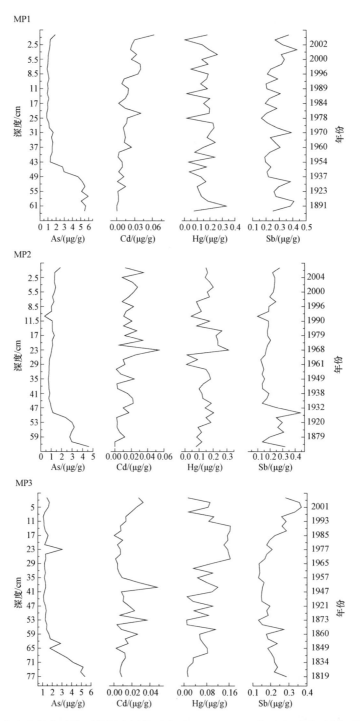

图 5-16　大兴安岭摩天岭雨养泥炭污染元素（As、Cd、Hg 和 Sb）浓度随剖面深度变化

率（表5-9）。MP1、MP2和MP3剖面中：As的平均累积速率依次是158.36ng/（$m^2 \cdot a$）、111.52ng/（$m^2 \cdot a$）和93.59ng/（$m^2 \cdot a$）；Cd的平均累积速率依次是0.78ng/（$m^2 \cdot a$）、1.05ng/（$m^2 \cdot a$）和0.66ng/（$m^2 \cdot a$）；Hg的平均累积速率依次是9.22ng/（$m^2 \cdot a$）、10.90ng/（$m^2 \cdot a$）和4.09ng/（$m^2 \cdot a$）；Sb的平均累积速率依次是16.27ng/（$m^2 \cdot a$）、15.48ng/（$m^2 \cdot a$）和10.66ng/（$m^2 \cdot a$）。

表5-9 大兴安岭摩天岭雨养泥炭污染元素（As、Cd、Hg和Sb）的累积速率［单位：ng/（$m^2 \cdot a$）］

元素	最小值			最大值			平均值[a]			标准差		
	MP1	MP2	MP3	MP1	MP2	MP3	MP1	MP2	MP3	MP1	MP2	MP3
As	28.53	19.64	42.47	563.25	332.62	306.37	158.36	111.52	93.59	173.49	82.59	62.82
Cd	0.01	0	0.02	2.53	4.28	2.68	0.78	1.05	0.66	0.52	0.87	0.59
Hg	0.07	0.87	0.31	29.75	24.75	9.49	9.22	10.90	4.09	6.07	5.66	3.06
Sb	5.89	4.97	4.33	38.19	46.19	23.59	16.27	15.48	10.66	7.88	7.72	4.59

注：a. MP1：$n=37$；MP2：$n=38$；MP3：$n=39$。

MP1、MP2和MP3剖面As、Cd、Hg和Sb污染元素累积速率随深度变化的分布趋势如图5-17所示。As元素在3个剖面中，累积速率均在底层较大，随着时间推移而逐渐变小，这一变化规律与As元素浓度深度变化趋势一致。Cd元素累积速率具有随时间推移而增大的趋势，但是最大值均出现在泥炭剖面中层段（MP1：25cm；MP2：23cm；MP3：39cm），这也与Cd元素浓度深度变化规律一致。Hg累积速率在MP1剖面随着时间推移逐步减小，在MP2和MP3剖面是随着时间推移先增大然后减小。Sb累积速率变化也不一样，在MP1中是随着时间推移一直表现为减小的趋势，在MP2中却随着时间推移先增大后减小，在MP3中却是随着时间推移先减小然后又增大的变化趋势。

5.5.4 污染元素的富集因子变化

大气圈中气溶胶的迁移主要发生在对流层，其携带的污染物质能在一定风动作用下进行迁移和沉降，而雨养泥炭沼泽则保存和记录了这些污染物质。自工业革命以来，经济发展的同时也伴随着污染金属元素在大气中含量的逐年增加，采矿业、冶金业、化石燃料的燃烧等是导致污染加重的根源。通过泥炭沼泽污染元

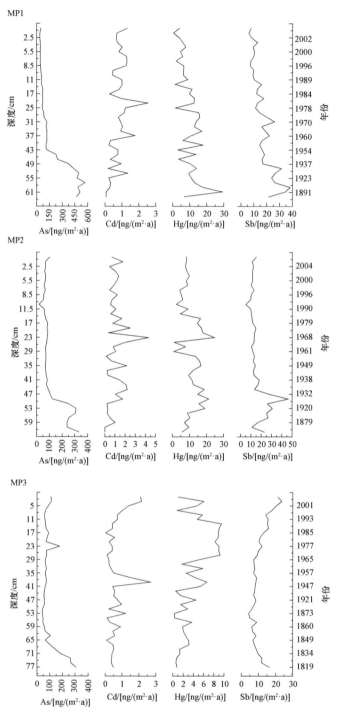

图 5-17   大兴安岭摩天岭雨养泥炭污染元素（As、Cd、Hg 和 Sb）
累积速率随剖面深度和时间变化

素时代序列的建立，可以反映大气人为地球化学的性质和人类污染环境的历史。在长期土壤风化过程中，易淋溶元素大量淋失，不易迁移元素相对富集，因而往往忽视这一状况，得出某些元素的富集是来自外来污染的错误结论。因此，选择具有抗风化能力强、相对稳定的地壳元素Ti作为富集分析的参比元素，并计算出相应的富集因子，有益于分析泥炭中元素相对于地壳的富集或分散状况。计算公式已在第4章介绍过。

大兴安岭摩天岭雨养泥炭污染元素（As、Cd、Hg和Sb）相对于地壳元素Ti的富集因子剖面变化如图5-18所示。对于As，MP1剖面中EF均大于1，而且底层更为富集，MP2剖面中EF在50cm之下是显著富集，MP3剖面中EF在45cm之下是显著富集。对于Cd，MP1剖面中EF在5～9cm层段和40cm处大于1，显示出富集现象，MP2剖面中EF全部都小于1，但是表层EF值较大，MP3剖面中也基本都小于1，只有53cm处出现一峰值。对于Hg，3个剖面中基本上都是大于1，表现为显著富集，指示出Hg的严重污染。对于Sb，MP1剖面中EF均大于1，表

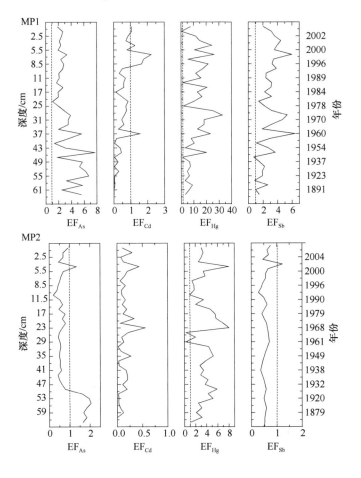

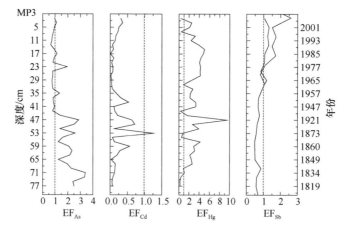

图 5-18   大兴安岭摩天岭雨养泥炭污染元素（As、Cd、Hg 和 Sb）相对于地壳元素 Ti 的富集
因子随深度和时间的变化

现为富集态势，MP2中又都小于1，没有富集现象，MP3剖面中表层大于1，表现为表层富集。

5.6 大兴安岭泥炭记录的PAHs和PCBs污染

5.6.1 多环芳烃（PAHs）污染历史

1. 8种典型的PAHs化合物含量

大兴安岭摩天岭雨养泥炭柱心中共检出萘（NAP）、苊烯（ACL）、苊（ACE）、芴（FLU）、菲（PHE）、蒽（ANT）、荧蒽（FLA）和芘（PYR）8种优控PAHs，它们的苯环数及其分子结构列在表5-10中。

表5-10   8种优控PAHs化合物中英文名称、苯环数及分子结构图

多环芳烃	PAHs		分子式	分子量	苯环数	结构图
萘	NAP	Naphthalene	$C_{10}H_8$	128	2	
苊烯	ACL	Acenaphthylene	$C_{12}H_8$	152	3	

续表

多环芳烃	PAHs		分子式	分子量	苯环数	结构图
苊	ACE	Acenaphthene	$C_{12}H_{10}$	154	3	
芴	FLU	Fluorene	$C_{13}H_{10}$	166	3	
菲	PHE	Phenalene	$C_{14}H_{10}$	178	3	
蒽	ANT	Anthracene	$C_{14}H_{10}$	178	3	
荧蒽	FLA	Fluoranthene	$C_{16}H_{10}$	202	4	
芘	PYR	Pyrene	$C_{16}H_{10}$	202	4	

　　对这8种优控PAHs化合物进行定量分析，各单体化合物浓度的最大值、最小值、平均值和标准差等统计在表5-11中，主要以2环的萘、3环的芴和菲低环化合物为主，其他高环数化合物如苯并芘、苯并荧蒽等强致癌性化合物均在检测限之下。MP1、MP2和MP3剖面中，萘浓度的平均值分别为77.23ng/g、73.49ng/g和81.19ng/g；苊烯浓度的平均值分别为1.92ng/g、2.21ng/g和3.87ng/g；苊浓度的平均值分别为6.54ng/g、6.03ng/g和11.68ng/g；芴浓度的平均值分别为28.31ng/g、12.43ng/g和52.07ng/g；菲浓度的平均值分别为46.99ng/g、34.39ng/g和93.96ng/g；蒽浓度的平均值分别为5.48ng/g、5.52ng/g和13.96ng/g；荧蒽浓度的平均值分别为1.26ng/g、0.70ng/g和2.60ng/g；芘浓度的平均值分别为1.68ng/g、1.22ng/g和3.09ng/g。

表5-11　大兴安岭摩天岭雨养8种典型的PAHs的浓度统计　　　（单位：ng/g）

PAHs	最小值			最大值			平均值[a]			标准差		
	MP1	MP2	MP3	MP1	MP2	MP3	MP1	MP2	MP3	MP1	MP2	MP3
萘	22.62	0	—[b]	158.33	133.07	178.08	77.23	73.49	81.19	39.27	37.99	53.19
苊烯	0.39	0	1.34	6.52	5.86	7.61	1.92	2.21	3.87	1.33	1.51	1.50
苊	—	0	5.16	17.64	16.30	21.17	6.54	6.03	11.68	4.73	5.10	4.87
芴	—	—	9.84	95.08	89.55	95.23	28.31	12.43	52.07	30.32	22.62	20.87
菲	—	—	24.52	194.29	204.56	167.07	46.99	34.39	93.96	56.92	56.69	39.70
蒽	—	—	2.58	23.39	33.74	30.53	5.48	5.52	13.96	6.29	8.39	6.82
荧蒽	—	—	0.19	7.27	7.14	9.14	1.26	0.70	2.60	2.06	1.54	2.13
芘	—	—	0.45	5.86	6.15	8.54	1.68	1.22	3.09	2.02	2.07	1.78
Σ	23.52	0	85.34	463.22	462.87	449.59	169.43	135.98	262.43	111.50	119.50	98.31

注：a. MP1：$n=37$；MP2：$n=35$；MP3：$n=39$；b. 低于检测限。

将这8种优控PAHs化合物含量相加，可以得到PAHs的总量。MP1剖面中PAHs总量的平均值为169.43ng/g；MP2剖面中PAHs总量的平均值为135.98ng/g；MP3剖面中PAHs总量的平均值为262.43ng/g。各个组分化合物占PAHs总量的百分比如图5-19所示。MP1剖面中，萘占总量的45.59%，菲占总量的27.74%，芴占总量的16.71%；MP2剖面中，萘占总量的54.04%，菲占总量的25.29%，芴占总量的9.14%；MP3剖面中，萘占总量的30.93%，菲占总量的35.81%，芴占总量的19.84%。

2. 不同地区PAHs含量比较

大兴安岭摩天岭雨养泥炭沼泽中PAHs含量为0.14~0.26μg/g。在全球背景下比较泥炭地中PAHs的浓度（表5-12），可以发现：本研究结果比史彩奎等（2007）在同一区域的同一种实验方法所得的结果要小，其原因估计是测试深度不同，本研究所做的剖面更深，而史彩奎等（2007，2008b）所做的是表层泥炭样品，具有比本研究结果更大的PAHs值，正好说明了我国东北区域PAHs富集，受到了人类活动产生的污染物的污染和影响。本研究结果与在南岭北坡大灰藓（*Hypnum plumaeforme*）报道的PAHs浓度（0.31~1.34μg/g）（Liu et al.，2005）、在瑞士西南部泥炭地报道的PAHs浓度（0.13~2.85μg/g）（Berset et al.，2001）、在波兰东北部泥炭地报道的PAHs值（0.07~0.44μg/g）（Malawska et al.，2002）是可比较的。

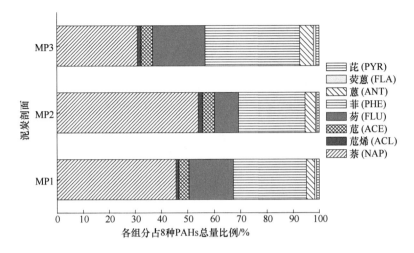

图 5-19　大兴安岭摩天岭雨养泥炭中 8 种优控 PAHs 化合物占其总量的比例

表 5-12　全球泥炭沼泽中 PAHs 含量比较

区域	泥炭层深度/cm	PAHs 含量/(μg/g)	参考文献
中国大兴安岭摩天岭泥炭	0～65	0.14～0.26	本书
中国大兴安岭摩天岭泥炭	0～14	1.87	史彩奎等，2007
中国长白山圆池泥炭	0～5	1.40～1.94	史彩奎等，2008b
中国南部南岭泥炭	表层大灰藓	0.31～1.34	Liu et al.，2005
瑞士西南部泥炭	0～102	0.13～2.85	Berset et al.，2001
波兰东北部泥炭	0～500	0.07～0.44	Malawska et al.，2002

3. 8 种典型 PAHs 化合物及总量变化特征

对萘、苊烯、苊、芴、菲、蒽、荧蒽和芘进行剖面作图分析，以探讨其随时间推移的变换规律。萘、芴和菲是主要组成化合物，它们都表现出随剖面深度上升而增大的趋势（图 5-20）。这种变化趋势更明显地反映在 PAHs 总量剖面图上（图 5-21）。其原因主要在于过去 50 年来，我国东北地区经济快速发展，尤其是重工业的大规模建设，大量燃料燃烧排放的污染物对大气环境造成日益严重的污染，而这些污染物质随大气传输到偏远的地区并沉降在该地区，像大兴安岭摩天岭泥炭地区。所以，本研究结果初步揭示出这一区域的环境污染历史情况。

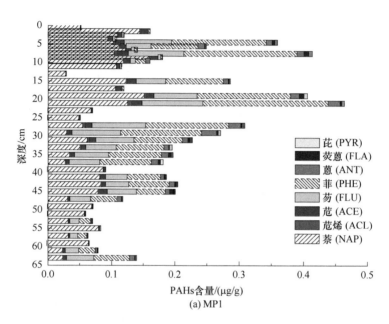

(a) MP1

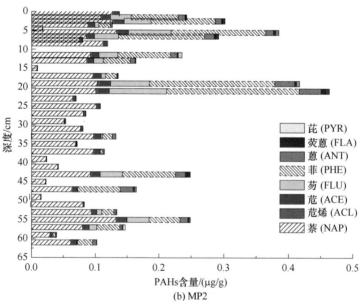

(b) MP2

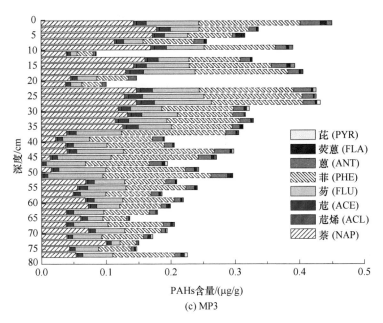

(c) MP3

图 5-20　大兴安岭摩天岭雨养泥炭 8 种优控 PAHs 含量随深度的变化特征

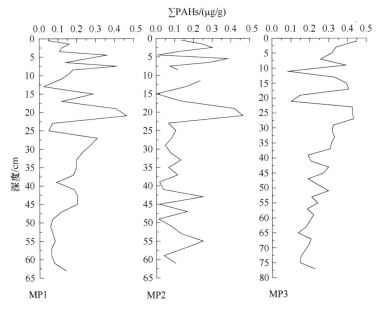

图 5-21　大兴安岭摩天岭雨养泥炭 PAHs 总量随深度的变化特征（MP2 剖面 9～10cm 和 10～11cm 缺失值）

5.6.2　多氯联苯（PCBs）污染历史

大兴安岭摩天岭雨养泥炭3个剖面中PCBs总量的最值和平均值统计在表5-13中。MP1剖面中PCBs的平均含量是10.07ng/g，MP2剖面中PCBs的平均含量是23.94ng/g，MP3剖面中PCBs的平均含量是23.72ng/g。

表5-13　大兴安岭摩天岭雨养泥炭剖面中PCBs含量统计　　　　（单位：ng/g）

剖面	样品数量	最小值	最大值	平均值	标准差
MP1	37	0	29.51	10.07	8.34
MP2	38	2.25	68.09	23.94	16.47
MP3	39	2.79	74.69	23.72	17.47

大兴安岭摩天岭雨养泥炭中PCBs总量的剖面变化如图5-22所示。3个剖面总体表现为随着深度的上升，PCBs总量呈先增大，再减小，然后又增大的趋势。对于MP1剖面，从底层到45cm处，PCBs总量逐渐增大，45cm层次的PCBs含量为30ng/g；由45~33cm，PCBs含量又逐渐减小，33cm处的PCBs含量为3ng/g；从33cm到泥炭表层，PCBs表现出逐渐富集的现象。对于MP2剖面，从底层到43cm层段，PCBs含量逐渐增大，43cm处高达68ng/g；43~20cm层段，PCBs具有明显的减小趋势，而从20cm到泥炭表层，PCBs的富集特征十分明显。对于MP3剖面，从底层到60cm处，PCBs含量逐渐增大，60cm处高达51ng/g；60~45cm层段，PCBs含量有减少趋势，45cm处PCBs含量为7ng/g；而从45cm到泥炭表层，PCBs含量逐渐富集增大。

3个剖面表层约20cm以上，20世纪60年代以来，PCBs含量较高，而且有逐渐增大的趋势，说明这一时期人类活动释放的有机污染物质明显增大，究其原因在于近现代以来东北工业基地快速发展，人类活动对环境的影响有所加剧。作为老重工业基地，东北地区拥有发达的钢铁、电力、汽车、铁路运输业等行业，如黑龙江省的大庆油田、鸡西煤矿、鹤岗煤矿，辽宁省的鞍山煤矿、本溪煤矿，内蒙古东部的霍林河煤矿等，这些企业主要以煤和石油为主要燃料。中华人民共和国成立以来尤其是改革开放的30年来，在大幅提高经济利益的同时，煤、石油等燃料消耗量也大幅度提高，向大气排放的PCBs量也随之增加，经过大气搬运而迁移，最后沉降在偏远的地区。因此，反过来就是说，摩天岭泥炭中PCBs的含量及其变化说明了东北地区的环境污染历史趋势，表层增加特征说明了人们过于追求经济利益而导致环境污染有加剧的趋势。

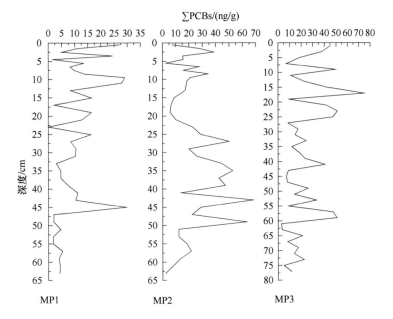

图 5-22　大兴安岭摩天岭雨养泥炭 PCBs 总量随深度变化曲线

第 6 章

泥炭沼泽碳累积及其变化

6.1 长白山泥炭沼泽近现代碳累积

长白山区生态系统对当前气候变暖具有较高的敏感性，是进行气候变化脆弱性生态系统科学研究的重要区域（Buchler et al., 2004）。由于冷湿的气候条件和地理条件，长白山发育有大量泥炭资源。泥炭沼泽生态系统是长白山生态系统的重要组成部分，但是与森林等其他生态系统相比，受到的关注程度较低。长白山地采集的泥炭沼泽剖面具体信息详见第2章内容（表2-1）。本书中，沿着海拔梯度，分别选取了薹草-藓类泥炭沼泽、灌木-藓类泥炭沼泽和草本泥炭沼泽3类：薹草-藓类沼泽包括赤池（Ch-2）、圆池（1）（Yc-1）、圆池（2）（Yc-2）、圆池（3）（Yc-3）4个剖面；灌木-藓类沼泽包括圆池（4）（Yc-4）和锦北（Jb）2个剖面；草本沼泽包括金川（Jc）和哈尔巴岭（Ha）2个剖面。

6.1.1 含水量、干容重、灰分及有机碳

长白山泥炭含水量和干容重含量及其变化如图6-1所示。这些泥炭柱心的含水量为47%～95%。对于Ch-2、Yc-2、Yc-3、Yc-4、Ha和Jb剖面，含水量在泥炭表层最大，随着深度的下降而逐渐减小；对于Yc-1和Jc泥炭剖面，含水量则表现出相反的变化趋势，沿着剖面向下逐渐增大。干容重的变化范围是0.036～0.684g/cm³。对于Ch-2、Yc-2、Yc-3、Yc-4、Ha和Jb剖面，干容重随着深度的下降而逐渐增大，而Yc-1和Jc泥炭剖面的干容重则是表现出相反的变化趋势，沿着剖面向下逐渐减小。

长白山泥炭灰分含量和有机碳含量及其变化如图6-2所示。这些剖面的泥炭灰分含量变化范围是18%～59%。除了Yc-1和Jc剖面外，其他剖面的灰分含量

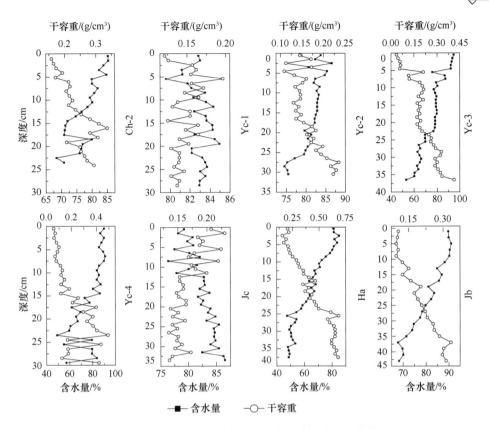

图6-1 长白山泥炭含水量和干容重随深度的变化特征

都是随着深度的下降而逐渐增大，到底层时灰分含量最大。根据烧失量（LOI）计算出来的泥炭有机碳含量变化范围是10%～50%。Yc-1拥有最高的有机碳值，均值为40.5%，其他为赤池（均值为26.0%）、Yc-2（均值为31.9%）、Yc-3（均值为28.9%）、Yc-4（均值为28.9%）、Ha（均值为20.3%）、Jc（均值为32.5%）和Jb（均值为38.0%）。对于CH-2、Ha和Jb剖面，有机碳含量自剖面表层到底层，逐渐减小；对于Yc-1和Jc剖面，有机碳含量则沿着剖面向下逐渐增加；其他泥炭剖面的有机碳含量沿着剖面深度逐步增加至12～17cm层段，然后随着深度的增加而逐渐减小。

6.1.2 近现代碳累积速率

1. 近现代碳累积速率计算与统计

根据^{210}Pb技术和恒定输入通量模型（CRS）建立了泥炭剖面的年代框架，得

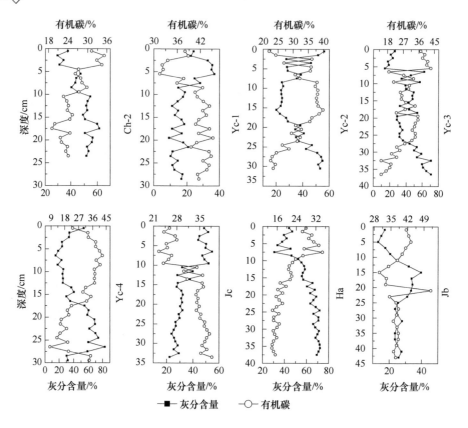

图 6-2　长白山泥炭灰分含量和有机碳含量的深度剖面变化

到深度 Z（cm）处的年龄 T（年），然后结合干容重和有机碳数据，根据式（6-1）计算近现代碳累积速率［RERCA，g C/（m² · a）］：

$$RERCA = Z/T \times DBD \times TOC \times 100 \tag{6-1}$$

式中，T 为深度 Z（cm）处的年龄（年）；DBD 为干容重（g/cm³）；TOC 为有机碳百分含量（%）；100 为单位转换系数。

　　计算出来的长白山泥炭 RERCA 的变化范围、均值水平等列在表 6-1 中。其中，哈尔巴岭泥炭剖面 RERCA 最大，为（292.8±176.8）g C /（m² · a）；圆池（4）泥炭剖面 RERCA 最小，为（124.2±102.5）g C/（m² · a）。基于这些泥炭剖面的碳累积数据，估算出长白山泥炭近现代碳累积速率为 124.2~292.8g C/（m² · a），平均值为（199.6±60.9）g C/（m² · a）。

表6-1 长白山泥炭近现代碳累积速率最值和平均值、标准差统计 ［单位：g C/（m² · a）］

剖面	样品数量	最大值	最小值	平均值	标准差
赤池	24	1049.2	111.4	269.7	260.3
圆池（1）	29	225.7	83.9	134.1	43.5
圆池（2）	31	1286.6	57.4	168.2	211.9
圆池（3）	37	534.4	56.7	186.3	110.8
圆池（4）	30	474.8	27.2	124.2	102.5
锦北	22	872.9	123.7	233.5	159.7
金川	34	649.9	98.9	187.7	110.3
哈尔巴岭	38	1016.1	126.9	292.8	176.8

2. 长白山泥炭RERCA与其他研究比较

当前对温室气体排放和全球碳平衡的关注极大地促进了全球环境和气候变化研究，并积累了大量的数据和资料，这确保了本研究结果与其他地区的相关研究进行比较（表6-2）。Craft 和 Richardson（1993）在美国大沼泽地国家公园沼泽地使用[137]Cs定年方法，测算得到百年来碳累积速率为94～161g C/（m² · a）；Tolonen 和 Turunen（1996）在芬兰泥炭地进行相关研究，使用松树根记录（pine method）重建近现代年代，估算的碳累积速率为11.8～290.3g C/（m² · a）；Turunen 等（2004）在加拿大东部雨养泥炭通过[210]Pb定年进行的沉积研究表明，RERCA 为40～117g C/（m² · a）。本研究结果与这些研究相比，是具有可比性的，没有数量级的差异。同时，也说明了[210]Pb定年技术比较适合进行泥炭沼泽的年代确定，进而推算近现代碳累积速率。长白山泥炭沼泽缺乏泥炭沉积和碳累积等基础数据，因而我们报道的RERCA数据对研究长白山泥炭对气候变化的响应具有重要意义。

表6-2 长白山泥炭近现代碳累积与其他地区研究比较

区域	RERCA/［g C/（m² · a）］		定年方法	参考文献
中国长白山泥炭（n=8）	124.2～292.8	199.6 ± 60.9	[210]Pb	本书
美国大沼泽地国家公园	94.0～161.0		[137]Cs	Craft and Richardson, 1993
芬兰泥炭地	11.8～290.3		松树根记录	Tolonen and Turunen, 1996
加拿大东部泥炭	40.0～117.0		[210]Pb	Turunen et al., 2004

3. 长白山泥炭 RERCA 时间变化特征

如图 6-3 所示，长白山泥炭 RERCA 的时间变化表现出增加的趋势。这种变化特征与泥炭有机碳含量和水分含量变化趋势是一致的，与泥炭矿物灰分含量的变化趋势相反。此外，RERCA 的增加趋势在最近 20 年间比泥炭形成初期表现得更为突出，这说明长白山泥炭沼泽生态系统还比较年轻，处于泥炭发育阶段，具有较大的固碳潜力，需要加强泥炭生态系统的保护，防止人为破坏致其退化。

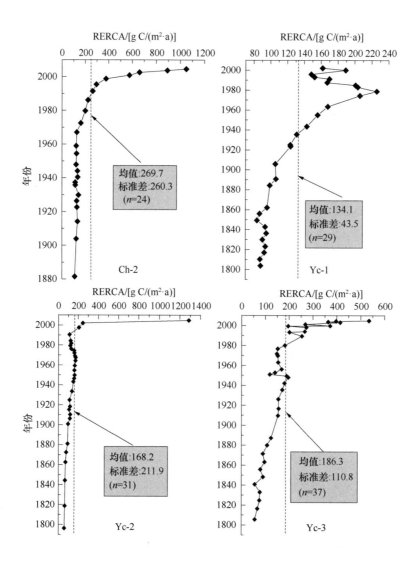

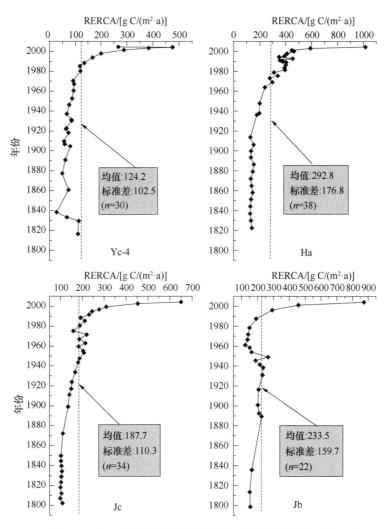

图 6-3　长白山泥炭近现代碳累积速率随时间变化的变化曲线

　　这些泥炭剖面采自不同的海拔、处于不同的地形地貌之下、发育有不同的植被类型，也代表着不同的泥炭类型，它们的基本理化指数反映了这些不同剖面的泥炭属性的差异（图6-1和图6-2）。因此，泥炭属性的空间差异性和人类活动对泥炭沼泽现代沉积过程的影响导致了在各个泥炭剖面之间，RERCA及其时间变化特征均存在一定的差异。我们需要进一步探讨区域或全球尺度上的泥炭的时空差异性对碳累积速率的影响，这也是当前全球泥炭地碳储量估算存在较大差异和多种版本的原因。

6.1.3　长白山泥炭沼泽近200年碳累积

根据前面给出的近现代碳累积速率（RERCA），通过将RERCA乘以累积时间，可以估算出长白山泥炭过去200年的碳储量为38.5～52.1kg C/m²。Gorham（1991）报道称全球泥炭地面积约为5×10⁶km²；另有报道说全球总碳库为（150～540）×10⁹t（Otieno et al., 2009; Turunen et al., 2002）。因此，全球平均的单位面积的碳储量可以计算为30～108kg C/m²。长白山泥炭近现代碳累积通量在此范围之内（表6-3）。Zhang等（2008）也在东北地区的三江平原淡水沼泽进行了相关研究，通过碳密度方法估算出碳储量为14.4～105.1kg C/m²，本书研究结果与其也是可比较的。可以说，本书研究为长白山泥炭碳通量研究提供了基本的数据支持。

表6-3　长白山泥炭近200年碳储量与其他地区研究比较

区域	碳库/（kg C/m²）	参考文献
中国长白山泥炭	38.5～52.1	本书
全球泥炭地	30～108	Gorham, 1991; Otieno et al., 2009; Turunen et al., 2002
中国三江平原温带淡水沼泽	14.4～105.1	Zhang et al., 2008
厄瓜多尔安地斯山地泥炭沼泽	140	Chimner and Karberg, 2008
美国俄亥俄州温带湿地	14.2～21.1	Bernal and Mitsch, 2008
哥斯达黎加热带湿地	6.8～15.3	Bernal and Mitsch, 2008

然而，本书研究结果也与其他研究存在差异，如厄瓜多尔安地斯山地泥炭沼泽的碳储量为140kg C/m²（Chimner and Karberg, 2008），本书研究结果比这个小。美国俄亥俄州温带湿地的碳库为14.2～21.1kg C/m²，哥斯达黎加热带湿地的碳库为6.8～15.3kg C/m²（Bernal and Mitsch, 2008），本书研究结果又比这些值大。这些比较说明了不同的泥炭地类型所储层的碳量也是有差异的，有机质含量高的泥炭地比矿化度高的沼泽湿地具有更大的固碳潜力。

6.2　大兴安岭泥炭沼泽近现代碳累积研究

6.2.1　泥炭剖面有机碳含量及变化

泥炭的有机质含量较高，一般通过在550℃马弗炉里燃烧12h至泥炭完全灰化的方法测定，其烧失量为有机质含量，将有机质含量乘以50%，可以估算出有机碳含量（Bao et al.，2010b；Craft and Richardson，1993）。大兴安岭摩天岭3个泥炭剖面有机碳含量估算值变化如图6-4所示。MP1、MP2和MP3剖面有机碳含量平均值分别为39.08%、43.75%和38.05%（表6-4）。由剖面底层到泥炭表层，有机碳含量具有明显的增大趋势。MP1剖面在约45cm以下，MP2剖面在约60cm以下，MP3剖面在约65cm以下，有机碳含量减小到30%以下，因而，这些层段已经不算雨养泥炭层了，而是受到了矿物土壤的影响。这与其他理化指标分析所指示的这3个剖面可分为雨养泥炭和矿养泥炭两个层段是一致的。

表6-4 大兴安岭摩天岭3个泥炭剖面通过烧失量估算和元素分析仪获得的有机碳含量和近现代碳累积速率比较

剖面	数量	烧失量估算		元素分析仪测试	
		有机碳量/%	RERCA/[g C/(m² · a)]	有机碳量/%	RERCA/[g C/(m² · a)]
MP1	37	39.08	218.20	33.16	185.23
MP2	38	43.75	329.63	34.88	259.31
MP3	39	38.05	192.81	32.76	166.64

为了验证通过烧失量估算有机碳含量的准确性，我们还用元素分析仪（FlashEA1112，Thermofinnigan，Italy）测定了总有机碳，测试方法见第2章。因本研究供试样品碳酸盐含量非常低，所以总碳即为有机碳含量。参考样品的分析结果如表6-5所示，使用单一样本T检验，在0.05的水平上，P值为0.942，大于0.05，因此测量均值与参考值没有显著性差异。大兴安岭摩天岭3个泥炭剖面通过元素分析仪测试的有机碳含量变化如图6-4所示，其变化趋势表现为剖面底层较小，到泥炭表层有机碳含量明显增大。

表6-5 参考样品（国家土壤成分分析标准物质——暗棕壤：GBW07401，GSS-1）的碳元素分析结果比较

序号	测量值/%	序号	测量值/%	参考值/%	单一样本T检验
					P值（显著性水平为0.05）
1	2.0925	7	2.1202		
2	2.1231	8	2.1175		
3	2.0994	9	2.1000		
4	2.1479	10	2.0852		
5	2.1291	11	2.0905		
6	2.1094				
平均值	2.1104±0.0190			2.11	0.942

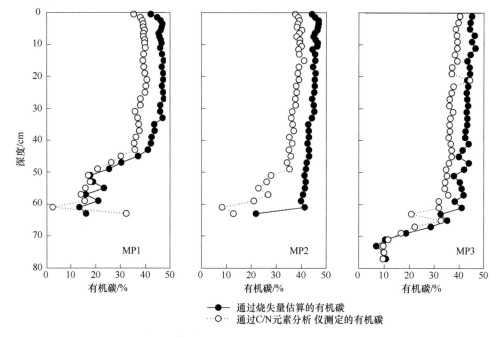

图 6-4　大兴安岭摩天岭泥炭剖面有机碳含量随深度的变化

　　大兴安岭摩天岭雨养泥炭MP1剖面，通过元素分析仪获得的有机碳含量平均为33.16%，MP2剖面有机碳含量平均为34.88%，MP3剖面有机碳含量平均为32.76%。它们与通过烧失量估算的有机碳含量的比较如表6-4所示。根据烧失量估算摩天岭泥炭碳含量为38.05%~43.75%，元素分析仪获得的碳含量比烧失量估算的碳含量要小，因此通过有机质烧失量估算有机碳的方法有可能高估了有机碳含量。

6.2.2　近现代碳累积速率

　　根据沉积年代、干容重及有机碳含量，就可以计算出近现代碳累积速率，计算方法如前所述。大兴安岭摩天岭3个泥炭剖面的近现代碳累积速率变化趋势如图6-5所示。对于MP1和MP2剖面，近现代碳累积速率首先是逐步增加至20世纪50年代，然后又逐渐减小；对于MP3剖面，近现代碳累积速率则随着时间推移逐渐增大，表层具有最大值。这种变化之间的差异性比较明显，需要进一步进行探讨。图6-5中还显示了由烧失量估算和分析仪测试获得的两种现代碳累积速率变化趋势是比较一致的。

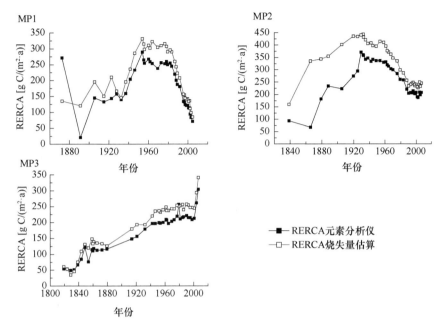

图 6-5　大兴安岭摩天岭雨养泥炭近现代碳累积速率随时间变化

大兴安岭摩天岭3个雨养泥炭剖面通过烧失量估算和元素分析仪获得的近现代碳累积速率比较如表6-4所示。根据元素分析仪所获得的摩天岭泥炭的近现代碳累积速率为166.64～259.31g C/（m²·a），而据烧失量估算获得的摩天岭泥炭近现代碳累积速率为192.81～329.63g C/（m²·a），因此前者也是小于后者。这与两种方法获得的有机碳含量之间的比较结果是一致的。

 **6.3** 三江平原淡水沼泽碳累积研究

6.3.1　数据收集及样品测试

1. 采样剖面概述

三江平原区域发育有大面积湿地生态系统，2005年湿地总面积为0.9×10⁶hm²（宋开山等，2008）。总体来讲，淡水莎草沼泽（*Carex* spp.）是三江平原湿地的主要类型。60%以上的湿地土壤为潜育沼泽，它们主要分布在靠近河流的冲积平原，其他区域主要是泥炭沼泽，包括古河道区域和浸满水的低洼

地带（Richardson and Ho，2003）。有报道称，三江平原湿地中草本泥炭地占
20%，腐殖化沼泽占43%，沼泽化草甸占37%（Zhang et al.，2008）。本研究
中，对这三类湿地都进行了代表性采样，共收集15个沉积剖面，地理区位如
图6-6所示，采样点的名称、面积、泥炭发育平均深度、主要植被等在表6-6中
有详细描述。其中，兴凯湖北岸（NXL）、密山县杨木乡（YMC）、勃利县杏
树村（XBC）、宝清县东升乡（DBC）、桦川县申家店村（SHC）、宝清县853
农场（FBC）、别拉洪河北大湾（BBR）、同江县勤得利农场（QTC）、抚远县
创业村（CFC）和乌拉嘎河上游（UWR）共10个剖面是在1983~1985年三江

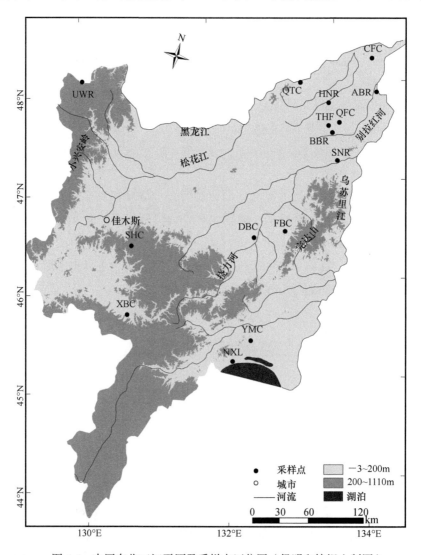

图6-6　中国东北三江平原及采样点区位图（侯明和鲍锟山制图）

平原泥炭资料调查中采集的。洪河国家级自然保护区（HNR）、挠力河二道桥（SNR）、别拉洪河古河道（ABR）、洪河农场第三实验区（THF）和抚远县前锋农场（QFC）5个短剖面于2007年采集。

表6-6 东北三江平原温带淡水沼泽采样点详细信息

采样区	柱心名称	面积/hm²	平均深度/m	主要植被
草本泥炭				
兴凯湖北岸	NXL	40†	1.50†	*Carex pseudocuraica*, *Glyceria acutiflora*, *Ottelia alismoides*†
密山县杨木乡	YMC	50‡	1.00‡	*Deyeuxia angustifolia*, *Salix bracgyboda*‡
勃利县杏树村	XBC	300‡	0.66‡	*Carex lasiocarpa*, *Glyceria acutiflora*, *Equisetum fluviatile*‡
宝清县东升乡	DBC	1880‡	0.62‡	*Deyeuxia angustifolia*, *Carex lasiocarpa*‡
桦川县申家店村	SHC	106‡	1.15‡	*Carex* species, *Deyeuxia angustifolia*‡
宝清县853农场	FBC	560‡	0.86‡	*Phragmites australis*, *Carex lasiocarpa*, *Iris tectorum*‡
别拉洪河北大湾	BBR	11575‡	0.98‡	*Carex lasiocarpa*, *Carex appendiculata*, *Phragmites australis*‡
同江县勤得利农场	QTC	11200‡	1.90‡	*Carex meyeriana*, *Carex pseudocuraica*, *Typha orientalis* ‡
抚远县创业村	CFC	9000‡	0.75‡	*Carex* species, *Deyeuxia angustifolia*, *Betula platyphyla*‡
乌拉嘎河上游	UWR	235‡	0.45	*Carex meyeriana*, *Carex lasiocarpa*, *Vaccinium uliginosum*, *Sphagnum*‡
洪河国家级自然保护区	HNR	30§¶	0.60§	*Deyeuxia angustifolia*, *Carex lasiocarpa*, *Carex pseudocuraica*§
腐殖质沼泽				
挠力河二道桥	SNR	25§¶	0.90§	*Carex* species, *Deyeuxia angustifolia*§
别拉洪河古河道	ABR	20§¶	0.90§	*Carex* species, *Deyeuxia angustifolia*§
沼泽化草甸				
洪河农场第三实验区	THF	20§	0.50§	*Deyeuxia angustifolia*, *Carex lasiocarpa*§
抚远县前锋农场	QFC	15§	0.50§	*Deyeuxia angustifolia*, *Carex* species§

注：†. 张淑芹等，2004a；

‡. 牛焕光，1986；赵魁义等，1999；

§. Wang et al., 2006a；

¶. 数据代表采样点湿地类型的斑块面积。

2. 数据收集与整理

通过整理、收集沉积物有机质的数据（叶永英等，1983；牛焕光，1986；

夏玉梅，1988；夏玉梅和汪佩芳，2000；张淑芹等，2004a，2004b），将其乘以50%估算出有机碳含量。对于XBC、SHC、FBC、BBR、QTC、CFC和UWR，干容重数据来自于牛焕光（1986）。对于NXL、YMC和DBC，使用Zhang等（2008）报道的50～75cm以上层段干容重平均值为替代数据。有机碳含量使用重铬酸钾氧化法测得，干容重通过将一定体积的样品放在105℃下烘干12h后称重测得。

三江平原湿地15个剖面的干容重和有机碳含量均值如图6-7所示。干容重以BBR剖面最小，为0.15g/cm³；以THF剖面最大，为0.78g/cm³；平均为（0.34±0.05）g/cm³。不同湿地类型之间干容重表现不一样，沼泽化草甸具有最大的干容重，腐殖质沼泽次之，草本泥炭地最小。对于有机碳含量，草本泥炭地的均值最大，为29.49%±1.87%，腐殖质沼泽次之，为12.48%±3.30%，而沼泽化草甸最小，为7.47%±5.14%。

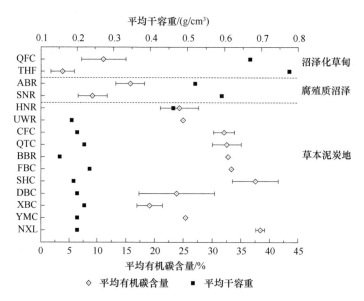

图6-7 东北三江平原湿地15个剖面沉积物平均有机碳含量和平均干容重

NXL、YMC、XBC、DBC、SHC、FBC、BBR、QTC、CFC和UWR的有机碳含量是将有机质数据（牛焕光，1986）乘以50%估算的。XBC、SHC、FBC、BBR、QTC、CFC和UWR的干容重数据来源于牛焕光（1986），NXL、YMC和DBC干容重是以上层50～75cm层的均值为替代数据（Zhang et al.，2008）

6.3.2 长期碳累积速率

不论是长期碳累积速率（LORCA），还是近现代碳累积速率（RERCA），都是通过泥炭深度、干容重、有机碳含量及年代尺度计算的。RERCA的计算公式在6.1节就有具体介绍。二者的区别主要在于公式中的年代，LORCA需要使用剖面底层的^{14}C年代，而RERCA则使用对应泥炭层次的^{210}Pb年代。

三江平原湿地自泥炭形成以来长期碳累积速率根据平均有机碳含量和底层^{14}C年代估算而来（图6-8）。其中，NXL剖面具有最大的LORCA值，为（61±2）g C/（m^2·a）；SNR的LORCA值为（5±3）g C/（m^2·a），是均值最小的。根据这些剖面的数据，我们估算出：三江平原湿地中沼泽化草甸的长期碳累积速率为（8.5±3.2）g C/（m^2·a），腐殖化沼泽的长期碳累积速率为（4.7±0.3）g C/（m^2·a），草本泥炭地的长期碳累积速率为（28.2±6.1）g C/（m^2·a）。三江平原湿地的长期碳累积速率可以确定为5~61g C/（m^2·a），平均值为（22±5）g C/（m^2·a）。

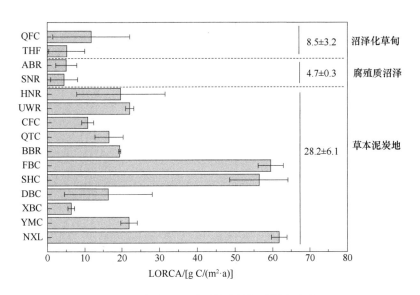

图6-8　东北三江平原湿地长期碳累积速率

三江平原沼泽是典型的温带湿地，因此先将它与其他温带地区的湿地的碳累积情况进行比较（表6-7）。全球温带湿地的碳累积报道比较有限，Armentano和Menges（1986）及Bridgham等（2006）对美国大陆的泥炭地长期碳累积速率进行了研究，结果与本研究比较具有可比性。另外，北方和亚北极地区分布有大量泥炭地，而且全球相关研究比较多；在热带地区也有泥炭地碳累积研究报道，因而将本研究与这些地区的湿地研究进行了比较。我们发现，不同地区的湿地长期碳累积速率没有数量级上的悬殊，但是依然存在一些差异，这主要是因为不同地区的气候条件影响着有机质积累，还因为不同研究人员在估算碳累积速率时使用的方法之间也存在差异。

表6-7 全球背景下湿地的长期碳累积速率比较

区域	LORCA/ [g C/(m² · a)]	定年方法	参考文献
温带湿地			
中国三江平原湿地	5~61(22±5†)	¹⁴C，AMS¹⁴C	本研究
美国北部泥炭地	48‡	¹⁴C	Armentano and Menges, 1986
美国本土泥炭地	71‡	¹⁴C, pollen	Bridgham et al., 2006
北方和亚北极泥炭地			
芬兰泥炭地	2.8~88.6	¹⁴C, pollen	Tolonen and Turunen, 1996
加拿大西部泥炭地	19.4	¹⁴C	Vitt et al., 2000
加拿大东部北方泥炭	4.9~67.5	AMS¹⁴C	Loisel and Garneau, 2010
西西伯利亚南泰加林	17.9~73.4	¹⁴C	Borren et al., 2004
西西伯利亚泥炭地	3.6~44.1	AMS¹⁴C	Beilman et al., 2009
热带湿地			
非洲东部布隆迪泥炭地	20~200	¹⁴C	Aucour et al., 1999
印度尼西亚加里曼丹岛泥炭地	56.2	¹⁴C	Page et al., 2004
厄瓜多尔安地斯山地泥炭沼泽	46	AMS¹⁴C	Chimner and Karberg, 2008

注：†.均值±标准误；

‡.根据以前的年代资料估算沼泽而来。

6.3.3 近现代碳累积速率

运用²¹⁰Pb定年计算就可以计算近现代碳累积速率（RERCA），见表6-8。别拉洪河古河道剖面（ABR）具有最大值，为384±93g C/(m² · a)，前锋农场QFC剖面具有最小的RERCA，为（170±63）g C/(m² · a)。用这5个剖面代表三江平原的3种湿地类型的话，三江平原湿地的近现代碳累积速率变化范围是170~384g C/(m² · a)，平均值为（264±45）g C/(m² · a)。

表6-8 东北三江平原沼泽湿地5个剖面²¹⁰Pb年代和近现代碳累积速率

湿地类型	柱心	泥炭层 /cm	有机碳 /%†	深度 /cm	干容重 /(g/cm³)	²¹⁰Pb年代 /(a BP)	RERCA / [g C/(m² · a)]
草本泥炭地	HNR	0~5	28.52	4~6	0.099	3.49	606.46
		5~10	29.48	8~10	0.103	8.03	420.53
		10~15	34.59	14~16	0.131	15.37	419.29
		15~20	29.18	18~20	0.204	18.76	391.56
		20~25	22.96	24~26	0.344	22.98	412.94
		25~30	16.09	28~30	0.366	28.38	327.36
		30~35	9.51	34~36	0.834	42.43	222.82
		35~48	9.51‡	46~48	1.310	227.42	92.66
							361±53§

续表

湿地类型	柱心	泥炭层/cm	有机碳/%†	深度/cm	干容重/(g/cm³)	²¹⁰Pb年代/(a BP)	RERCA/[g C/(m²·a)]
腐殖质沼泽	SNR	0～5	13.88	4～5	0.245	3.69	457.82
		5～10	15.89	9～10	0.281	14.45	323.57
		10～15	14.82	14～15	0.395	29.97	226.49
		15～20	5.73	19～20	0.831	61.07	72.51
		20～25	2.82	24～25	0.983	194.54	19.89
							220±80§
	ABR	0～5	16.83	4～5	0.252	3.90	608.35
		5～10	24.79	9～10	0.258	9.98	636.77
		10～15	22.78	14～15	0.263	19.39	461.48
		15～20	18.03	19～20	0.517	31.81	340.57
		20～25	11.08	24～25	0.846	51.66	197.59
		25～30	9.41	29～30	0.789	200.91	61.50
							384±93§
沼泽化草甸	THF	0～5	13.20	4～5	0.279	2.81	756.68
		5～10	6.25	9～10	0.374	9.07	251.82
		10～15	0.77	14～15	0.513	17.39	27.93
		15～20	1.49	19～20	0.912	27.78	57.18
		20～25	0.72	24～25	1.467	44.87	27.35
		25～32	0.59	31～32	0.888	196.94	7.44
							188±119§
	QFC	0～5	13.53	4～5	0.259	4.40	407.02
		5～10	23.16	9～10	0.075	18.09	250.92
		10～15	26.54	14～15	0.234	34.79	239.37
		15～20	7.97	19～20	0.992	67.25	76.36
		20～25	2.03	24～25	1.158	99.37	24.06
		25～30	2.29	29～30	1.372	170.82	22.51
							170±63§

注：†.泥炭有机碳含量按照5cm切割、测试；

‡.该剖面35cm以下的样品有机碳含量没有测试，使用30～35cm层段的有机碳数据替代；

§.平均值±标准误。

相关的短时间尺度的碳累积研究也为我们进行近现代碳累积速率比较提供了可能（表6-9）。本研究结果在百年时间尺度上与其他的研究结果很一致，能够对全球碳循环数据库起到一定的补充和完善作用。但是，由于本研究中短柱心只有5个，在代表三江平原日益扩大的腐殖质沼泽和沼泽化草甸类型的湿地时有一定的困难，因此，需要更多的高分辨率湿地柱心样品研究来优化这些评价。

表6-9　全球背景下湿地近现代碳累积比较

区域	RERCA/［g C/(m² · a)］	定年	参考文献
中国三江平原湿地	170~384，264±45†	^{210}Pb	本书
美国大沼泽地国家公园	94~161	^{137}Cs	Craft and Richardson，1993
芬兰泥炭地	11.8~290.3	松树根记录	Tolonen and Turunen，1996
加拿大东部泥炭地	40~117	^{210}Pb	Turunen et al.，2004
美国河边沼泽湿地	40~124	^{137}Cs	Loomis and Craft，2010
中国长白山泥炭	124.2~292.8	^{210}Pb	Bao et al.，2010b

注：†.均值±标准误。

6.3.4　三江平原碳储量估算

分别对三江平原的3类主要类型（沼泽化草甸、腐殖化沼泽和草本泥炭地）的湿地，计算了土壤碳密度、碳通量和总碳库大小（表6-10）。根据前面给出的长期碳累积速率平均值和三江平原沼泽平均发育年代（4000年），可以估算出：三江平原草本泥炭地过去4000年来单位面积碳累积量为113kg C/m²，腐殖化沼泽为19kg C/m²，沼泽化草甸则为25kg C/m²。根据2005年三江平原湿地面积及各类型湿地的面积比，进而估算不同类型的湿地的碳通量，草本泥炭地为0.05Tg C/a，腐殖化沼泽为0.02Tg C/a，沼泽化草甸为0.03Tg C/a。根据碳密度和各类型湿地面积，估算出三江平原湿地的碳储量分别是：草本泥炭地为0.21Pg C，腐殖化沼泽为0.07Pg C，沼泽化草甸为0.08Pg C。因此，三江平原湿地总碳库可以确定为0.36Pg C。

如表6-10所示，对三江平原湿地的碳密度和碳通量与其他国家和地区的湿地及全球湿地的相关研究进行了对比。本研究结果在全球泥炭地平均碳密度范围（30~108kg C/m²）之内。Beilman 等（2009）在西西伯利亚60°N的南部泥炭地进行相关研究，估算出该泥炭地的平均碳密度为42~88kg C/m²，本研究结果与此也是可比较的。Turunen 等（2002）研究了芬兰的泥炭地，指出芬兰的雨养泥炭地碳通量为0.12Tg C/a，矿养泥炭地为0.03Tg C/a，本研究结果同样与此一致，没有显著差异。Zhang 等（2008）通过碳密度方法估算了三江平原湿地的相关碳累积数据，指出三江平原草本泥炭地单位面积碳库为83kg C/m²，腐殖化沼泽为27kg C/m²，沼泽化草甸为17kg C/m²。本研究结果跟其相比，没有数量级差异，但是更具代表性，取样覆盖了更大的空间尺度。Zhang 等（2008）在计算碳密度过程中，使用了有机质层外加1m的淀积层的深度剖面，而他们得到的草本泥炭地和沼泽化草甸的碳密度比本研究结果还小，因此，他们的结果有低估的可能性。诚然，我们对腐殖质沼泽和沼泽化草甸的碳累积估算由于采样点的有限而存在一定的不确定性。因此，综合本研究和Zhang等（2008）的研究，使用我们报道的草本泥炭地的碳累积数据及他们的腐殖质沼泽和沼泽化草甸的碳累积数据，可以更好地评价三江平原湿地碳累积情况。

表6-10 东北三江平原湿地碳储量、碳密度、碳通量及其与相关研究的比较

区域	面积 /10^6hm²	平均深度/cm	平均累积年龄/年	碳密度 /（kg C/m²）	碳通量 /（Tg C/a）	碳库 /（Pg C）	参考文献
中国三江平原	0.90†					0.36	本书
草本泥炭地	0.18‡	140	4000	113	0.05	0.21	
腐殖化沼泽	0.39‡	34	4000	19	0.02	0.07	
沼泽化草甸	0.33‡	34	3000	25	0.03	0.08	
中国三江平原							Zhang et al., 2008
草本泥炭地		200§		83			
腐殖化沼泽		139§		27			
沼泽化草甸		120§		17			
芬兰泥炭地							Turunen et al., 2002
雨养泥炭地	0.43	143	3200		0.12		
矿养泥炭地	0.18	141	5000		0.03		
俄罗斯西西伯利亚泥炭地		29～231	2000	42～88			Beilman et al., 2009
全球泥炭地	500			30～108		150～540	Gorham, 1991；Otieno et al., 2009

注：†.该面积为2005年三江平原湿地面积数据（宋开山等，2008）；
‡.三类湿地百分比：草本泥炭地（20%），腐殖质沼泽（43%），沼泽化草甸（37%）（Zhang et al., 2008）；
§.该值是有机质层深度再加1m淀积层，相应地有机碳累积也是这两深度和的剖面的累积。

6.3.5 三江平原沼泽湿地可持续利用问题

研究获得三江平原湿地长期碳累积速率为（22±5）g C/（m²·a），总碳库为0.36Pg C，可见三江平原湿地在影响大气CO_2和CH_4浓度、调节区域气候变化方面具有重要作用。Song等（2009）于2002～2005年研究了三江平原自然湿地与大气之间CH_4交换过程，发现年CH_4通量是（39.40±6.99）g C/（m²·a）。如果我们计算的LORCA被定为当前的碳累积速率，那么三江平原湿地排放的碳量大于固定的碳量，是一个净排放量为18g C/（m²·a）的碳源，从这里看，可以说我们

的研究为Huang等（2010）的研究提供了支持，因为他们认为在三江平原把沼泽开发为农田可以减少温室效应。

　　然而，需要指出的是，当前三江平原湿地面临一个最大的生态问题，那就是农业开发导致的湿地退化（Zhang et al., 2010）。在农业增产的政策推动下，大量的沼泽地被开垦为农业用地，包括把山谷泥炭地开垦为旱地，在沿河沼泽地中修建水渠，将这些自然湿地破碎后开发为水田（图6-9）。湿地退化和沼泽生态系

（a）

（b）

图 6-9　东北三江平原湿地由于农业开发而大量损失

（a）申家店—山谷泥炭地被开垦为旱地，表层植被都被铲除；（b）前锋农场—自然沼泽湿地被转化为水田

统下的厌氧环境受到破坏后，有机质的分解速率将加强，从而导致更多的碳以分子形态排放到大气中（Song et al.，2009），或者以离子形态流入河流中（Song et al.，2011）。农业开发除了导致湿地碳库变化外，湿地生态系统的生物多样性、野生动物栖息地、储水防洪等生态服务功能都将受到严重破坏，这些损失是农业产量提高所无法弥补的。不幸的是，随着三江平原地区人口增长和经济发展的影响，对自然湿地的破坏和威胁将在今后较长时间内存在。如果政府不实行湿地保护的长期发展战略，三江平原湿地将会被过度地开发，从而遭受更为严重的退化，造成不可估量的损失。因此，我们需要采取切实可行的措施，积极保护和适度开发三江平原湿地，真正做到湿地生态系统的可持续发展。

第7章

东北泥炭沼泽环境变化记录的比较研究

7.1 长白山与大兴安岭泥炭降尘记录对比

7.1.1 磁化率

长白山赤池（Ch-1）、锦北（Jb）、大牛沟（Dng-2）、金川（Jc）、哈尔巴岭（Ha）5个剖面质量磁化率剖面分布表明在泥炭表层具有富集特征（图4-1）。大兴安岭摩天岭3个泥炭剖面的质量磁化率随剖面深度的变化也是在表层有增大的趋势（图4-20）。这种变化规律说明了磁性颗粒物在表层浓度较大，指示了外来土壤矿物的输入量在增大。因此，长白山与大兴安岭泥炭中磁化率的时间变化表现一致。

针对表层磁化率的富集特征，进一步比较两个地区的磁化率值的大小，其平均值及对应的深度如表7-1所示。长白山泥炭中表层的磁化率均值变化范围为（1.9~6.7）×10^{-8}m³/kg；大兴安岭摩天岭泥炭表层的磁化率平均为（8.3~13.2）×10^{-8}m³/kg。可以看出，长白山泥炭表层磁性颗粒物含量小于大兴安岭摩天岭泥炭表层的颗粒物含量。长白山和大兴安岭摩天岭都是终年盛行偏西风，长期受到来自蒙古国和我国干旱半干旱地区的风尘沉降的影响。因此，长白山和大兴安岭泥炭沼泽中磁化率指标揭示出源于蒙古国和我国北方沙漠和沙地的土壤尘埃经大气搬运到我国东北后，对东部长白山地区的影响要小于对西部大兴安岭的影响，这种影响随着与尘源区距离的增加而逐渐减小。

7.1.2 灰分粒度

将颗粒粒径>63μm的划分为砂级组分，4~63μm的划分为粉砂组分，< 4μm

表7-1 长白山与大兴安岭摩天岭泥炭表层磁化率均值比较

地点	剖面	深度/cm	磁化率平均值/(10^{-8}m^3/kg)
长白山	Ch-1	0～10	6.7
	Jb	0～8	2.1
	Dng-2	0～14	1.9
	Jc	0～6	2.5
	Ha	0～5	3.9
大兴安岭	MP1	0～10	8.3
	MP2	0～10	13.2
	MP3	0～12	10.3

的归为黏土组分。长白山大牛沟两个泥炭沉积剖面（Dng-1、Dng-3）沉积物粒度-深度分布如图4-2所示。沉积物中黏土颗粒和粉砂颗粒物占绝对优势，砂组分含量较少。长白山大牛沟泥炭中黏土含量为14.5%～24.6%，粉砂含量为60.5%～70.7%，砂含量为14.8%～14.9%。长白山圆池（Yc-1）和锦北（Jb）两个柱心的泥炭灰分粒度组成主要以粉砂颗粒为主，达到74%，而且在过去150年来随时间变化的变化较小；其次是黏土组分，占比约为15%；粗颗粒砂组分约占10%（图7-1）。黏土和砂组分都随时间推移发生了变化。对于Yc-1柱心，自20世纪70年代以来，黏土含量逐渐减小，而砂颗粒含量逐渐增大。对于Jb柱心，可以观察到砂组分在70年代和21世纪初均呈现峰值；自20世纪初至70年代和20世纪70年代末期至21世纪初，砂组分含量逐渐增大，黏土含量相应地逐渐减小。两个泥炭柱心的中值粒径的历史变化趋势与砂组分的变化态势一致。Yc-1柱心在19世纪初至20世纪70年代，中值粒径为（13.7±2.4）μm；Jb柱心在19世纪初至20世纪初，中值粒径保持较稳定，为（9.3±0.8）μm。大兴安岭摩天岭泥炭沼泽3个剖面粒度特征（图4-21）也说明泥炭灰分主要是由粉砂颗粒组成，其中，黏土含量为12.4%～22.1%，粉砂含量为64.6%～74.1%，砂组分含量为13.2%～14.2%。

长白山两个泥炭沉积剖面（Yc-1、Jb）沉积物中黏土颗粒和粉砂颗粒物占绝对优势，砂组分含量较少。它们的粒度分布进行聚类分析，能够划分出3类峰型，主要是单峰、多峰和偏峰模式（图7-2）。这些粒度分布特征与长白山地区哈尼泥炭和大牛沟泥炭及大兴安岭摩天岭泥炭记录一致，与长白山区大气降尘和哈尔滨市大气降尘监测数据也是吻合的。大兴安岭摩天岭泥炭灰分主要是由粉砂颗粒组成，还有砂颗粒组分和黏土组分（Bao et al., 2015a）。这些泥炭地中3种组分含量都大体相当，粒度组成比较一致。长白山Yc-1和Jb泥炭粒度中值粒径为9~14μm，与长白山哈尼泥炭〔(10.5±1.9)μm〕（Pratte et al., 2020）、长白山区大气降尘（12~17μm）（Li et al., 2017）和哈尔滨市大气降尘（约12.1μm）（何葵等，2009）比较一致。由于细悬浮颗粒物在风蚀作用下可以远距离传输（Lu et al., 2001），所以这些黏土-粉砂颗粒物组分主要源于风尘沉积，而且是来自相同的尘源区。

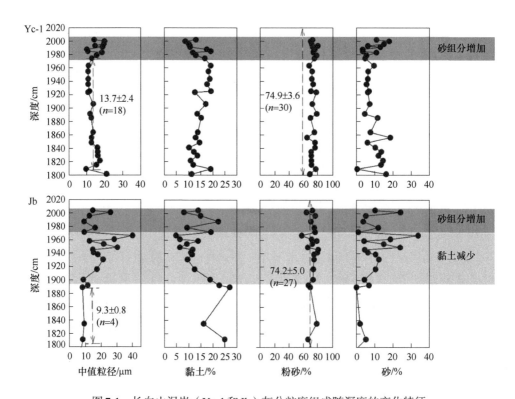

图7-1　长白山泥炭（Yc-1和Jb）灰分粒度组成随深度的变化特征

7.1.3　泥炭地壳元素

前人建立了中国源区粉尘的元素示踪系统，提出在中国沙漠大气中Al、Ca、Fe、Mg、Mn、Ti等元素源于沙漠粉尘，是可选择的示踪元素（张小曳等，1996b）。长白山和大兴安岭泥炭样品中上述地壳元素的浓度均值与中国北方干旱半干旱地区表层土壤和土壤气溶胶中这些元素含量的比较如表7-2所示。位

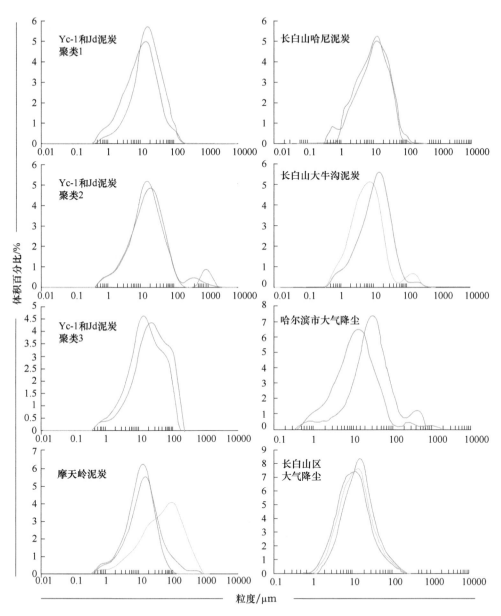

图 7-2　通过聚类分析划分的长白山泥炭（Yc-1 和 Jb）3 种粒度分布模式，及其与大兴安岭摩天岭泥炭（Bao et al., 2015）、长白山哈尼泥炭（Pratte et al., 2020）、长白山大牛沟泥炭（Bao et al., 2010）、长白山区大气降尘（Li et al., 2017）和哈尔滨市大气降尘（何葵等，2009）的粒度分布比较

于新疆维吾尔自治区的塔克拉玛干沙漠和位于内蒙古自治区与蒙古国南部的戈壁沙漠是亚洲尘暴的主要沙尘源区，大量沙尘被风扬起，然后随风迁移至下风向地区（Zhang et al., 2003a）。如图7-3所示，干冷的亚洲冬季风搬运的粉尘堆积形成了中国的黄土高原（Guo et al., 2002）。通过比较可以看出，长白山泥炭中这些元素含量与黄土中的含量一致；而在巴丹吉林沙漠、兰州市和北京市采集的气溶胶分析也显示，这些地壳来源元素含量与泥炭中的元素含量是可比较的，这说明泥炭中的矿物颗粒很可能也是受亚洲季风影响的大气降尘输入。已有研究表明：长白山地区的土壤在成土过程中受到了来自中国和蒙古国干旱半干旱地区对流层风尘的影响（Zhao et al., 1997）。长白山泥炭中小颗粒组分（<37μm）被认为是东亚冬季风的敏感代用指标（Li et al., 2017）。而大兴安岭摩天岭地区位于高空风尘传往长白山甚至日本海的路径上。长白山和大兴安岭摩天岭都是终年盛行偏西风，长期受到来自西部蒙古国和中国干旱半干旱地区的风尘沉降的影响。

表7-2 东北泥炭中地壳元素浓度均值与中国北方干旱半干旱地区表层土壤和土壤气溶胶中元素含量比较

样品	区域	铝/%	钙/%	铁/%	锰/（mg/g）	钒/（mg/kg）	钛/（mg/g）	数据来源
泥炭	长白山地区	0.5~2.3	1.2	0.2~0.9	0~0.2	0~33.9	0.1~1.7	Bao et al., 2019；贾琳等, 2006
泥炭	大兴安岭	2.9~5.9	4.1~6.2	2.4~3.8	1.0~2.3	87.7~123.9	1.6~4.3	Bao et al., 2012
表土	塔克拉玛干沙漠	5.0~5.3	6.3~6.6	2.1~2.3	0.5	—¶	0.3	Nishikawa et al., 1991
表土	戈壁沙漠	6.0	2.8	3.0	0.6	—	0.4	Nishikawa et al., 1991
表土	黄土区域	5.3~6.0	4.8~5.1	2.5~2.9	0.5~0.7	—	0.3	Nishikawa et al., 1991
粉尘气溶胶	巴丹吉林沙漠	7.0	7.0	4.0	2.0	—	0.5	Zhang et al., 2003a
粉尘气溶胶	北京	8.6	—	2.4	1.0	95.0	—	Zhuang et al., 2001
粉尘气溶胶	兰州	4.6	5.13	2.6	0.7	99.0	3.4	Li et al., 2006

注：¶. 无数据。

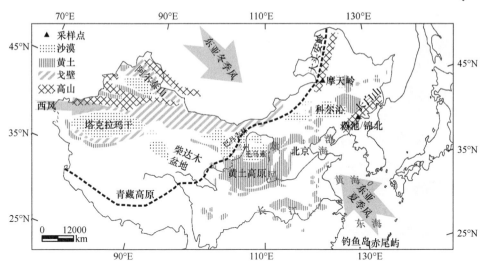

图 7-3　中国北方干旱区域及东北地区泥炭采样点位置

箭头为东亚季风环流系统示意，黑色虚线指示现代亚洲夏季风边界（高由禧等，1962），长白山位于亚洲夏季风
影响区，大兴安岭摩天岭则位于季风边缘区

7.1.4　大气土壤尘降通量

通过泥炭档案估算出了长白山地区外源土壤尘埃的大气输入速率为5～40g/（m²·a）（图7-4）；大兴安岭摩天岭大气尘降通量为13.4～68.1g/（m²·a）（图4-13）。两个地区的自然土壤尘降通量大小比较一致（表7-3）。大兴安岭地区略微偏大，其原因可能是东北地区西部大兴安岭比长白山地区更靠近尘源区。这与前面的磁化率和粒度指征意义是相辅相成的，粒度指征说明了尘降来源地区一致，都是受到来自蒙古国和我国干旱半干旱地区的风蚀土壤矿物影响，而磁化率与尘降通量大小进一步说明了这种影响对东北地区西部更加明显。

与东亚、西亚、南美洲和大洋洲的相关研究进行对比（表7-3），本研究结果与先前发表的数据是一致的。在比较的过程中，需要注意：不同的试验方法和不同的试验地区对大气尘降通量的计算结果有一定的影响（Ramsperger et al.，1998a）。本研究结果比内蒙古科尔沁沙地南缘的奈曼地区的尘通量小，这主要是因为奈曼是中国北方农牧交错带，沙漠化发生和发展比较典型，是北方沙尘的主要尘源地（李晋昌等，2010）。本研究结果比较接近中国渤海的大气尘降通量（刘毅和周明煜，1999）和韩国釜山区域的大气尘降通量（Moon et al.，2005），但是大于日本札幌区域的大气尘降通量（Uematsu et al.，2003）。本研究区域、中国渤海、韩国釜山和日本札幌都在中国北方和蒙古国干旱区戈壁沙漠起源的亚洲尘暴的下风向传输路径上。上述大气尘降通量的比较说明尘暴输入速率随着距离尘源区域越远而逐渐减小。此外，本研究结果与南美洲阿根廷西南部潘帕斯（Pampa）草原（Ramsperger et al., 1998a）、西亚死海地区（Singer et al., 2003a）、大洋洲的澳大利亚东部（Mctainsh and Lynch, 1996）的大气尘降通量监测数据是可比较的。因此，通过泥炭档案反演大气尘降通量是除大气颗粒直接监测实验的一种有效的替代方法，而且直接监测工作量巨大，往往限于几个月到几年的时间尺度，监测站点也很有限，而我们的替代方法相对来说时间尺度长，且省钱省力。

表 7-3　全球不同区域大气尘降平均通量比较

区域	采样点	研究方法	时间	ASD /[g/(m²·a)]	参考文献
中国	长白山地区	泥炭档案	1800年至20世纪70年代	5.2~37.8	本书
中国	大兴安岭	泥炭档案	1860~2009	13.4~68.1	Bao et al., 2012
中国	科尔沁奈曼	直接监测	2001~2002	257.3	李晋昌等, 2010
中国	渤海	直接监测	1987~1992	26.4	刘毅和周明煜, 1999
韩国	釜山	直接监测	2002	10~77	Moon et al., 2005
日本	札幌	直接监测	1994~1995	5.2	Uematsu et al., 2003
阿根廷	潘帕斯	直接监测	1993~1995	40~80	Ramsperger et al., 1998a
西亚	死海	直接监测	1997~1999	25.5~60.5	Singer et al., 2003a
澳大利亚	澳大利亚东部	气象资料	1957~1984	31.4~43.8	Mctainsh and Lynch, 1996

过去研究中也揭示出大兴安岭摩天岭泥炭剖面具有典型雨养-矿养泥炭分层，已经重建了过去60年来大兴安岭地区大气尘降通量变化历史（Bao et al., 2012），本节中将其雨养泥炭层位记录的大气尘降通量变化历史与长白山泥炭粉尘通量记录进行比较（图7-4）。在20世纪50年代前，长白山圆池泥炭Yc-1柱心大气土壤尘降通量比较小而稳定，长白山锦北泥炭Jb和大兴安岭摩天岭泥炭MP3柱心显示的大气土壤尘降通量均表现出一致的增加趋势，与晚清（1840~1912年）以来区域社会发展和人类活动影响强度增强保持一致。自20世纪60年代至21世纪初，大气土壤尘降通量均表现出减小的态势。前人收集了1954~2002年中国北

方地区有沙尘暴记录的气象站的数据，指出过去50年中国北方沙尘暴表现出明显的减小趋势（Zhou and Zhang，2003）。长白山泥炭重建的大气土壤尘降通量过去60年的变化规律与大兴安岭泥炭记录和气象站尘暴资料是吻合的，与冰芯和湖泊沉积记录所反映的中国北方20世纪沙尘天气的发生频率呈减小趋势（Wang et al.，2007）是一致的。这些比较说明我们基于山地泥炭重建的大气粉尘沉降历史是可靠的。需要注意的是，长白山圆池泥炭（Yc-1泥炭）记录的大气土壤尘降通量峰值时间要滞后30余年（图7-4）。这可能是由于长白山锦北泥炭（Jb泥炭）海拔较Yc-1低，受局地输入的影响较Yc-1大。而这两个点位的降水量相差不大，分别为900mm/a（Jb）和1000mm/a（Yc-1），因此可以认为局地输入主要由于人为活动造成。而低海拔区的Jb受到森林砍伐和农业开垦等人类活动影响时间更早、强度更大，导致当地土壤侵蚀而逐渐增加了粗颗粒物质输入（穆兴民等，2009）。长白山锦北泥炭（Jb泥炭）的砂组分和中值粒径在20世纪初至70年代逐渐增加（图7-1），也说明了这一问题。而长白山圆池泥炭（Yc-1）所处海拔较高，一直以来主要接受高空粉尘，对当地人类活动引起的土壤侵蚀过程响应滞后。基于长白山圆池泥炭（Yc-1泥炭）柱心粉尘记录计算的ASD值［（5.2±2.6）g/（m²·a）］，可以作为东北地区长距离输入的大气土壤尘降通量的背景基线。

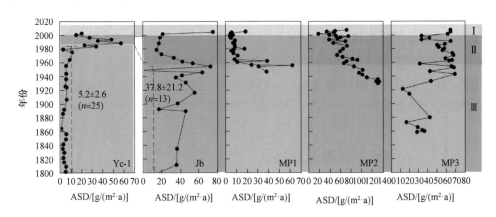

图 7-4　长白山泥炭记录的大气尘降通量历史变化及其与大兴安岭摩天岭泥炭记录（Bao et al.，2012）比较

其中绿色部分为气象记录的中国北方近50年沙尘暴减少时期（1954~2002年）（Zhou and Zhang，2003）

大气粉尘是中亚和东亚的一个重要环境问题。中国北部和西北部及蒙古国的沙漠和黄土沉积是中国和东亚城市污染的重要组成部分。利用东北泥炭地球化学记录重建ASD沉降历史，与中国北方沙尘气象监测数据吻合较好。鉴于该地区的ASD记录数量有限，需要在更长的时间尺度上（过去3000年）进行重建

研究。中国东部一项研究揭示泥炭中钛和硅含量及谷物花粉的增加指示农业垦殖活动增加了流域土壤矿物粉尘沉积（Zhao et al.，2007）。然而，目前有关人类活动和大气土壤粉尘之间相互作用的泥炭记录还比较少，鉴于中国漫长的人类文明历史及近年来随着经济和工业发展而发生的大规模土地利用变化，这类研究将非常有意义。

7.2　东北地区重金属污染的泥炭记录对比

中国是20世纪末和21世纪初增长最快的经济体之一，其快速的工业化和城市化进程加速了重金属排放和环境污染。在过去的十年中，一些研究利用泥炭地球化学记录重建了中国大气金属污染的变化历史。东北地区泥炭地球化学记录与中国其他地方的记录基本一致，结果显示：在过去的2个世纪里，环境中的污染负荷增长超过了工业化前的水平；在过去的60年里，中国的污染负荷出现了前所未有的增长。地质记录之间存在一些细微差异，特别是泥炭记录与湖泊沉积物的汞记录，可能是因为沉积后迁移过程或年代测定的不确定性。在东北偏远高海拔地区，重金属的生态风险相对较弱。尽管大多数重金属都在阈值效应浓度下，但铅的浓度通常会超过阈值效应浓度，并接近可能效应浓度，其生态风险正在增加。鉴于目前有关金属污染的泥炭比对研究，提出需要对大气金属进行更长期的研究，需要更多的铅同位素记录，以便更好地记录人类活动的漫长历史和区域金属沉降的空间异质性。

7.2.1　大气铅沉降的泥炭记录

铅可能是研究最广泛的重金属。自冶金学开始以来，铅就广泛分布在环境中，1920～2000年，铅在全球范围内被用作汽油添加剂。铅不是维持生物功能的必需营养元素，对环境的有害影响已有详细记录（Nriagu，1996）。中国东北摩天岭泥炭记录了大气铅含量显著增加，铅累积速率模式与自约1830年以来工业化程度的提高和燃煤量的增加相一致（图7-5）（Bao et al.，2010a）。三江平原泥炭土中微量和大量元素的含量记录了全新世晚期铅污染的历史，表明人类活动对环境的影响有所增加，特别是在1750年以后（图7-5）（Gao et al.，2014）。黑龙江省凤凰山泥炭序列也显示了自约1900年以来人为铅的存在和约1950年以来铅沉降的增加（图7-5）（Bao et al., 2016a）。从1950年开始，中国大气铅沉降速率的增加趋势与大气铅的排放趋势一致（图7-5）（Tian et al., 2015）。

中国其他区域的泥炭记录通常在地表具有较差的年代控制，因此选择了许多其他环境档案与中国东北的泥炭记录进行比较。东北泥炭记录中观察到的铅沉降趋势在1950年以后时期与其他环境记录相一致，与1950年以前时期其他地方的湖泊记录存在一定差异（图7-5）。大多数湖泊记录显示铅的累积速率自20世纪50年代开始增加，到80年代后逐步加剧（Bing et al., 2016；Xu et al., 2009），而中国东北泥炭记录显示更早时期（1830～1900年）的人为影响。这些研究揭示的铅污染开始时间的不同可能是由于不同地质档案的性质差异。雨养泥炭地仅从大气中接收金属，对铅污染的早期增加更敏感；而湖泊沉积物包含大气沉降和地表侵蚀信号，早期大气沉降变化可能被各自湖泊流域的侵蚀过程所掩盖。另外，选择比较的这些湖泊记录的地理位置也可能是一个因素，它们位于西藏和华北的偏远地区，是早期污染源的上风方向，所以没有保存早期人类影响的信号。自20世纪初以来，来自日本的湖泊记录被发现受到来自中国的铅的跨境运输的影响（Hosono et al., 2016）。同样，美国阿拉斯加洛根（Logan）山冰芯记录了1730～1910年人为铅排放，并在1981～1998年铅浓度急剧上升，被认为是对中国排放增加的响应（图7-5）（Osterberg et al., 2008）。这些发现支持了东北泥炭记录的早期铅沉降。东北泥炭记录与中国其他记录的铅累积速率的最大值也存在一定的差异。西藏和华北湖泊的铅累积速率［$14\sim25mg/(m^2 \cdot a)$］比泥炭记录的最高值［$70\sim135mg/(m^2 \cdot a)$］低（图7-5）。同样，这些差异的一部分可能归因于这些湖泊位于偏远地区、许多潜在人为污染源的上风位置，还有其他潜在因素，如辐射定年的不确定性及微观地形和植被对大气颗粒物积累的影响（Bindler et al., 2004）。

7.2.2　稳定铅同位素

稳定铅同位素是大气沉降历史重建和来源分析的有力工具（Komarek et al., 2008；Sturges and Barrie, 1987）。目前仅有两项关于中国泥炭地的高分辨率铅同位素记录研究报道，其中之一是东北大兴安岭摩天岭泥炭地（Bao et al., 2015a；Ferrat et al., 2012a）。摩天岭泥炭铅同位素在1800～1950年相对稳定（$^{206}Pb/^{207}Pb$约为1.19），自1950年开始$^{206}Pb/^{207}Pb$逐渐下降（1.168～1.170），从20世纪80年代开始，这种下降更加明显（1.155～1.163）。相比之下，若尔盖红原泥炭记录显示在1700年之后铅富集系数增加，但是$^{206}Pb/^{207}Pb$稳定（1.190～1.197），类似于

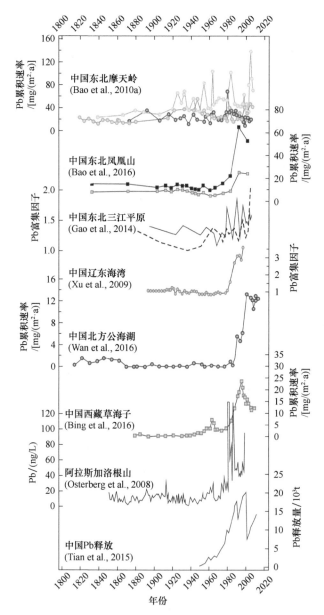

图 7-5　环境铅污染的不同地质记录比较

包括东北泥炭记录（Bao et al., 2010；Bao et al., 2016a, 2016b；Gao et al., 2014）、辽东湾沉积物（Xu et al.,
2009）、华北湖泊沉积物（Wan et al., 2016）、西藏湖泊沉积物（Bing et al., 2016）、阿拉斯加洛根山冰芯
（Osterberg et al., 2008）和中国 1949～2009 年铅排放估计量（Tian et al., 2015）

在柱心更深处发现的比率，即自然背景特征；因此红原泥炭中的铅同位素特征
代表了来自土壤的自然背景，很可能没有捕捉到近代人为工业污染（Ferrat et al.,
2012a）。由于缺乏中国泥炭的铅同位素记录，将东北摩天岭记录的 ^{206}Pb/^{207}Pb 的

时间变化与湖泊沉积物等其他记录进行比较（Chen et al., 2016；Wan et al., 2016；Xu et al., 2009，2011）。与铅浓度一样，这些记录的铅同位素特征最显著的变化发生在20世纪中期，并持续到现在（图7-6）。

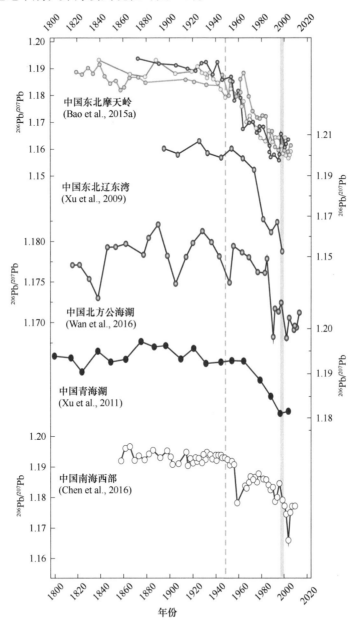

图7-6　东北泥炭1800年以来 $^{206}Pb/^{207}Pb$ 与其他湖泊沉积记录（Xu et al., 2009；Xu et al., 2011；Wan et al., 2016）和南海西部的珊瑚记录（Chen et al., 2016）的比较

虚线代表"1949年中华人民共和国成立"，蓝线代表2000年中国开始全面禁止使用含铅汽油（1997~2000年）

为了直观地确定中国东北地区大气铅沉降的各种来源，摩天岭泥炭、红原泥炭和相关潜在端元的 $^{206}Pb/^{207}Pb$ 与 $^{208}Pb/^{206}Pb$ 进行了比较分析（图7-7）。许多潜在来源的稳定同位素比值都属于类似的数值范围，因此确定东北地区铅沉降的单一来源是不可能的。中国含铅汽油中 $^{206}Pb/^{207}Pb$ 与 $^{208}Pb/^{206}Pb$ 值分别为1.13和2.15（Tan et al.，2006；Zhu et al.，2001），因为中国汽油中使用的烷基铅主要来自澳大利亚矿石（Cheng and Hu，2010）。中国煤的 $^{206}Pb/^{207}Pb$ 平均值约为1.166，$^{206}Pb/^{207}Pb$ 值范围为1.140～1.208，$^{208}Pb/^{206}Pb$ 值范围为2.08～2.125（Chen et al.，2016；Cheng and Hu，2010；Díaz-Somoano et al.，2009）。东北地区的铅同位素比率可能代表了来自烷基铅汽油的铅、燃煤排放的铅和中国铅矿的混合物。

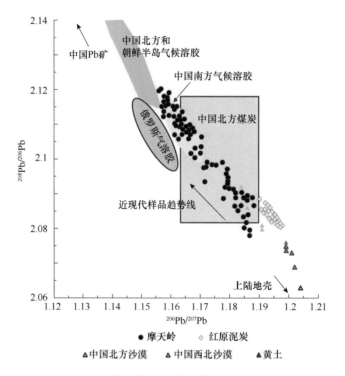

图7-7 中国泥炭三同位素比值（$^{206}Pb/^{207}Pb$ 与 $^{208}Pb/^{206}Pb$）与潜在的自然和人为来源的比较

包括摩天岭泥炭（Bao et al.，2015），若尔盖红原泥炭（Ferrat et al.，2012a），中国北方煤炭（Mukai et al.，1993），黄土（Ferrat et al.，2012b；Biscaye et al.，1997；Jones et al.，2000），中国北方沙漠（Ferrat et al.，2012a），中国西北沙漠（Ferrat et al.，2012 a），中国南方气溶胶 [2000年上海（Zheng et al.，2004；Chen et al.，2008），2003年厦门（Zhu et al.，2010）]，中国北方气溶胶（Bollhöfer and Rosman，2001；Mukai et al.，2001a；Wang et al.，2006；Lee et al.，2005；Lee et al.，2013），1994～2000年俄罗斯的气溶胶（Mukai et al.，2001b），上陆壳UCC（Asmerom and Jacobsen，1993；Millot et al.，2004）

7.2.3　大气汞沉降的泥炭记录

鉴于汞的高挥发性、剧毒性和长时间大气滞留特性，汞是另一种特别令人关注的环境污染金属。泥炭记录提供了汞长时间积累的相对变化趋势的有价值数据。东北大兴安岭和小兴安岭泥炭记录显示在过去150年中汞的累积速率有所增加，最大值出现在20世纪80年代（Bao et al., 2016b；Tang et al., 2012）。这一趋势与由其他记录重建的历史趋势非常一致（Kang et al., 2016；Li et al., 2016；Shi et al., 2011；Xu et al., 2009；Yang et al., 2010）。研究显示中国汞的排放自1950年以来一直在增加（Tian et al., 2015）。但是，泥炭记录显示从1990年前后开始，汞的含量在大多数记录中都有所下降（图7-8），其原因可能在于泥炭近表层汞含量被活的植物稀释了（Bindler et al., 2004）；另外，这一时期也与全球汞排放的控制相对应，可能反映了全球汞排放的减少，具有全球环境指示意义。

与铅类似，大多数长期汞污染记录研究也表明：中国早在过去2个世纪之前就存在大气汞污染问题。例如，有研究发现在明朝和早清时期（590～100cal a BP）大气汞沉降就有增加的证据，在过去3400年，中国中部地区存在区域性大气污染问题（Li et al., 2016）。在中国东北地区，也发现早在3500年前就存在人类活动产生的汞排放（Tang et al., 2012）。鉴于汞记录的数量比较有限，尚不清楚工业革命之前中国的大气汞污染是局域性还是区域性问题。然而，已有的研究结果表明，使用短柱心的底部作为金属污染的背景值可能会导致人为汞的累积速率和富集因子评估的误差。

7.2.4　其他金属与类金属

矿体中含有多种金属（如银、砷、镉、铜、汞、镍、铅、锑、锡、锌等），常通过采矿及冶金过程和工业生产过程排放到大气中，对环境造成污染问题。其中，铅、锌、镍、镉和汞主要通过钢铁冶金排放，而煤燃烧排放出大量的汞、砷、镉、钼、铅和锑（Pacyna and Pacyna, 2001）。目前铅和汞一直是中国乃至全球泥炭记录中最常被研究的金属，而其他潜在危害元素的研究相对较少（Bao et al., 2015a；Gao et al., 2014）。主要原因是，这些潜在危害元素可能受到沉积后迁移性或成岩作用的影响，特别是在pH较低的泥炭地中这些效应更显著

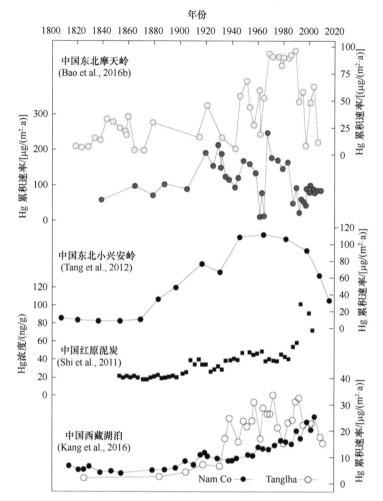

图 7-8　东北地区泥炭记录的汞累积速率（Tang et al，2012；Bao et al.，2016b）与若尔盖红原泥炭中的汞浓度（Shi et al.，2011）和湖泊沉积物中的汞累积速率（Kang et al.，2016）比较

（Nieminen et al.，2002；Rausch et al.，2005）。但是在对泥炭发育历史和营养特征进行具体分析的基础上，这些元素的大气沉降历史是可以重建的。镍、砷和镉都显示了沉积后迁移性的证据，这是由于地下水位波动导致氧化还原条件的变化（Rothwell et al.，2009）。

东北摩天岭泥炭中砷、镉、铜、锑和锌的深度分布模式与铅相似，都显示出20世纪50年代增加、80年代进一步加剧的趋势，主成分分析表明，砷、铜、锑和镉受同一因素控制，主要来自矿石开采和金属冶炼过程（Bao et al.，2015）。东北地区的其他记录也显示，自60年代以来，铜和锌的富集系数有所增加，2000

年左右进一步加强（Gao et al., 2014a）。相比之下，在黑龙江凤凰山泥炭沼泽中，铜、钴、镍和锌与铅分布不同，没有表现出显著污染水平（Bao et al., 2018）。尚不清楚这是由于区域大气中这些金属含量低，还是由于泥炭地发育内在过程影响了这些污染信号。

当试图将泥炭中的微量金属沉积记录与已知的污染和人类活动历史联系起来时，泥炭年代测定是一个至关重要的方面。放射性核素测定法（^{210}Pb、^{137}Cs、^{241}Am）和放射性碳测定法（^{14}C）是近年来泥炭测年的常用技术，通常情况下两种方法获得的年龄是一致的，但在某些情况下可能显示出差异，这些差异可能是由于^{210}Pb和^{14}C通过不同的途径进入泥炭记录中（Goodsite et al., 2001）。对于重建环境污染历史，一般时间不会受到这种差异的过度影响，通过其他放射性同位素（^{137}Cs、^{241}Am）或火山灰层时标进一步验证年代深度模型，对评估大气金属的沉降速率是至关重要的。另外一个可能影响泥炭中金属沉积速率的因素是沼泽内部的空间异质性。研究表明微观地形可以影响大气金属在泥炭地表面的捕获和保留（Allan et al., 2013b; Norton et al., 1997）。东北大兴安岭摩天岭泥炭地的不同柱心记录显示，1980年汞的累积速率变化范围为90～180μg/(m²/a)(Bao et al., 2016b）。此外，不同的植被类型（如地衣与泥炭藓）也可能具有不同的金属截留/滞留能力（Kempter et al., 2010; Malmer and Wallen, 1999）。有研究指出泥炭表层的锌富集可能是活植物生物积累的结果（Rausch et al., 2005）。因此，在重建过去的大气金属沉降和从单个柱心推断人类活动历史时，需要极其谨慎，应采用多柱心和多指标综合分析方法。

7.2.5　重金属污染潜在生态风险评估

通过对摩天岭、凤凰山和三江平原铅含量的比较，发现中国东北地区铅含量的历史变化揭示出人为污染不断增加的趋势，尤其是近60年来（图7-5）。通过年代测定和稳定的铅同位素指纹识别（Bao et al., 2015a），已在摩天岭雨养泥炭沼泽中建立了关键金属元素的工业革命前背景值，并用于评估地表泥炭记录中铜、镍、铅和锌的近期潜在生态风险（表7-4）。所有表层样品中铜和镍的含量一般都低于阈值效应浓度（TEC），但三江平原的DFH样品中镍的含量除外。黑龙江凤凰山泥炭样品中锌的含量普遍低于TEC值，而摩天岭和三江平原泥炭样品中锌的含量普遍较高。所有泥炭地的铅浓度都高于TEC值，在某些情况下接近可能效应浓度（PEC）。

污染程度值（C_d）表明凤凰山的污染程度较低，摩天岭和三江平原的污染程度中等，但在某些情况下（MP1和DFH），污染程度接近较大的限度。计算的潜在生态风险值（RI）一般低于40（表7-4）。这些指数表明，人为影响造成的东北地区生态风险整体相对较低。然而，摩天岭和三江平原的RI值接近中等生态风险值。鉴于东北地区近年来的工业发展，这种状态很可能会改变。高纬度地区、高海拔的泥炭地中的重金属浓度，尤其是铅，即使在目前生态风险较低的情况下，受到气候变化和人为干扰的影响都可能导致这些重金属释放到环境中，应引起更多的关注。

表 7-4　东北地区表层泥炭中典型污染元素含量、工业革命前背景浓度、阈值效应浓度和可能效应浓度

（单位：mg/kg）

元素	采样点							工业革命前背景浓度[b]	阈值效应浓度	可能效应浓度	基准系数参考值
	MP1[a]	MP2	MP3	FH-1	FH-2	DFH	ZJ				
Cu	22.6	10.1	9.4	10.6	8.7	20.9	11.7	5.7	31.6	149.0	
Ni	7.6	4.0	18.9	9.9	3.9	54.2	18.6	13.6	22.7	48.6	
Pb	95.1	128.8	54.1	52.6	81.5	62.5	53.2	26.3	35.8	128.0	
Zn	266.4	182.8	188.5	52.8	21.1	130.5	54.1	67.9	121.0	459.0	
污染程度	12.06	9.66	7.87	5.37	5.22	11.95	6.24				7
生态风险	42.39	36.33	22.70	20.80	23.72	36.12	22.54				40

注：a. MP1, MP2 和 MP3 样点数据：Bao 等（2015），FH-1 和 FH-2 样点数据：Bao 等（2016a），DFH 和 ZJ 样点数据：Gao 等（2014b）。

b. 工业革命前区域背景值来自摩天岭泥炭记录（Bao et al., 2015）。

资料来源：MacDonald et al., 2000。

7.3　东北泥炭沼泽碳累积速率对比

7.3.1　不同地区近现代碳累积速率比较

湿地中碳累积速率变化是研究全球碳库变化和碳循环过程的重要参数，它受到地理位置、沼泽发育历史和湿地类型的影响。全球已经开展了很多不同时间尺度的泥炭地碳累积估算与评价工作，并积累了大量的湿地碳累积数据和资料，这确保了本书研究结果与其他地区的相关研究可进行比较（表7-5）。采用[210]Pb定

年方法估算出长白山泥炭沼泽近百年碳累积速率为124.2～292.8［g C/（m²·a）］；大兴安岭摩天岭泥炭近现代碳累积速率为166.6～259.3g C/（m²·a），二者非常一致。我国东北地区是我国沼泽湿地面积最大、类型最多的地区，除了长白山泥炭沼泽和大小兴安岭泥炭地外，三江平原湿地是另外一个沼泽集中分布区，也是我国最大的淡水湿地。Bao 等（2011）利用²¹⁰Pb放射性测年方法，结合泥炭干容重等基本理化参数，对三江平原泥炭沼泽、腐殖质沼泽和沼泽化草甸3种类型湿地进行了研究，并确定三江平原湿地近现代碳累积速率变化范围为170～384g C/（m²·a），平均值为（264±45）g C/（m²·a）。长白山泥炭和大兴安岭摩天岭泥炭近现代碳累积速率与三江平原湿地碳累积速率具有很好的可比性。由于长白山泥炭和大兴安岭泥炭沼泽都缺乏泥炭沉积和碳累积等基础数据，因而我们报道的RERCA数据是全球湿地碳库数据的良好补充，对研究长白山和大兴安岭泥炭对气候变化的响应具有重要意义。

表7-5　全球湿地的不同时间尺度的碳累积速率比较

区域	碳累积速率 / ［g C/（m²·a）］	年代尺度	定年方法	参考文献
近现代碳累积速率				
长白山泥炭地	124.2～292.8, 199.6±60.9†	百年	²¹⁰Pb	本书
大兴安岭摩天岭泥炭	166.6～259.3	百年	²¹⁰Pb	本书
中国三江平原湿地	170～384, 264±45†	百年	²¹⁰Pb	Bao et al., 2011
美国大沼泽地国家公园	94～161	百年	¹³⁷Cs	Craft and Richardson, 1993
芬兰泥炭地	11.8～290.3	百年	松树根记录	Tolonen and Turunen, 1996
加拿大东部泥炭地	40～117	百年	²¹⁰Pb	Turunen et al., 2004
美国河边沼泽湿地	40～124	百年	¹³⁷Cs	Loomis and Craft, 2010
长期碳累积速率				
中国三江平原湿地	5～61, 22±5†	千年	¹⁴C, AMS¹⁴C	Bao et al., 2011
芬兰泥炭地	2.8～88.6	千年	¹⁴C, pollen	Tolonen and Turunen, 1996
厄瓜多尔安地斯山地泥炭沼泽	46	千年	AMS¹⁴C	Chimner and Karberg, 2008
全球北方和亚北极泥炭地	28.1	全新世	¹⁴C	Gorham, 1991
加拿大西部泥炭地	19.4	全新世	¹⁴C	Vitt et al., 2000
西西伯利亚南泰加林	17.9～73.4	全新世	¹⁴C	Borren et al., 2004

注：†.均值±标准误。

此外，表7-5给出了本研究结果与其他国家相关研究的比较。Craft 和 Richardson（1993）在美国大沼泽地国家公园沼泽地使用¹³⁷Cs定年方法，测算得到百年来碳累积速率为94～161g C/(m² · a)；Loomis 和 Craft（2010）运用同样的定年方法对美国河边沼泽的近现代碳累积速率进行了评估，得出其RERCA的变化范围是40～124g C/(m² · a)；Tolonen 和 Turunen（1996）在芬兰泥炭地进行相关研究，使用松树根记录重建近现代年代，估算的碳累积速率为11.8～290.3g C/(m² · a)；Turunen 等（2004）在加拿大东部雨养泥炭通过²¹⁰Pb定年进行的沉积研究表明，RERCA 为40～117g C/(m² · a)。本研究结果与这些研究相比，具有可比性，没有数量级的差异。同时，也说明了²¹⁰Pb定年技术比较适合进行泥炭沼泽的年代确定，进而可推算近现代碳累积速率。

7.3.2   不同时间尺度的碳累积速率比较

长期碳累积速率（LORCA）和近现代碳累积速率（RERCA）在计算方式上比较近似，都是通过给定沉积柱心的干容重、碳含量和年代确定的，差异在于年代确定上。长期碳累积速率需要确定底层沉积物的年代，往往使用¹⁴C技术；而近现代碳累积速率需要对给定的泥炭柱心的对应层次泥炭进行定年，常常使用²¹⁰Pb技术（Tolonen and Turunen，1996）。在前面已经介绍过长期碳累积速率和近现代碳累积速率，二者是不同时间尺度上的碳累积速率。下面将长白山和大兴安岭近现代碳累积速率与千年甚至全新世尺度的长期碳累积速率进行比较，结果如表7-5所示。

三江平原沼泽是典型的温带湿地，Bao 等（2011）利用15个沉积剖面¹⁴C年代等数据，对三江平原泥炭沼泽、腐殖质沼泽和沼泽化草甸3种主要类型湿地千年时间尺度的长期碳累积速率进行了研究，结果表明三江平原LORCA变化范围在5～61g C/(m² · a)，平均值为（22±5)g C/(m² · a)。这一结果明显比长白山和大兴安岭摩天岭泥炭RERCA小，也比同地区的RERCA小。至于其他国家的研究报道，如Tolonen 和 Turunen（1996）估算出芬兰泥炭地的LORCA为2.8～88.6g C/(m² · a)；Chimner 和 Karberg（2008）估算出厄瓜多尔安地斯山地泥炭的相应的碳累积速率为46g C/(m² · a)。这些千年时间尺度的长期碳累积速率均比长白山和大兴安岭百年尺度碳累积速率小。对于更长时间尺度的LORCA，本研究的近现代碳累积速率是它们的5倍之多。这些比较说明短期碳累积速率要比长期碳累积速率大。

为了解释近现代碳累积速率大于长期碳累积速率，我们对东北三江平原5个短柱心剖面分别进行了AMS^{14}C和^{210}Pb定年，获得了LORCA和RERCA，以进一步探讨二者的关系（图7-9）。AMS^{14}C对剖面底层进行了测试，获得的年代是上千年；而^{210}Pb技术测得的沉积层次很接近底层，但是年代却是百年尺度。获得的RERCA值也是比LORCA大20～75倍。对于几乎是同一深度的沉积层，两种测年手段产生了差异悬殊的年代和碳累积速率，这是因为对这种短柱心沉积剖面定年，不同的测年手段的不确定性造成的，包括两种可能：^{14}C分析技术给定的年代偏老，或者是^{210}Pb由于具有沉积后迁移性而致使表层定年表现为偏年轻。如果是前者，则由于偏老的年龄，计算的LORCA被低估了，实际的长期碳累积速率应该比现有结果偏大；如果是后者，由于低估了^{210}Pb年代，所以计算的RERCA偏大，实际的近现代碳累积应该较此略小。再看这5个剖面的RERCA深度变化（表6-8），可以发现一个增加的发展趋势。这是与有机碳含量的剖面变化一致的。

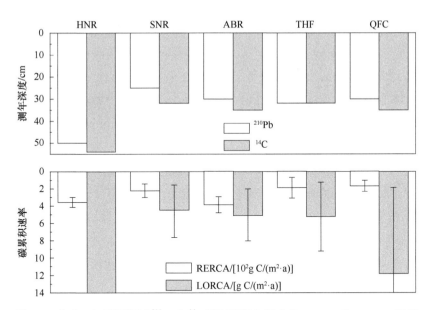

图7-9　东北三江平原湿地^{210}Pb和^{14}C测年深度和相应的RERCA和LORCA关系

　　然而，近现代碳累积结果不能说明真正的净碳累积（actual net rate of carbon accumulation，ARCA）情况，这是因为在泥炭发育过程中有机质除了积累，还存在着不断分解的过程（Clymo，1984；Tolonen and Turunen，1996）。泥炭剖面分为两层，上面的氧化层（acrotelm）和下面较厚的厌氧层（catotelm），泥炭表层植被通过光合作用吸收CO_2，转化为有机物质，这些有机质在氧化层没有完全积累，一部分分解掉了，只有5%～10%的生物质传递到了下层的厌氧层，并在这里形成了泥炭而积累起来（Clymo，1984；Gorham，1991；Warner et al.，1993）。因此，今后需要更多更深的沉积剖面，提供足够的数据用以模拟净碳累积速率。

7.3.3　气候变化对泥炭沼泽碳累积的影响

气候变化对泥炭沼泽碳累积具有重要影响。如图7-10所示，东北地区沼泽湿地LORCA较高的时期为早全新世，在10.5～9.0ka达到最大值，之后LORCA不断减小，在4.0～3.0ka降到最低值，在2.0ka之后又开始增加（Xing et al.，2015b）。这与全新世以来中国北方沼泽湿地碳累积速率变化趋势［图7-10（c）；Zhao et al.，2014］和全球北方沼泽湿地的碳累积速率变化趋势均保持一致［图7-10（d）；Yu et al.，2009］。全新世早期，太阳辐射和夏季风活动均比较强，使得温度升高、降水增加［图7-10（a）］（Berger and Loutre，1991；Dykoski et al.，2005），这增强了沼泽湿地植被的光合作用，提高了植被的生产力和促进了沼泽湿地泥炭发育（Yu et al.，2010）。东北地区沼泽湿地植被净初级生产力（NPP）为374～1260g/（$m^2 \cdot a$）（牟长城等，2013；王莉雯和卫亚星，2012），是北美阿拉斯加等高纬度地区沼泽湿地的3倍之多（Peregon et al.，2008；Vitt et al.，2000）。进入中全新世后，气候更加温暖，泥炭的分解增强，使得在8.0ka之后，东北地区沼泽湿地LORCA开始降低［图7-10（b）］。晚全新世，东北地区气温持续降低［图7-10（c）］（Hong et al.，2009；Wen et al.，2010）。例如，纤维素δ^{13}C指示4.0～1.6ka东北沼泽湿地表面湿度处于全新世的最低时期（Hong et al.，2001）；孢粉组合揭示在3.8～1.8ka东北地区气候为冷干模式，森林植被以针叶类乔木为主，且湿生和水生植被大量消失（喻春霞等，2008）。这种冷干气候使得沼泽湿地植被的净初级生产力降低，进而使得沼泽湿地碳累积速率显著降低［图7-10（b）］。在2.0ka之后，东北地区沼泽湿地LORCA显著上升，并在最近几百年内达到最大值［图7-10（b）］，这与长白山地区和三江平原地区沼泽湿地近百年来的高RERCA值是一致的（Bao et al.，2015b，2010b）。

过去2000年来东北沼泽湿地LORCA与生物气候因子（如纬度、光合有效辐射、有效积温、水分蒸发/蒸腾总量）关系如图7-11所示（Xing et al.，2015a）。光合有效辐射（PAR）是光合作用碳固定的驱动因素，是植被净初级生产力的重要控制因子（Cai et al.，2014）。东北沼泽湿地过去2000年来LORCA与生长季的光合有效辐射（PAR_0）呈显著的线性相关关系（$R=0.22$），而与大于0℃的有效

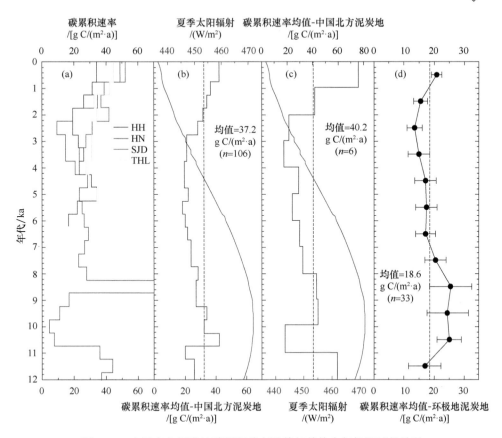

图 7-10　中国东北泥炭地碳累积动态及其与其他古气候记录的关系

（a）申家店、洪河、哈尼和汤洪岭泥炭柱心的碳累积速率变化（Xing et al., 2015）；（b）东北地区沼泽湿地碳累
积速率随时间变化与太阳辐射的关系；（c）中国北方泥炭地碳累积速率随时间变化的变化（Zhao et al., 2014a,
2014b）；（d）全球北方泥炭地碳累积速率变化（Yu et al., 2009）

积温（GDD_0）的关系（$R=0.03$）不显著（图 7-11）。光合有效辐射直接影响沼泽湿地植被净初级生产力。温暖的气候使得植被生长季延长，进而能够促进植被净初级生产力的增长；但温度升高会通过加速微生物的活动进而促进泥炭的分解（Dorrepaal et al., 2009；Ise et al., 2008）。而北半球不同区域历史时期沼泽湿地碳累积速率变化揭示升温对植被的净初级生产力影响要远比对泥炭分解的影响强烈（Charman et al., 2013）。东北沼泽湿地过去2000年来LORCA变化与区域湿润指数也没有显著的线性关系，与纬度表现出较弱的相关关系（图 7-11）。这与西西伯利亚地区沼泽湿地碳累积速率随纬度变化的变化趋势相一致（Beilman et al., 2009）。因此，东北地区沼泽湿地LORCA主要受气候影响的植被净初级生产力控制。

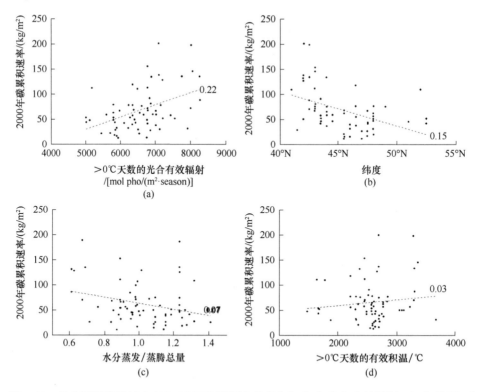

图 7-11 东北沼泽湿地过去2000年来碳累积速率变化与（a）光合有效辐射、（b）纬度、（c）土壤水分蒸腾总量和（d）有效积温的关系

第**8**章

结论与展望

8.1 主要结论

　　沼泽湿地是水陆相互作用形成的过渡性自然生态系统，包括以生物堆积作用为主的泥炭沼泽和以矿质沉积作用为主的潜育沼泽。东北地区大兴安岭、长白山等山地泥炭是在相对寒冷、高湿的生态环境中形成的，海拔1000m以上的摩天岭、长白山主峰和黑龙江凤凰山植被覆盖完整，发育有典型雨养泥炭和营养相对贫瘠的矿养泥炭，迄今为止受到人类活动的直接影响小，是获取自然环境变化信息的理想场所。本书以剖析东北典型泥炭沼泽的沉积记录为主线，通过AMS^{14}C、^{210}Pb和^{137}Cs法测年，建立了过去约千-百年时间尺度的年代框架；通过对泥炭沉积层中泥炭基本理化（包括干容重、含水量、烧失量、分解度、有机碳、氮含量）分析，泥炭灰分粒度和磁化率分析，泥炭中化学元素（包括典型地壳来源元素和人类污染元素）分析，Pb稳定同位素及稀土元素分析等，探讨了东北区域过去大气土壤尘降变化和区域环境污染历史，并对泥炭地碳累积速率和碳储量问题进行了估算和分析。通过以上各章节的分析研究，得出以下几点主要结论。

8.1.1　东北泥炭沼泽沉积年代及特征

　　（1）根据^{210}Pb和^{137}Cs方法，分别建立了大兴安岭摩天岭MP1、MP2和MP3三个雨养泥炭剖面135年、170年和190年的年代框架。摩天岭泥炭的沉积速率变化范围是0.56～0.68cm/a；相应地，累积速率变化范围是0.05～0.08g/（cm^2·a）。摩天岭泥炭地下面是玄武岩风化壳的永久冻土，主要由苔藓（尖叶泥炭藓、白齿泥炭藓）、石楠灌木（细叶杜香、红豆越橘）和稀疏松树（偃松、兴安落叶松）覆盖组成。多指标综合分析表明摩天岭泥炭沼泽3个剖面可分为矿养泥炭层和雨养泥炭层两个发育阶段（MP1 是 45cm 以上，MP2 是 50cm 以上，MP3 是 60cm 以上为雨养泥炭）。

（2）对长白山泥炭沼泽进行 ^{210}Pb 和 ^{137}Cs 测试，建立了赤池（Ch-1、Ch-2）、圆池（Yc-1、Yc-2、Yc-3、Yc-4）、锦北（Jb）、大牛沟（Dng）、金川（Jc）和哈尔巴岭（Ha）剖面约 200 年时间序列。在这些剖面中，Ch-1 剖面具有最大的平均沉积速率（1.81cm/a）和累积速率 [0.91g/（cm² · a）]；最小的是 Yc-1 剖面，沉积速率为 0.21cm/a，累积速率为 0.03g/（cm² · a）。长白山地区泥炭资源丰富、泥炭地类型多样。沿海拔梯度分布，Ha 和 Jc 泥炭地是富营养化的泥炭地，Dng 是中营养化的泥炭地，Jb、Yc 和 Ch 是贫营养化的泥炭地。根据养分和水源的不同，泥炭地可分为雨养泥炭沼泽（bog；对应于极低营养的泥炭地）和矿养泥炭沼泽（fen；对应于富营养和中营养的泥炭地）。长白山泥炭基本理化和地球化学指标揭示，位于较低海拔、矿物营养丰富的 Ha、Jc 和 Dng 泥炭地被归类为矿养泥炭，而位于高海拔地区、有机碳含量较高的 Ch、Yc 和 Jb 泥炭地为雨养泥炭。

（3）黑龙江凤凰山泥炭地 FH-1 剖面的沉积速率为 0.29cm/a；FH-2 剖面的沉积速率为 0.30cm/a。根据这个平均沉积速率，进而估算出沉积年代，FH-1 剖面大约沉积了 140 年，FH-2 剖面约有 150 年历史。干容重平均值为 0.24g/cm³。灰分含量相对较大，平均值高达 40%。总有机碳平均值为 23%，低于常用泥炭有机碳 30% 的基线。这些泥炭基本理化指标表明了凤凰山泥炭地矿养特性。

（4）对三江平原沼泽湿地 5 个短柱心（THF、QFC、SNR、ABR 和 HNR）进行 ^{210}Pb 和 ^{137}Cs 测年，分别建立泥炭剖面约 200 年的年代框架（除 SNR 柱心约 100 年）。三江平原沼泽泥炭的沉积速率和累积通量随深度往上具有逐渐增加的趋势，可以分为 1980 年前后两个发育阶段。1980 年之前，平均沉积速率为 0.28~0.67cm/a；相应地，累积速率平均值范围为 0.09~0.32g/（cm² · a）。1980 年之后，平均沉积速率为 0.92~1.35cm/a；相应地，累积速率平均值范围为 0.18~0.52g/（cm² · a）。根据三江平原沼泽湿地主要植被类型和泥炭基本理化指标分析，认为上述 5 个泥炭柱心分别代表了 3 种湿地类型：THF 和 QFC 是草甸沼泽，SNR 和 ABR 是腐殖质沼泽，HNR 是富营养泥炭沼泽。

8.1.2　泥炭沼泽记录的近 200 年尘暴演化历史

（1）长白山区泥炭沼泽磁化率在表层具有明显的富集规律，富集时间始于 20 世纪初，并在 20 世纪后期达到峰值，且其富集含量可达到下层富集平均值的

5~10倍。长白山区泥炭沼泽磁化率的表聚性特征反映了在盛行西风等自然因素作用下大气降尘和城市扩张等多种人为活动对区域环境的影响，很好地指示了区域磁性颗粒物污染扩大化和加剧的趋势。

（2）长白山大牛沟泥炭沼泽垂直剖面的基本构成以黏土颗粒和粉砂颗粒物为主，砂级颗粒含量相对比重较小，粒度频率曲线整体上均表现为单峰形态。大牛沟泥炭灰分的粒度参数特征和判别值（Y）与黄土和古土壤等典型风尘沉积物十分相似，说明大牛沟区域泥炭沼泽沉积过程中受到了风尘影响，其黏土-粉砂粒级颗粒物主要源于蒙古国和中国西部远距离传输的高空风尘。因此，沼泽沉积物的粒度也不失为一种可以反演全球自然尘暴演化信息的有效指标。此外，局地的沙尘也输入大牛沟泥炭沼泽中，体现了当地生态环境的退化。因此，研究泥炭灰分的粒度特征能够探索区域生态环境的变化，从而为区域可持续发展提供理论依据。由于泥炭沼泽形成的复杂性及人类活动的影响加剧，需要对大气尘降的泥炭档案进行多指标综合分析。

（3）在长白山哈尼泥炭地9.3m长的泥炭剖面中，元素浓度与矿物学和颗粒粒度相结合，能够重建晚更新世和全新世灰尘沉积的变化。尘埃记录显示，与全新世其他时期相比，全新世晚期的尘埃沉积急剧增加，这与中国尘源区及其下风区的气候记录相一致，后者通常记录了同一时期干旱和风成活动的增加。尘源区域的这些变化很可能已经被东亚夏季风的变化所调节，东亚夏季风是控制该区域气候的主要机制。结合在一起，这些变化促进了尘源的再活动，增加了可由东亚高空环流和西风输送的物质的数量。人类活动也可能在全新世晚期粉尘排放增加中发挥了作用，但需要进一步研究以评估这些影响在区域一级的程度。

（4）大兴安岭摩天岭雨养泥炭沼泽中典型的地壳来源金属元素Al、Ca、Fe、Mn和V及相对稳定元素Ti的富集因子表明这些元素在泥炭表层明显富集，是大气尘降输入的结果。通过Ti元素含量、泥炭干容重、灰分和年代等数据，重建了过去60年的区域大气尘降通量历史，其减小的趋势与中国北方过去50年的气象记录的沙尘暴变化规律吻合较好；获得的平均大气尘降通量为13.4~68.1g/（$m^2 \cdot a$），与国内外其他研究所报道的大气尘降通量具有可比性。这项研究是我国首次通过泥炭沼泽记录档案来反演大气尘降历史，其结果说明了对雨养泥炭进行定年并进行地球化学记录研究，能够重建过去大气尘暴输入变化历史，是气象直接监测和历史文献记录的良好补充。

8.1.3 泥炭沼泽记录的近200年区域环境污染历史

（1）中国东北长白山分布的6个泥炭地的地球化学记录（化学元素和磁化率）显示，自长白山地区开发以来，环境中的污染负荷增加，并显示出自20世纪50年代以来的急剧增加。这表明，20世纪50年代可以被定义为长白山地区人类世的开始。在不同的泥炭地地点和泥炭地类型间，金属的泥炭记录也显示出差异。较高海拔的泥炭地更容易保留长期的人为痕量元素，而较低海拔的泥炭地则含有更多的当地矿物信息。中国东北偏远和高海拔环境中的泥炭记录显示的人为影响值得更多生态和环境保护的关注。

（2）黑龙江凤凰山营养较贫瘠的矿养泥炭沼泽中，Pb积累的3个主要来源包括人为输入、成岩碎屑作用和大气土壤源。该泥炭中的总Pb浓度在17～124mg/kg。碎屑Pb为10～13mg/kg，人为Pb含量为10～80mg/kg，大气土壤来源的铅含量为5～30mg/kg。通过铁/锰氧化物和不溶物组分间的相关性，研究了铁/锰氧化物对矿养型泥炭地Pb沉积的影响。根据人为Pb清单和^{210}Pb年代学，重建了近150年来人为Pb污染的历史。大气Pb沉降速率为5～56mg/（m^2·a）。特别是1949年以后，人类活动导致的Pb沉积速率和富集因子都随着时间的推移而急剧增加，这与中国东北地区的工业发展和人口增长相一致。凤凰山泥炭中人为Pb组分记录与其他记录和社会发展资料一致，是1950年以来东北地壳Pb污染历史的良好指示。因此，这些结果有助于更好地了解Pb的来源和利用矿养泥炭记录重建环境演化历史研究。

（3）大兴安岭摩天岭过去150年来大气^{210}Pb输入通量为280Bq/（m^2·a），与邻近地区的其他研究结果的可比性较好，是该地区放射性^{210}Pb资料的良好代用数据。泥炭中Pb浓度变化范围是14～262μg/g，近现代Pb平均沉积速率为24.6～55.8mg/（m^2·a）。Pb浓度剖面和Pb累积速率变化剖面都有随时间推移而增大的趋势，特别是在过去30年来，其增长趋势对应着我国改革开放以来经济快速增长时期。因此，通过泥炭剖面记录的研究，成功反演了区域环境污染和变化的特点，将在区域可持续发展战略决策中起到指导和支持作用。结果表明：^{210}Pb技术是一种探讨雨养泥炭近现代沉积过程的有效方法。

（4）以大兴安岭摩天岭3个高山雨养泥炭柱心为研究对象，在运用^{210}Pb和^{137}Cs技术建立年代标尺的基础上，通过泥炭中与人类活动密切相关的As、Cd、Hg和Sb等痕量元素地球化学谱分析，再现了东北地区经济发展背后环境污染的历史。研究中发现：大兴安岭摩天岭雨养泥炭中As、Cd、Hg、Sb的平均浓度依次是$1.441\sim2.183\mu g/g$、$13.16\sim16.85\mu g/kg$、$0.078\sim0.152\mu g/g$和$0.203\sim0.273\mu g/g$；百年尺度上它们的平均累积速率依次是$93.59\sim158.36ng/(m^2\cdot a)$、$0.66\sim1.05ng/(m^2\cdot a)$、$4.09\sim10.90ng/(m^2\cdot a)$和$10.66\sim16.27ng/(m^2\cdot a)$。这些元素的浓度及累计速率随剖面深度变化的变化趋势存在一定的差异，这主要是因为它们在泥炭中的稳定性不一样，相应的地球化学循环特征也有差异。污染元素（As、Cd、Hg和Sb）相对于地壳元素Ti的富集因子分析表明：它们在泥炭柱心中有不同程度的表层富集现象，指示了区域环境污染变化趋势，其中以Hg污染最为严重。不同剖面之间元素的富集因子变化差异主要源于微地貌型地理元素的空间异质性。

（5）大兴安岭摩天岭雨养泥炭柱心中共检出萘（NAP）、苊烯（ACL）、苊（ACE）、芴（FLU）、菲（PHE）、蒽（ANT）、荧蒽（FLA）和芘（PYR）8种优控PAHs，主要以2环的萘、3环的芴和菲低环化合物为主。摩天岭泥炭中PAHs含量为$0.14\sim0.26\mu g/g$，PCBs总量为$10.07\sim23.94ng/g$。二者随着时间推移而逐渐增大，在表层均处于相对较高的水平，指示了区域环境的污染，这些污染物质主要由城市工业区大量化石燃料燃烧所产生并随大气进行远距离传输而来。因此，需要反思我们的发展理念，以史为鉴，真正转变经济发展方式，走持续而健康的发展道路。

8.1.4 泥炭沼泽碳累积研究

（1）湿地生态系统在全球碳循环和气候变化研究中占据着举足轻重的地位。湿地中碳累积速率变化是研究全球碳库变化和碳循环过程的重要参数，它受到地理位置、沼泽发育历史和湿地类型的影响。全球已经开展了很多不同时间尺度的泥炭地碳累积估算与评价工作，大多集中在欧洲和北美等地区，并以评价碳千年乃至万年的长期累积过程为重点。随着当前气候不可抗拒的变暖趋势和人类活动的加强态势，科学家们逐渐意识到泥炭地近地表层直接受到外来干扰，需要探讨泥炭地碳累积的近现代过程，尤其是最近百年尺度的变化情况。

（2）本研究提供了长白山泥炭近现代碳累积速率（RERCA）和近200年的碳储量的基本数据。长白山泥炭RERCA变化范围是$124.2\sim292.8g\ C/(m^2\cdot a)$，平均值为$(199.6\pm60.9)g\ C/(m^2\cdot a)$。过去200年长白山泥炭碳库为$38.5\sim52.1kg\ C/m^2$，这些数据与其他地区的研究报道具有很好的可比性。长白山泥炭RERCA随着时间推移具有一个增加的趋势。这些结果对于促进长白山泥炭生态系统对气候变化的响应研究具有重要作用。研究还表明^{210}Pb定年技术能够有效地应用于泥炭沉积的年代框架重建和泥炭地碳累积过程研究。

（3）对大兴安岭摩天岭雨养泥炭有机碳含量及RERCA进行了分析和估算。通过烧失量估算的摩天岭泥炭平均有机碳含量变化范围为38%～44%，而通过元素分析仪测得的泥炭有机碳含量平均为31%～35%。两种方法比较得出：摩天岭泥炭含碳量为30%～40%，通过有机质烧失量估算方法获得的有机碳含量一定程度上有存在高估的可能。在泥炭底层有机碳含量小于30%，被认为是属于矿养泥炭层段，与其他泥炭指标所指示的两层结构相吻合。依据元素分析仪测得的有机碳含量，估算出大兴安岭摩天岭RERCA变化范围为166.64～259.31g C/（m^2·a），平均值约为203g C/（m^2·a）。

（4）利用^{210}Pb放射性测年方法，结合泥炭干容重等基本理化参数，对三江平原淡水湿地碳累积情况进行了研究。三江平原湿地的碳累积研究基于15个沉积剖面数据，包括了泥炭沼泽、腐殖质沼泽和沼泽化草甸3种类型，代表了整个三江平原地区的湿地生态系统。三江平原湿地长期碳累积（LORCA）范围为5～61g C/（m^2·a），平均值为（22±5）g C/（m^2·a）（±SE）；RERCA范围为170～384g C/（m^2·a），平均值为（264±45）g C/（m^2·a）（±SE）。草本泥炭地、腐殖质沼泽和沼泽化草甸的平均碳通量分别为0.05Tg C/a、0.02Tg C/a和0.03Tg C/a，三江平原湿地的总碳储量约为0.36Pg。该研究结果与其他出版数据较为一致，是全球湿地碳库数据的良好补充，将为全球气候变化和预测研究提供支持。研究还指出：是保护还是开垦三江平原湿地本来就存在争议，需要权衡利弊，更加合理地利用好三江平原湿地。

8.2 展　望

泥炭地提供了中国东北地区全新世和近现代（过去200年）大气沉降和环境演变历史的大量信息。中国东北泥炭记录的地球化学研究与中国其他地方的记录基本一致。利用泥炭沼泽沉积序列重建大气粉尘沉降历史，增进了对气候变化-尘暴演化-泥炭档案的有机联系的理解，为重建尘暴演变历史提供了一种新的可能途径，丰富了环境演变研究内容。利用泥炭档案进行过去200年来高分辨率的区域环境变化反演，揭示了近现代人类活动对自然环境的影响比较大这一基本事实。这些工作将泥炭沉积柱心的记录信息的微观分析与区域环境变化的宏观解译相结合，将基于泥炭记录重建的环境变化序列与统计数据记载的区域环境变化趋势相比较，初步实现了议"古"论"今"，将"今"证"古"。

虽然在过去的十年里，中国泥炭地球化学记录的研究取得了一定的进展，但是还存在很多薄弱环节。既要注重泥炭地学的基础研究，还要瞄准全球环境变化的国际前沿议题，不断提高研究水平，拓宽研究领域，增强研究的持续性和系统性。今后环境演变的泥炭记录研究工作应重点考虑以下几个方面。

（1）规范大气环境变化的泥炭档案解译工作程序。大气环境变化包括的范围广，影响因子多，根据泥炭地质记录来重建其变化历史时，应该统一规范研究工作中的各个流程，包括采取泥炭剖面、分析泥炭指标、构建年代框架等。雨养泥炭沼泽一般分布在偏远地区，记录的都是痕量元素及含量很低的污染物，尤其是分析有机污染物。因此，在进行指标分析时，力求分析仪器先进、分析流程规范、分析方法和测试精度高，以获得较为理想的检测结果，从而有利于不同的研究人员在不同区域得到的研究成果可进行对比和参考。

（2）加强泥炭记录的多点位、多柱心、多指标的综合解译。为避免环境变化记录受微地貌影响，需要进行多样地和多柱心采样分析。同时，也要注意测试指标的广度。要想从泥炭地质档案清晰地反演大气环境的变化，解剖泥炭载体的信息量要大，指标要多，包括泥炭基本理化指标、元素地球化学外，矿物颗粒形态分析、植物组成和孢粉分析、同位素及其比值分析等都需要增强。例如，目前有限的泥炭铅同位素记录无法描述中国大气金属污染的完整格局。虽然中国泥炭记录同位素组成的时间变化与其他环境污染档案中发现的一致，并显示自20世纪中期以来铅污染急剧增加，但局地和区域来源对泥炭记录中的铅同位素信号有很大影响。为了捕捉近现代大气污染的显著水平并比较地区差异，中国需要更多的泥炭铅同位素记录。此外，中国人类文明历史悠久，大气粉尘问题突出，利用泥炭中的元素记录来回答与气候和粉尘相关的问题是一个新兴的研究领域，能够为区分自然和人为（土地利用、农业、采矿）大气粉尘难题提供新的思路和途径。

（3）发展泥炭沼泽测年技术，以保障长时间尺度和近现代短时间尺度重建。建立泥炭沼泽年代框架的方法已有不少，但是均存在一定的适用条件。基于 AMS^{14}C测年的过去几千年环境演变研究可以提供有毒元素的自然背景基线，利于痕量金属富集因子的计算和一个地区污染水平的评估。近地表层的现代泥炭由于最接近大气层，是一个有氧环境，且其温度随大气温度的变化而变化，因而最容易受到全球变暖的影响。针对这些近地表层的泥炭进行精确定年，传统的短时间尺度测年手段（如^{210}Pb和^{137}Cs）受到了一定的挑战。但是，近现代泥炭沉积及其历史记录解译研究比较重要，与长时间尺度的沉积过程研究相比又较少，因而需要加强这方面的工作，并且首要工作便是拓展能够获取精确的近现代年代标尺的方法。

（4）加强泥炭沉积地球化学行为的研究，深入探讨泥炭沼泽如何保持大气环境变化信息的机理。已有的研究虽然证明了泥炭沼泽档案关于大气沉降历史的记录的优越性，而且这些研究已经具有了一定的系统性。但是，探讨各种化学元素或者污染物质在泥炭中的迁移转化的研究还不多，如有机物在泥炭柱心中非迁移性及其生物与非生物降解潜能的生物地球化学机理至今还不够清楚。缺乏机理研究的主要原因可能在于野外进行长期地球化学循环原位试验比较困难，而室内又很难模拟雨养泥炭沼泽独特的内在系统环境。尽管如此，也很有必要进行机制的探索，可以借助同位素示踪手段等先进技术进行深入研究。

（5）建立大气环境变化的泥炭档案数据库和相应的处理模型。运用泥炭地质档案进行海盐气溶胶、沙尘暴、酸沉降、重金属和有机物污染等方面的研究工作如雨后春笋，产生了大量的数据和研究结果。因此需要建立模型以改进泥炭可用数据源和数据处理方式，使利用泥炭沼泽档案获取更精确的大气环境变化信息成为可能。通过数值模拟，除了时间尺度的演化系列探讨外，还应该加强空间尺度的对比研究，突出全球环境变化的系统性和分异性。

（6）加强泥炭沼泽的保护与管理工作。泥炭地质档案所储藏的信息是泥炭地生态系统的生态价值的完美体现，是它作为能源、肥料等生产价值所不能比拟的，需要积极保护与管理好泥炭沼泽，避免物理破坏（如泥炭收采、泥炭地开垦、森林砍伐等）以保证泥炭沉积过程的原始单一性；同时也要防止排水、施肥等人类活动对泥炭累积与分解过程的影响以保证泥炭中记录的大气沉降信息的稳定性。

参 考 文 献

安图县志地方志地方编纂委员会. 1993. 安图县志. 吉林：吉林文史出版社.

阪口丰. 1983. 泥炭地地学对环境变化的探讨. 北京：科学出版社.

卜坤, 张树文, 张养贞, 等. 2008. 自然土壤类型对近50年三江平原农田化过程的影响. 资
　　源科学, 30：702-708.

卜兆君, 王升忠. 2005. 泥炭地与全球变化. 地理教学, 7：1-3.

蔡颖, 钟巍, 薛积彬. 2009. 干旱区湖泊沉积物腐殖化度的古气候指示意义——以新疆巴里
　　坤湖为例. 湖泊科学, 21：69-76.

柴岫. 1981. 中国泥炭的形成与分布规律的初步探讨. 地理学报, 36：245-246.

柴岫. 1990. 泥炭地学. 北京：地质出版社.

陈淑云, 郎惠卿, 王升忠. 1994. 东北山地贫营养泥炭的性质与泥炭的发育过程. 东北师大
　　学报自然科学版, 4：100-104.

陈宜瑜. 1999. 中国全球变化的研究方向. 地球科学进展, 14：319-322.

成都地质学院陕北队. 1978. 沉积岩（物）粒度分析及其应用. 北京：地质出版社, 55-103.

崔保山, 杨志峰. 2001. 湿地生态系统健康研究进展. 生态学杂志, 20：31-36.

崔保山, 杨志峰. 2006. 湿地学. 北京：北京师范大学出版社.

戴雪荣, 师育新, 薛滨. 1995. 兰州现代特大尘暴沉积物粒度特征及其意义. 兰州大学学报
　　（自然科学版）, 31：168-174.

邓伟, 张平宇, 张柏. 2004. 东北区域发展报告. 北京：科学出版社, 371-375.

敦化市地方志编纂委员会. 1991. 敦化市志. 北京：新华出版社.

抚松县地方志地方编纂委员会. 1993. 抚松县志. 北京：中华书局.

富德义, 朱颜明, 黄锡畴. 1982. 长白山区优势植物中微量元素研究. 地理科学, 2：57-58.

国家林业局. 2015. 中国湿地资源-总卷. 北京：中国林业出版社.

国家自然科学基金委员会. 1998. 全球变化：中国面临的机遇和挑战. 北京：高等教育出版社,
　　61-75.

高由禧, 徐淑英, 郭其蕴, 等. 1962. 东亚季风的若干问题. 北京：科学出版社.

何葵, 谢远云, 康春国, 等. 2009. 哈尔滨沙尘沉降物的粒度组成及其源地分析. 中国农学
　　通报, 25：200-205.

何葵, 谢远云, 张丽娟, 等. 2005. 哈尔滨2002年3月20日沙尘暴沉降物的粒度特征及其意义. 地理科学, 25: 597-600.

辉南县地方志地方编纂委员会. 2000. 辉南县志. 长春: 吉林人民出版社.

贾琳. 2007. 长白山泥炭化学元素分布特征及其环境意义. 长春: 中科院东北地理与农业生态研究所.

贾琳, 王国平, 刘景双. 2006. 长白山锦北雨养泥炭剖面元素富集规律分析. 湿地科学, 4: 187-192.

李凤娟, 刘吉平. 2004. 湿地面积的丧失及其原因分析. 长春大学学报, 14: 79-81.

李海涛, 沈文清, 刘琪璟. 2003. 湿地生态系统的碳循环研究进展. 江西科学, 21: 161-167.

李晋昌, 董治宝, 钱广强, 等. 2010. 中国北方不同区域典型站点降尘特性的对比. 中国沙漠, 30: 1269-1277.

李云成, 刘昌明, 于静洁. 2006. 三江平原湿地保护与耕地开垦冲突权衡. 北京林业大学学报, 28: 39-42.

李玉霖, 拓万全, 崔建垣. 2006. 兰州市沙尘和非沙尘天气沉降物的化学特性比较. 中国沙漠, 26: 648-651.

利什特万 ИИ, 科罗利 HT., 戴国良, 等, 译. 1989. 泥炭的基本性质及其测定方法. 北京: 科学出版社.

梁树柏. 2003. 湿地文献学引论. 北京: 中国农业科学技术出版社.

林庆华, 冷雪天, 洪冰. 2004. 大兴安岭近1000年来气候变化的泥炭记录. 矿物岩石地球化学通报, 23: 15-18.

刘东生. 1985. 黄土与环境. 北京: 科学出版社.

刘兴土, 邓伟, 刘景双. 2006. 沼泽学概论. 长春: 吉林科学技术出版社.

刘毅, 周明煜. 1999. 中国东部海域大气气溶胶入海通量的研究. 海洋学报, 21: 38-45.

陆健健. 1998. 一个新的湿地分类系统. 见: 郎惠卿, 林鹏, 陆健健. 中国湿地研究和保护. 上海: 华东师范大学出版社, 361-364.

陆健健, 何文珊, 童春富, 等. 2006. 湿地生态学. 北京: 高等教育出版社.

吕林海. 2007. 阿尔山火山熔岩台地上亚气生蓝藻的分类及生态研究. 长春: 东北师范大学.

吕宪国. 2004. 湿地生态系统保护与管理. 北京: 化学工业出版社.

吕宪国. 2005. 湿地生态系统观测方法. 北京: 中国环境科学出版社.

吕宪国. 2008. 中国湿地与湿地研究. 石家庄: 河北科学技术出版社.

孟宪民. 1995. 湿地碳积累模型及其参数估计. 见: 陈宜瑜. 中国湿地研究. 长春: 吉林科学技术出版社.

马学慧, 等. 2013. 中国泥炭地碳储量与碳排放. 北京: 中国林业出版社.

苗百岭, 宝日娜, 侯琼. 2008. 内蒙古地区典型湿地的生态效应. 中国农业气象, 29: 298-

303.

牟长城, 王彪, 卢慧翠, 等. 2013. 大兴安岭天然沼泽湿地生态系统碳储量. 生态学报, 33: 4956-4965.

穆兴民, 高鹏, 王双银, 等. 2009. 东北3省人类活动与水土流失关系的演进. 中国水土保持科学, 7: 37-42.

牛焕光. 1986. 中国东北三江平原泥炭资源调查报告, 编号: 820105. 长春: 中科院东北地理与农业生态研究所, 未出版.

彭格林, 刘光华, 伍大茂. 1996. 泥炭沼泽化类型、控制因素及聚炭水文模式. 地学前缘 (中国地质大学, 北京), 6: 125-132.

钱正安, 蔡英, 刘景涛. 2006. 中蒙地区沙尘暴研究的若干进展. 地球物理学报, 49: 83-92.

强明瑞, 鲁瑞洁, 张家武. 2006. 柴达木盆地苏干湖表层沉积与尘暴事件——元素示踪的初步结果. 湖泊科学, 18: 590-596.

钦娜. 2007. 大兴安岭阿尔山沼泽鼓藻类的初步研究. 上海: 上海师范大学.

史彩奎, 贾益群, 王国平. 2007. 大兴安岭摩天岭雨养泥炭沼泽多环芳烃分布特征与来源分析. 湿地科学, 5: 260-265.

史彩奎, 贾益群, 王国平. 2008. 长白山雨养泥炭表层多环芳烃组成分布及来源分析. 中国环境科学, 28: 385-388.

史培军, 严平, 高尚玉. 2000. 我国沙尘暴灾害及其研究进展与展望. 自然灾害学报, 9: 71-77.

宋开山, 刘殿伟, 王宗明, 等. 2008. 1954年以来三江平原土地利用变化及驱动力. 地理学报, 63: 93-104.

宋长春. 2003. 湿地生态系统碳循环研究进展. 地理科学, 23: 623-628.

宋长春, 阎百兴, 王跃思. 2003. 三江平原沼泽湿地CO_2和CH_4通量及影响因子. 科学通报, 48: 2473-2477.

陶波, 葛全胜, 李克让. 2001. 陆地生态系统碳循环研究进展. 地理研究, 25: 564-575.

陶发祥, 洪业汤, 李汉鼎. 1995. 泥炭地对全球变化的贡献及对全球变化信息的自然记录. 矿物岩石地球化学通报, 2: 92-94.

佟凤勤, 刘兴土. 1995. 中国湿地生态系统研究的若干建议. 见: 陈宜瑜. 中国湿地研究. 长春: 吉林科学技术出版社.

万国江. 1997. 现代沉积的^{210}Pb计年. 第四纪研究, 3: 230-239.

王德宣, 吕宪国, 丁维新. 2002a. 若尔盖高原沼泽湿地CH_4排放研究. 地球科学进展, 17: 877-880.

王德宣, 吕宪国, 丁维新. 2002b. 三江平原沼泽湿地与稻田CH_4排放对比研究. 地理科学, 22: 500-503.

王国平, 贾琳, 刘景双. 2006. 国外大气沉降泥炭沼泽档案研究进展. 湿地科学, 4: 69-74.

王国平, 刘景双, 汤洁. 2003. 吉林向海沼泽湿地典型剖面沉积及年代序列重建. 湖泊科学, 15: 221-228.

王建, 刘泽纯, 姜文英. 1996. 磁化率与粒度、矿物的关系及其古环境意义. 地理学报, 51: 155-163.

王健, 赵红梅, 徐大伟, 等. 2009. 湿地生态系统中的多环芳烃研究进展. 地球科学进展, 24: 936-941.

王莉雯, 卫亚星. 2012. 盘锦湿地净初级生产力时空分布特征. 生态学报, 32: 6006-6015.

王宁练, 姚檀栋, 羊向东, 等. 2007. 冰芯和湖泊沉积记录所反映的20世纪中国北方沙尘天气频率变化趋势. 中国科学 D 辑: 地球科学, 37: 378-385.

王式功, 董光荣, 陈惠忠. 2000. 沙尘暴研究的进展. 中国沙漠, 20: 349-356.

王宪礼, 肖笃宁. 1995. 湿地的定义与类型. 见: 陈宜瑜. 中国湿地研究. 长春: 吉林科学技术出版社.

夏威岚, 薛滨. 2004. 吉林小龙湾沉积速率的 ^{210}Pb 和 ^{137}Cs 年代学方法测定. 第四纪科学, 24: 124-125.

夏玉梅. 1988. 三江平原12000年以来植物群发展和气候变化的初步研究. 地理科学, 8: 240-249.

夏玉梅. 1996. 大小兴安岭高位泥炭孢粉记录及泥炭发育和演替过程研究. 地理科学, 16: 337-344.

夏玉梅. 2000. 大小兴安岭泥炭的孢粉记录及演变过程研究. 微体古生物学报, 17: 218-227.

夏玉梅, 汪佩芳. 2000. 密山杨木3000多年来气候变化的泥炭记录. 地理研究, 19: 53-59.

杨洪, 易朝路, 邢阳平, 等. 2004. ^{210}Pb 和 ^{137}Cs 法对比研究武汉东湖现代沉积速率. 华中师范大学学报 (自然科学版), 38: 109-113.

杨美华. 1981. 长白山的气候特征及北坡垂直气候带. 气象学报, 39: 311-320.

杨青, 吕宪国. 1995. 三江平原湿地土壤中碳素向大气的释放研究. 见: 陈宜瑜. 中国湿地研究. 长春: 吉林科学技术出版社.

叶永英, 严富华, 麦学舜. 1983. 东北三江平原几个钻孔剖面的孢粉组合分析及其意义. 地质科学, 3: 259-266.

于洪贤, 姚允龙. 2011. 湿地概论. 北京: 中国农业出版社.

于学峰, 周卫建. 2004. 全新世泥炭古气候记录研究进展. 海洋地质与第四纪地质, 24: 121-126.

于学峰, 周卫建, 史江峰. 2005. 度量泥炭腐殖化度的一种简便方法: 泥炭灰度. 海洋地质与第四纪地质, 25: 133-136.

于学峰, 周卫键, 刘晓清, 等. 2006. 青藏高原东部全新世泥炭灰分的粒度特征及其古气候意义. 沉积学报, 24: 864-869.

喻春霞，罗运利，孙湘君．2008．吉林柳河哈尼湖13．1～4.5 cal. ka B.P.古气候演化的高分辨率孢粉记录．第四纪研究，28：929-938．

袁道先．2005．地球系统的碳循环和资源环境效应．第四纪研究，21：223-232．

张敬，牟德海，杜金洲，等．2008．过剩^{210}Pb年代学的多种计年模式的比较研究．海洋环境科学，27：370-382．

张俊辉，夏敦胜，张英，等．2012．中国泥炭记录末次冰消期以来古气候研究进展．地球科学进展，27：42-51．

张淑芹，邓伟，闫敏华．2004a．宝清东升5000年以来花粉记录与气候波动的响应．吉林大学学报（地球科学版），34：321-325．

张淑芹，邓伟，阎敏华，等．2004b．中国兴凯湖北岸平原晚全新世花粉记录及泥炭沼泽形成．湿地科学，2：110-115．

张小曳，沈志宝，张光宇．1996a．青藏高原远源西风粉尘与黄土堆积．中国科学（D辑），26：147-153．

张小曳，张光宇，朱光华．1996b．中国粉尘源区的元素示踪．中国科学（D辑），26：423-430．

张新荣，胡克，胡一帆．2007．东北地区以泥炭为信息载体的全新世气候变迁研究进展．地质调查与研究，30：39-45．

张则有，曹雨，王铁林．1997．泥炭沼泽起源及其发育特征的对比研究．东北师大学报自然科学版，3：88-96．

赵魁义，孙广友，杨永兴，等．1999．中国沼泽志．北京：科学出版社．

赵兴梁．1993．甘肃特大沙尘暴的危害与对策．中国沙漠，13：1-7．

中国科学院内蒙古宁夏综合考察队．1985．内蒙古植被．北京：科学出版社．

周瑞昌，郎惠卿，马克平．1990．大兴安岭沼泽的形成演替及合理开发利用．国土与自然资源研究，2：38-42．

周云轩，田波，黄颖，等．2016．我国海岸带湿地生态系统退化成因及其对策．中国科学院院刊，31：1157-1166．

周自江，章国材．2003．中国北方的典型强沙尘暴事件（1954-2002年）．科学通报，48：1224-1228．

竺可桢．1973．中国近5000年来气候变迁的初步研究．中国科学，1：168．

Ali A A, Ghaleb B, Garneau M, et al. 2008. Recent peat accumulation rates in minerotrophic peatlands of the Bay James region, Eastern Canada, inferred by ^{210}Pb and ^{137}Cs radiometric techniques. Applied Radiation and Isotopes, 66: 1350-1358.

Allan M, Le Roux G, Piotrowska N, et al. 2013a. Mid-and late Holocene dust deposition in western Europe: The Misten peat bog (Hautes Fagnes-Belgium). Climate of the Past, 9: 2285-2298.

Allan M, Le Roux G, Sonke J E, et al. 2013b. Reconstructing historical atmospheric mercury deposition in Western Europe using: Misten peat bog cores, Belgium. Science of The Total Environment, 442: 290-301.

Appleby P G. 2008. Three decades of dating recent sediments by fallout radionuclides: A review. The Holocene, 18: 83.

Appleby P G, Oldfield F. 1978. The calculation of lead-210 dates assuming a constant rate of supply of unsupported ^{210}Pb to the sediment. Catena, 5: 1-8.

Arimoto R, Duce R A, Ray B J, et al. 1995. Trace elements in the atmosphere over the North Atlantic. Journal of Geophysical Research, 100: 1199-1213.

Armentano T, Menges E. 1986. Patterns of change in the carbon balance of organic soil-wetlands of temperate zone. Journal of Ecology, 74: 755-774.

Asada T, Warner B G. 2005. Surface peat mass and carbon balance in a hypermaritime peatland. Soil Science Society of America Journal, 69: 549-562.

Asmerom Y, Jacobsen S. 1993. The Pb isotopic evolution of the earth-inferences from river water suspended loads. Earth and Planetary Science Letter, 115: 245-256.

Azoury S, Tronczyński J, Chiffoleau J F, et al. 2013. Historical records of mercury, lead, and polycyclic aromatic hydrocarbons depositions in a dated sediment core from the Eastern Mediterranean. Environmental Science & Technology, 47: 7101-7109.

Bai Z D, Tian M Z, Wu F D, et al. 2005. Yanshan, Gaoshan-two active volcanoes of the volcanic cluster in Arshan, Inner Mongolia. Earthquake Research in China, 19: 402-408.

Bao K, Xia W, Lu X, et al. 2010a. Recent atmospheric lead deposition recorded in an ombrotrophic peat bog of Great Hinggan Mountains, Northeast China, from ^{210}Pb and ^{137}Cs dating. Journal of Environmental Radioactivity, 101: 773-779.

Bao K, Yu X, Jia L, et al. 2010b. Recent carbon accumulation in Changbai Mountain peatlands, Northeast China. Mountain Research and Development, 30: 33-41.

Bao K, Zhao H, Xing W, et al. 2011. Carbon accumulation in temperate wetlands of Sanjiang Plain, Northeast China. Soil Science Society of America Journal, 75: 2386-2397.

Bao K, Xing W, Yu X, et al. 2012. Recent atmospheric dust deposition in an ombrotrophic peat bog in Great Hinggan Mountain, Northeast China. Science of the Total Environment, 431: 33-45.

Bao K, Shen J, Wang G, et al. 2015a. Atmospheric deposition history of trace metals and metalloids for the last 200 years recorded by three peat cores in Great Hinggan Mountain, Northeast China. Atmosphere, 6: 380-409.

Bao K, Wang G, Xing W, et al. 2015b. Accumulation of organic carbon over the past 200 years in alpine peatlands, northeast China. Environmental Earth Sciences, 73: 7489-7503.

Bao K, Shen J, Wang G, et al. 2016a. Anthropogenic, detritic and atmospheric soil-derived sources of lead in an alpine poor fen in northeast China. Journal of Mountain Science, 13: 255-264.

Bao K, Shen J, Wang G, et al. 2016b. Estimates of recent Hg pollution in Northeast China using peat profiles from Great Hinggan Mountains. Environmental Earth Sciences, 75.

Bao K, Wang G, Pratte S, et al. 2018. Historical variation in the distribution of trace and major elements in a poor fen of Fenghuang Mountain, NE China. Geochemistry International, 56: 1003-1015.

Bao K, Wang G, Jia L, et al. 2019. Anthropogenic impacts in the Changbai Mountain region of NE China over the last 150 years: Geochemical records of peat and altitude effects. Environmental Science and Pollution Research, 26: 7512-7524.

Beilman D, MacDonald G, Smith L, et al. 2009. Carbon accumulation in peatlands of West Siberia over the last 2000 years. Global Biogeochemical Cycles, 23.

Belyea L R, Clymo R S. 2001. Feedback control of the rate of peat formation. Proceedings of the Royal Society of London. Series B: Biological Sciences, 268: 1315.

Benoit J M, Fitzgerald W F, Damman A W H. 1998. The biogeochemistry of an ombrotrophic bog: Evaluation of use as an archive of atmospheric mercury deposition. Environmental Research, 78: 118-133.

Berger A T, Loutre M F. 1991. Insolation values for the climate of the last 10 million years. Quaternary Science Reviews, 10: 297-317.

Bernal B, Mitsch W J. 2008. A comparison of soil carbon pools and profiles in wetlands in Costa Rica and Ohio. Ecological Engineering, 34: 311-323.

Berset J D, Kuehne P, Shotyk W. 2001. Concentrations and distribution of some polychlorinated biphenyls (PCBs) and polycyclic aromatic hydrocarbons (PAHs) in an ombrotrophic peat bog profile of Switzerland. The Science of the Total Environment, 267: 67-85.

Biester H, Hermanns Y M, Martinez C A. 2012. The influence of organic matter decay on the distribution of major and trace elements in ombrotrophic mires - a case study from the Harz Mountains. Geochimica et Cosmochimica Acta, 84: 126-136.

Biester H, Kilian R, Franzen C, et al. 2002. Elevated mercury accumulation in a peat bog of the Magellanic Moorlands, Chile (53°S) - an anthropogenic signal from the Southern Hemisphere. Earth and Planetary Science Letters, 201: 609-620.

Biester H, Knorr K H, Schellekens J, et al. 2013. Comparison of different methods to determine the degree of peat decomposition in peat bogs. Biogeoscience Discussion, 10.

Biester H, Martinez C A, Birkenstock S, et al. 2003. Effect of peat decomposition and mass loss on historic mercury records in peat bogs from Patagonia. Environmental Science & Technology, 37:

32-39.

Bindler R, Klarqvist M, Klaminder J, et al. 2004. Does within-bog spatial variability of mercury and lead constrain reconstructions of absolute deposition rates from single peat records? The example of Store Mosse, Sweden. Global Bioecological Cycles, 18.

Bing H, Wu Y, Zhou J, et al. 2016. Historical trends of anthropogenic metals in Eastern Tibetan Plateau as reconstructed from alpine lake sediments over the last century. Chemosphere, 148: 211-219.

Biscaye P E, Grousset F E, Revel M, et al. 1997. Asian provenance of glacial dust (stage 2) in the Greenland Ice Sheet Project 2 ice core, Summit, Greenland. Journal of Geophysical Research, 102: 26765-26781.

Björck S, Clemmensen L B. 2004. Aeolian sediment in raised bog deposits, Halland, SW Sweden: A new proxy record of Holocene winter storminess variation in southern Scandinavia? The Holocene, 14: 677-688.

Blaauw M, Christen J A. 2005. Radiocarbon peat chronologies and environmental change. Journal of the Royal Statistical Society: Series C (Applied Statistics), 54: 805-816.

Blaauw M, Christen J A. 2011. Flexible paleoclimate age-depth models using an autoregressive gamma process. Bayesian Analysis, 6: 457-474.

Blais J M, Schindler D W, Muir D C G, et al. 1998. Accumulation of persistent organochlorine compounds in mountains of western Canada. Nature, 395: 585-588.

Bollhöfer A, Chisholm W, Rosman K. 1999. Sampling aerosols for lead isotopes on a global scale. Analytica Chimica Acta, 390: 227-235.

Bollhöfer A, Rosman K. 2001. Isotopic signatures for atmospheric lead: The Northern Hemisphere. Geochimica et Cosmochimica Acta, 65: 1727-1740.

Borgmark A. 2005. Holocene climate variability and periodicities in south-central Sweden, as interpreted from peat humification analysis. The Holocene, 15: 387-395.

Bory A J M, Biscaye P E, Grousset F E. 2003. Two distinct seasonal Asian source regions for mineral dust deposited in Greenland (NorthGRIP). Geophysical Research Letters, 30: 1167.

Bridgham S, Megonigal J, Keller J, et al. 2006. The carbon balance of North American wetlands. Wetlands, 26: 889-916.

Brix H, Sorrell B K, Lorenzen B. 2001. Are Phragmites-dominated wetlands a net source or net sink of greenhouse gases. Aquatic Botany, 69: 313-324.

Buchler B, Bradley R, Messerli B, et al. 2004. Understanding climate change in mountains. Mountain Research and Development, 24: 176-177.

Cai W, Yuan W, Liang S, et al. 2014. Improved estimations of gross primary production using satellitederived photosynthetically active radiation. Journal of Geophysical Research: Biogeosciences, 119: 110-123.

Chambers F M, Charman D J. 2004. Holocene environmental change: Contributions from the peatland archive. The Holocene, 14: 1-6.

Charman D J, Beilman D W, Blaauw M, et al. 2013. Climate-related changes in peatland carbon accumulation during the last millennium. Biogeosciences, 10: 929-944.

Charman D. 2002. Peatlands and Environmental Change. New York: John Wiley and Sons Ltd.

Chen F, Qiang M, Zhou A, et al. 2013. A 2000-year dust storm record from Lake Sugan in the dust source area of arid China. Journal of Geophysical Research, 118: 2149-2160.

Chen F, Jia J, Chen J, et al. 2016. A persistent Holocene wetting trend in arid central Asia, with wettest conditions in the late Holocene, revealed by multi-proxy analyses of loess-paleosol sequences in Xinjiang, China. Quaternary Science Reviews, 146: 134-146.

Chen M, Goodkin N F, Boyle E, et al. 2016. Lead in the western South China Sea: Evidence of atmospheric deposition and upwelling. Geophysical Research Letter, 43: 4490-4499.

Chen Y, Zhang Y, Graham D, et al. 2007. Geochemistry of Cenozoic basalts and mantle xenoliths in Northeast China. Lithos, 96: 108-126.

Chen J, Tan M, Li Y, et al. 2008. Characteristics of trace elements and lead isotope ratios in PM2.5 from four sites in Shanghai. Journal of Hazard Material, 156: 36-43.

Cheng H, Hu Y. 2010. Lead (Pb) isotopic fingerprinting and its applications in lead pollution studies in China: A review. Environmental Pollution, 158: 1134-1146.

Chimner R, Karberg J. 2008. Long-term carbon accumulation in two tropical mountain peatlands, Andes Mountain, Ecuador. Mires and Peat, 3: 1-10.

Chu G, Sun Q, Zhaoyan G, et al. 2009. Dust records from varved lacustrine sediments of two neighboring lakes in northeastern China over the last 1400 years. Quaternary International, 194: 108-118.

Clymo R S. 1963. Ion exchange in Sphagnum and its relation to bog ecology. Annals of Botany, 27: 309.

Clymo R S. 1984. The limits to peat bog growth. Philosophical Transactions of the Royal Society of London, Biological Sciences, Series B, 303: 605-654.

Clymo R S. 1987. The ecology of peatlands. Science Progress (Oxford), 71: 593-614.

Clymo R S, Oldfield F, Appleby P G, et al. 1990. The record of atmospheric deposition on a rainwater-dependent peatland. Philosophical Transactions of the Royal Society of London. B, Biological Sciences, 327: 331-338.

Clymo R S, Turunen J, Tolonen K. 1998. Carbon accumulation in peatland. Oikos, 368-388.

Cole K L, Engstrom D R, Futyma R P, et al. 1990. Past atmospheric deposition of metals in northern Indiana measured in a peat core from Cowles Bog. Environmental Science & Technology, 24: 543-549.

Coleman D O. 1985. Peat. History Monitoring. Monitoring and Assessment Research Centre, MARC Report No.31. London: University of London, 155-173.

Cowardin L, Carter V, Golet F, et al. 1979. Classification of wetlands and deep water habitats of the United States. US Department of the Interior/Fish and Wildlife Service.

Craft C, Richardson C. 1993. Peat accretion and N, P, and organic C accumulation in nutrient-enriched and unenriched everglades peatlands. Ecological Applications, 3: 446-458.

Cranwell P A, Koul V K. 1989. Sedimentary record of polycyclic aromatic and aliphatic hydrocarbons in the Windermere catchment. Water Research, 23: 275-283.

Díaz-Somoano M, Kylander M E, López-Antón M A, et al. 2009. Stable lead isotope compositions in selected coals from around the world and implications for present day aerosol source tracing. Environmental Science & Technology, 43: 1078-1085.

Damman A W H. 1978. Distribution and movement of elements in ombrotrophic peat bogs. Oikos, 480-495.

De Jong R, Björck S, Björkman L, et al. 2006. Storminess variation during the last 6500 years as reconstructed from an ombrotrophic peat bog in Halland, southwest Sweden. Journal of Quaternary Science, 21: 905-919.

De Jong R, Hammarlund D, Nesje A. 2009. Late Holocene effective precipitation variations in the maritime regions of south-west Scandinavia. Quaternary Science Reviews, 28: 54-64.

De Vleeschouwer F, Ferrat M, McGowan H, et al. 2014. Extracting paleodust information from peat geochemistry. Past Global Changes Magazine, 22: 88-89.

De Vleeschouwer F, Stuut J B, Lambert F. 2020. Holocene dust dynamics: Introduction to the special issue. The Holocene, 30: 489-491.

De Laune R D, Patrick W H, Buresh R J. 1978. Sedimentation rates determined by ^{137}Cs dating in a rapidly accreting salt marsh. Nature, 275: 532-533.

Dorrepaal E, Toet S, Van Logtestijn R S, et al. 2009. Carbon respiration from subsurface peat accelerated by climate warming in the subarctic. Nature, 460: 616-619.

Duce R A, Arimoto R, Ray B J, et al. 1983. Atmospheric trace elements at Enewetak Atoll: 1, Concentrations, sources, and temporal variability. Journal of Geophysical Research, 88: 5321-5342.

Dykoski C A, Edwards R L, Cheng H, et al. 2005. A high-resolution, absolute-dated Holocene and deglacial Asian monsoon record from Dongge Cave, China. Earth and Planetary Science Letters, 233: 71-86.

Eddy J A. 1992. Past Global Project: Proposed Implementation Plans for Research Activities. Global Changes Report No. 19, Sweden, Stockholm, IGBP, 1-112.

Espi E, Boutron C F, Hong S, et al. 1997. Changing concentrations of Cu, Zn, Cd and Pb in a high altitude peat bog from Bolivia during the past three centuries. Water, Air, & Soil Pollution, 100: 289-296.

Ettler V, Navrátil T, Mihaljevič M, et al. 2008. Mercury deposition/accumulation rates in the vicinity of a lead smelter as recorded by a peat deposit. Atmospheric Environment, 42: 5968-5977.

Fagel N, Allan M, Roux G L, et al. 2014. Deciphering human-climate interactions in an ombrotrophic peat record: REE, Nd and Pb isotope signatures of dust supplies over the last 2500 years (Misten bog, Belgium). Geochimica et Cosmochimica Acta, 135: 288-306.

Falkowski P, Scholes R J, Boyle E, et al. 2000. The global carbon cycle: A test of our knowledge of earth as a system. Science, 290: 291.

Fang F, Wang Q, Li J. 2004. Urban environmental mercury in Changchun, a metropolian city in Northeastern China: Source, cycle and fate. Science of the Total Environment, 330: 159-170.

Farmer J G, Anderson P, Cloy J M, et al. 2009. Historical accumulation rates of mercury in four Scottish ombrotrophic peat bogs over the past 2000 years. Science of the Total Environment, 407: 5578-5588.

Ferrat M, Weiss D, Strekopytov S, et al. 2011. Improved provenance tracing of Asian dust sources using rare earth elements and selected trace elements for palaeomonsoon studies on the eastern Tibetan Plateau. Geochimica et Cosmochimica Acta, 75: 6374-6399.

Ferrat M, Weiss D, Dong S, et al. 2012a. Lead atmospheric deposition rates and isotopic trends in Asian dust during the last 9.5 kyr recorded in an ombrotrophic peat bog on the eastern Qinghai-Tibetan Plateau. Geochimica et Cosmochimica Acta, 82: 4-22.

Ferrat M, Weiss D, Spiro B, et al. 2012b. The inorganic geochemistry of a peat deposit on the eastern Qinghai-Tibetan Plateau and insights into changing atmospheric circulation in central Asia during the Holocene. Geochimica et Cosmochimica Acta, 91: 7-31.

Ferrat M, Weiss D, Strekopytov S. 2012c. A single procedure for the accurate and precise quantification of the rare earth elements, Sc, Y, Th and Pb in dust and peat for provenance tracing in climate and environmental studies. Talanta, 93: 415-423.

Ferrat M, Langmann B, Cui X, et al. 2013. Numerical simulations of dust fluxes to the eastern Qinghai-Tibetan Plateau: Comparison of model results with a Holocene peat record of dust deposition. Journal of Geophysical Research-Atmosphere, 118: 4597-4609.

Fesenko S V, Spiridonov S I, Sanzharova N I, et al. 2002. Simulation of ^{137}Cs migration over the soil-plant system of peat soils contaminated after the Chernobyl Accident. Russian Journal of Ecology,

33: 170-177.

Fiałkiewicz K B, Smieja K B, Frontasyeva M, et al. 2016. Anthropogenic- and natural sources of dust in peatland during the Anthropocene. Scientific Report, 6: 38731.

Folk R L, Ward W C. 1957. Brazos river bar: A study in the significance of grain size parameters. Journal of Sedimentary Research, 27: 3-26.

Franzen L G. 1992. Can the earth afford to lose the wetlands in the battle against the increasing greenhouse effect, international peat society proceedings of international peat congress. Uppsala, 1-8.

Fu X, Feng X, Liang P, et al. 2012. Temporal trend and sources of speciated atmospheric mercury at Waliguan GAW station, Northwestern China. Atmospheric Chemistry and Physics, 12: 1951-1964.

Fu X, Feng X, Zhu W, et al. 2010. Elevated atmospheric deposition and dynamics of mercury in a remote upland forest of Southwestern China. Environmental Pollution, 158: 2324-2333.

Fukuda K, Tsunogai S. 1975. Pb-210 in precipitation in Japan and its implication for the transport of continental aerosols across the ocean. Tellus, 27: 514-521.

Gao C, Bao K, Lin Q, et al. 2014. Characterizing trace and major elemental distribution in late Holocene in Sanjiang Plain, Northeast China: Paleoenvironmental implications. Quaternary International, 349: 376-383.

Gevao B, Jones K C, Hamilton T J. 1998. Polycyclic aromatic hydrocarbon (PAH) deposition to and processing in a small rural lake, Cumbria UK. Science of the Total Environment, 215: 231-242.

Givelet N, Le Roux G, Cheburkin A, et al. 2004. Suggested protocol for collecting, handling and preparing peat cores and peat samples for physical, chemical, mineralogical and isotopic analyses. J Environ Monit, 6: 481-492.

Glooschenko W A. 1986. Monitoring the atmospheric deposition of metals by use of bog vegetation and peat profiles. In: Nriagu J O, Davidson D I. Toxic Metals in the Atmosphere. New York: John Wiley and Sons, 508-533.

Glooschenko W A, Holloway L, Arafat N. 1986. The use of mires in monitoring the atmospheric deposition of heavy metals. Aquatic Botany, 25: 179-190.

Goldsmith Y, Broecker W S, Xu H, et al. 2017. Northward extent of East Asian monsoon covaries with intensity on orbital and millennial timescales. Proceedings of the National Academy of Sciences of the United States of America, 114: 1817-1821.

Goodsite M E, Rom W, Heinemeier J, et al. 2001. High-resolution AMS C-14 dating of post-bomb peat archives of atmospheric pollutants. Radiocarbon, 4: 495-515.

Gorham E. 1991. Northern peatlands: Role in the carbon cycle and probable responses to climatic warming. Ecological Applications, 1: 182-195.

Graney J R, Halliday A N, Keeler G J, et al. 1995. Isotopic record of lead pollution in lake sediments from the northeastern United States. Geochimica et Cosmochimica Acta, 59: 1715-1728.

Group NWW (National Wetlands Working Group). 1988. Wetlands of Canada. Ecological Land Classification Set No 24 Sustainable Dev Branch, Environ Canada, Montreal: Ottawa and Polyscience Publish.

Grousset F E, Ginoux P, Bory A J M, et al. 2003. Case study of a Chinese dust plume reaching the French Alps. Geophys Research Letter, 30: 1277.

Guelle W, Balkanski Y J, Schulz M, et al. 1998. Wet deposition in a global size-dependent aerosol transport model 1. Comparison of a 1 year ^{210}Pb simulation with ground measurements. Journal of Geophysical Research, 103: 11429-11445.

Guo T, Feng X, Li Z, et al. 2008. Distribution and wet deposition fluxes of total and methyl mercury in Wujiang River Basin, Guizhou, China. Atmospheric Environment, 42: 7096-7103.

Guo Z, Ruddiman W, Hao Q, et al. 2002. Onset of Asian desertification by 22 Myr ago inferred from loess deposits in China. Nature, 416: 159-163.

Hao Q, Guo Z, Qiao Y, et al. 2010. Geochemical evidence for the provenance of middle Pleistocene loess deposits in southern China. Quaternary Science Reviews, 29: 3317-3326.

Hans W K. 1995. The composition of the continental crust 1. Geochimica et Cosmochimica Acta, 59: 1217-1232.

Hansson S, Rydberg J, Kylander M, et al. 2013. Evaluating paleoproxies for peat decomposition and their relationship to peat geochemistry. Holocene, 23: 1666-1671.

Hati S S, Dimari G A, Egwu G O, et al. 2009. Polycyclic aromatic hydrocarbons (PAHs) contamination of synthetic industrial essential oils utilized in Northern Nigeria. African Journal of Pure and Applied Chemistry, 3: 86-91.

Himberg K K, Pakarinen P. 1994. Atmospheric PCB deposition in Finland during 1970s and 1980s on the basis of concentrations in ombrotrophic peat mosses (Sphagnum). Chemosphere, 29: 431-440.

Hites R. 2006. Persistent Organic Pollutants in the Great Lakes: An Overview. The Handbook of Environmental Chemistry, 5: 1-12.

Hong B, Liu C Q, Lin Q H, et al. 2009. Temperature evolution from the δ^{18}O record of Hani peat, Northeast China, in the last 14000 years. Science in China, 52: 952-964.

Hong Y T, Wang Z G, Jiang H B, et al. 2001. A 6000-year record of changes in drought and precipitation in northeastern China based on a δ^{13}C time series from peat cellulose. Earth & Planetary Science Letters, 185: 111-119.

Hosono T, Alvarez K, Kuwae M. 2016. Lead isotope ratios in six lake sediment cores from Japan archipelago: Historical record of trans-boundary pollution sources. Science of the Total

Environment, 559: 24-37.

Hsu S, Liu S C, Arimoto R, et al. 2009. Dust deposition to the East China Sea and its biogeochemical implications. Journal of Geophysical Research, 114.

Huang Y, Sun W, Zhang W, et al. 2010. Marshland conversion to cropland in northeast China from 1950 to 2000 reduced the greenhouse effect. Global Change Biology, 16: 680-695.

Husar R B, Tratt D M, Schichtel B A, et al. 2001. Asian dust events of April 1998. Journal of Geophysical Research, 106: 18317-18330.

IGBP Science. 1998. The terrestrial biosphere and global change: Implications for natural and managed ecosystems. A Synthesis of GCTE and Related Research, 1(10): 128-137.

Ise T, Dunn A L, Wofsy S C, et al. 2008. High sensitivity of peat decomposition to climate change through water-table feedback. Nature Geoscience, 1: 763-766.

Jensen A. 1997. Historical deposition rates of Cd, Cu, Pb, and Zn in Norway and Sweden estimated by ^{210}Pb dating and measurement of trace elements in cores of peat bogs. Water, Air, & Soil Pollution, 95: 205-220.

Jiang Q, Yang X. 2019. Sedimentological and geochemical composition of aeolian sediments in the Taklamakan desert: implications for provenance and sediment supply mechanisms. Journal of Geophysical Research: Earth Surface, 124: 1217-1237.

Jin Q, Yang Z, Wei J. 2016. Seasonal responses of Indian Summer Monsoon to dust aerosols in the Middle East, India, and China. Journal of Climate, 29: 6329-6349.

Jones J M, Hao J. 1993. Ombrotrophic peat as a medium for historical monitoring of heavy metal pollution. Environmental Geochemistry and Health, 15: 67-74.

Joosten H, Clarke D. 2002.Wise use of mires and peatlands-background and principles including a framework for decision-making. International Mire Conservation Group and International Peat Society, Finland.

Kang S, Huang J, Wang F, et al. 2016. Atmospheric mercury depositional chronology reconstructed from lake sediments and ice core in the Himalayas and Tibetan Plateau. Environmental Science & Technology, 50: 2859-2869.

Kelman W R. 1990. Metal cation binding to Sphagnum peat and sawdust: Relation to wetland treatment of metal-polluted waters. Water, Air, & Soil Pollution, 53: 391-400.

Kempter H, Krachler M, Shotyk W. 2010. Atmospheric Pb and Ti accumulation rates from Sphagnum moss: Dependence upon plant productivity. Environmental Science and Technology, 44: 5509-5515.

Kohfeld K E, Harrison S P. 2001. DIRTMAP: The geological record of dust. Earth-Science Reviews, 54: 81-114.

Komarek M, Ettler V, Chrastny V, et al. 2008. Lead isotopes in environmental sciences: A review.

Environment International, 34: 562-577.

Krachler M, Burow M, Emons H. 1999. Development and evaluation of an analytical procedure for the determination of antimony in plant materials by hydride generation atomic absorption spectrometry. Analyst, 124: 777-782.

Krachler M, Mohl C, Emons H, et al. 2002. Influence of digestion procedures on the determination of rare earth elements in peat and plant samples by USN-ICP-MS. Journal of Analytical Atomic Spectrometry, 17: 844-851.

Krachler M, Shotyk W, Emons H. 2001. Digestion procedures for the determination of antimony and arsenic in small amounts of peat samples by hydride generation-atomic absorption spectrometry. Analytica Chimica Acta, 432: 303-310.

Kumar A, Abouchami W, Galer S, et al. 2014. A radiogenic isotope tracer study of transatlantic dust transport from Africa to the Caribbean. Atmospheric Environment, 82: 130-143.

Kylander M E, Martínez C A, Bindler R, et al. 2016. Potentials and problems of building detailed dust records using peat archives: An example from Store Mosse (the "Great Bog"), Sweden. Geochimica et Cosmochimica Acta, 190: 156-174.

Kyotani T, Koshimizu S, Kobayashi H. 2005. Short-term cycle of eolian dust (Kosa) recorded in Lake Kawaguchi sediments, central Japan. Atmospheric Environment, 39: 3335-3342.

Lawrence C R, Neff J C. 2009. The contemporary physical and chemical flux of aeolian dust: A synthesis of direct measurements of dust deposition. Chemical Geology, 267: 46-63.

Lee J A, Tallis J H. 1973. Regional and historical aspects of lead pollution in Britain. Nature, 245: 165-166.

Leys J F, McTainsh G H. 1996. Sediment fluxes and particle grain-size characteristics of wind-roded sediments in southeastern Australia. Earth Surface Processes and Landforms, 21: 661-671.

Li N, Chambers F M, Yang J, et al. 2017. Records of East Asian monsoon activities in Northeastern China since 15.6 ka, based on grainsize analysis of peaty sediments in the Changbai Mountains. Quaternary International, 447: 158-169.

Li Y, Ma C, Zhu C, et al. 2016. Historical anthropogenic contributions to mercury accumulation recorded by a peat core from Dajiuhu montane mire, central China. Environmental Pollution, 216: 332-339.

Liu X, Zhang G, Jones K C, et al. 2005. Compositional fractionation of polycyclic aromatic hydrocarbons (PAHs) in mosses (Hypnum plumaeformae WILS.) from the northern slope of Nanling Mountains, South China. Atmospheric Environment, 39: 5490-5499.

Liu Y, Sun L, Zhou X, et al. 2014. A 1400-year terrigenous dust record on a coral island in South China Sea. Scientific Reports, 4: 4994-4994.

Livett E A. 1988. Geochemical monitoring of atmospheric heavy metal pollution: Theory and application. In: Advances in Ecological Research. London: Academic Press, 18: 65-177.

Livett E A, Lee J A, Tallis J H. 1979. Lead, zinc and copper analyses of British blanket peats. The Journal of Ecology, 865-891.

Lloyd J W, Tellam J H, Rukin N, et al. 1993. Wetland vulnerability in East Anglia: A possible conceptual framework and generalized approach. Journal of Environmental Management, 37: 87-102.

Lottes A L, Ziegler A M. 1994. World peat occurrence and the seasonality of climate and vegetation. Palaeogeography, Palaeoclimatology, Palaeoecology, 106: 23-37.

Lowe D J. 2011. Tephrochronology and its application: A review. Quaternary Geochronology, 6: 107-153.

Lu H, Vandenberghe J, An Z. 2001. Aeolian origin and palaeoclimatic implications of the 'Red clay' (North China) as evidenced by grainsize distribution. Journal of Quaternary Science, 16: 89-97.

Mackenzie A B, Farmer J G, Sugden C L. 1997. Isotopic evidence of the relative retention and mobility of lead and radiocaesium in Scottish ombrotrophic peats. Science of the Total Environment, 203: 115-127.

Mackenzie A B, Logan E M, Cook G T, et al. 1998. Distributions, inventories and isotopic composition of lead in ^{210}Pb-dated peat cores from contrasting biogeochemical environments: Implications for lead mobility. Science of the Total Environment, 223: 25-35.

Malawska M, Bojakowska I, Wilkomirski B. 2002. Polycyclic aromatic hydrocarbons (PAHs) in peat and plants from selected peat-bogs in the northeast of Poland. Journal of Plant Nutrition and Soil Science, 165: 686-691.

Malmer N, Wallen B. 1999. The dynamics of peat accumulation on bogs, mass balance of hummocks and hollows and its variation throughout a millennium. Ecography, 22: 736-750.

Martanez C A, Garcia R G E, Weiss D. 2002. Introduction. Peat bog archives of atmospheric metal deposition. Science of the Total Environment, 292: 1.

Martinez C A, Peiteado V E, Bindler R, et al. 2012. Reconstructing historical Pb and Hg pollution in NW Spain using multiple cores from the Chao de Lamoso bog (Xistral Mountains). Geochimica et Cosmochimica Acta, 82: 68-78.

Martinez C A, Pontevedra P X, Garcia R E, et al. 1999. Mercury in a Spanish peat bog: Archive of climate change and atmospheric metal deposition. Science, 284: 939-942.

Martınez C A, Weiss D. 2002. Peat bog archives of atmospheric metal deposition. Science of the Total Environment, 292: 1-5.

Mauquoy D, Barber K. 2002. Testing the sensitivity of the palaeoclimatic signal from ombrotrophic peat bogs in northern England and the Scottish Borders. Review of Palaeobotany and Palynology, 119: 219-240.

Mctainsh G H, Lynch A W. 1996. Quantitative estimates of the effect of climate change on dust storm activity in Australia during the Last Glacial Maximum. Geomorphology, 17: 263-271.

Mctainsh G H, Nickling W G, Lynch A W. 1997. Dust deposition and particle size in Mali, West Africa. Catena, 29: 307-322.

Merkel U, Rousseau D, Stuut J, et al. 2014. Present and past mineral dust variations-a cross-disciplinary challenge for research. Pages Magazine, 22: 3-4.

Merrill J T, Arnold E, Leinen M, et al. 1994. Mineralogy of aeolian dust reaching the North Pacific-Ocean. 2: Relationship of mineral assemblages to atmospheric transport patterns. Journal of Geophysical Research Atmosphere, 99: 21025-21032.

Mighall T M, Timberlake S, Foster I D L, et al. 2009. Ancient copper and lead pollution records from a raised bog complex in Central Wales, UK. Journal of Archaeological Science, 36: 1504-1515.

Mitsch W J, Gosselink J G. 2007. Wetlands. Hoboken. NJ: Wiley.

Millot R, Allegre C, Gaillardet J, et al. 2004. Lead isotopic systematics of major river sediments: A new estimate of the Pb isotopic composition of the Upper Continental Crust. Chemical Geology, 203: 75-90.

Moon H B, Lee S J, Choi H G, et al. 2005. Atmospheric deposition of polychlorinated dibenzo-p-dioxins (PCDDs) and dibenzofurans (PCDFs) in urban and suburban areas of Korea. Chemosphere, 58: 1525-1534.

Mukai H, Machida T, Tanaka A, et al. 2001. Lead isotope ratios in the urban air of eastern and central Russia. Atmospheric Environment, 35: 2783-2793.

Nickling W G. 1983. Grain-size characteristics of sediment transported during dust storms. Journal of Sedimentary Research, 53: 1011-1024.

Nieminen T, Ukonmaanaho L, Shotyk W. 2002. Enrichments of Cu, Ni, Zn, Pb and As in an ombrotrophic peat bog near a Cu-Ni smelter in Southwest Finland. Science of the Total Environment, 292: 81-89.

Nishikawa M, Kanamori S, Kanamori N, et al. 1991. Kosa aerosol as aeolian carrier of anthropogenic material. Science of the Total Environment, 107: 13-27.

Norton S A, Evans G C, Kahl J S. 1997. Comparison of Hg and Pb fluxes to hummocks and hollows of ombrotrophic big heath bog and to nearby Sargent Mt. Pond, Maine, USA. Water, Air, & Soil Pollution, 100: 271-286.

Nriagu J O. 1996. A history of global metal pollution. Science, 272: 223-224.

Oldfield F, Thompson R, Barber K E. 1978. Changing atmospheric fallout of magnetic particles recorded in recent ombrotrophic peat sections. Science, 199: 679.

Oldfield F, Tolonen K, Thompson R. 1981. History of particulate atmospheric pollution from magnetic measurements in dated Finnish peat profiles. Ambio, 185-188.

Osterberg E C, Mayewski P, Kreutz K, et al. 2008. Ice core record of rising lead pollution in the North Pacific atmosphere. Geophysical Research Letter, 35: L05810.

Otieno D, Wartinger M, Nishiwaki A, et al. 2009. Responses of CO_2 exchange and primary production of the ecosystem components to environmental changes in a mountain peatland. Ecosystems, 12: 590-603.

Outridge P M, Rausch N, Percival J B, et al. 2011. Comparison of mercury and zinc profiles in peat and lake sediment archives with historical changes in emissions from the Flin Flon metal smelter, Manitoba, Canada. Science of the Total Environment, 409: 548-563.

Pacyna J M, Pacyna E G. 2001. An assessment of global and regional emissions of trace metals to the atmosphere from anthrogpogenic sources worldwide. Environmental Reviews, 9: 269-298.

Parrington J R, Zoller W H, Aras N K. 1983. Asian dust: Seasonal transport to the Hawaiian Islands. Science, 220: 195.

Patterson E M, Gillette D A. 1977. Commonalities in measured size distributions for aerosols having a soil-derived component. Journal of Geophysical Research, 82: 2074-2082.

Peregon A, Maksyutov S, Kosykh N P, et al. 2008. Map-based inventory of wetland biomass and net primary production in western Siberia. Journal of Geophysical Research: Biogeosciences, 113.

Pfadenhauer J, Schneekloth H, Schneider R, et al. 1993. Mire distribution. In: Heathwaite A I, Gottlich K H. Mires: Process, Exploitation and Conservation. Chichester: Wiley, 71-121.

Pratte S, Bao K, Sapkota A, et al. 2020. 14 kyr of atmospheric mineral dust deposition in north-eastern China: A record of palaeoclimatic and palaeoenvironmental changes in the Chinese dust source regions. Holocene, 30: 492-506.

Preiss N, Melieres M A, Pourchet M. 1996. A compilation of data on lead-210 concentration in surface air and fluxes at the air-surface and water-sediment interfaces. Journal of Geophysical Research, 101: 28847-28, 862.

Proctor M C F. 1995. The Ombrogenous Bog Environment. In: Wheeler B D, Shaw S C, Fojt W J, et al. Restoration of Temperate Wetland. Chichester: Wiley, 287-303.

Qiang M, Liu Y, Jin Y, et al. 2014. Holocene record of eolian activity from Genggahai Lake, northeastern Qinghai-Tibetan Plateau, China. Geophysical Research Letters, 41: 589-595.

Ramsperger B, Peinemann N, Stahr K. 1998. Deposition rates and characteristics of aeolian dust in the semi-arid and sub-humid regions of the Argentinean Pampa. Journal of Arid Environments, 39: 467-476.

Rao W, Tan H, Jiang S, et al. 2011. Trace element and REE geochemistry of fine- and coarse-grained sands in the Ordos deserts and links with sediments surrounding areas. Chemie der Erde, 71: 155-170.

Rapaport R A, Eisenreich S J. 1986. Atmospheric deposition of toxaphene to eastern North America derived from peat accumulation. Atmospheric Environment, 20: 2367-2379.

Rapaport R A, Eisenreich S J. 1988. Historical atmospheric inputs of high-molecular-weight chlorinated hydrocarbons to eastern North America. Environmental Science & Technology, 22: 931-941.

Rausch N, Nieminen T, Ukonmaanaho L, et al. 2005. Comparison of atmospheric deposition of copper, nickel, cobalt, zinc, and cadmium recorded by Finnish peat cores with monitoring data and emission records. Environmental Science & Technology, 39: 5989-5998.

Raymond R J, Cameron C C, Cohen A D. 1987. Relationship between peat geochemistry and depositional environments, Cranberry Island, Maine. In: Boron D J. Peat: Geochemistry, Research and Utilization. International Journal of Coal Geology, 8: 175-187.

Reimer P, Bard E, Bayliss A, et al. 2013. IntCal13 and Marine13 radiocarbon age calibration curves 0-50,000 years cal BP. Radiocarbon, 1869-1887.

Richardson C, Ho M. 2003. The Wetlands of China—an overview: 1. Introduction and the Sanjiang Plain. Wetland Wire, 6.

Ricking M, Koch M, Rotard W. 2005. Organic pollutants in sediment cores of NE-Germany: Comparison of the marine Arkona Basin with freshwater sediments. Marine Pollution Bulletin, 50: 1699-1705.

Roos B F, Shotyk W. 2003. Millennial-scale records of atmospheric mercury deposition obtained from ombrotrophic and minerotrophic peatlands in the Swiss Jura Mountains. Environmental Science and Technology, 37: 235-244.

Rosen K, Vinichuk M, Johanson K J. 2009. [137]Cs in a raised bog in central Sweden. Journal of Environmental Radioactivity, 100: 534-539.

Rothwell J J, Taylor K G, Ander E L, et al. 2009. Arsenic retention and release in ombrotrophic peatlands. Science of the Total Environment, 407: 1405-1417.

Roux G L, Fagel N, De Vleeschouwer F, et al. 2012. Volcano- and climate-driven changes in atmospheric dust sources and fluxes since the Late Glacial in Central Europe. Geology, 40: 335-338.

Rydin H, Gunnarsson U, Sundberg S. 2006. The role of Sphagnum in peatland development and persistence. Boreal Peatland Ecosystems, 47-65.

Sanders G, Jones K C, Hamilton-Taylor J, et al. 1995. PCB and PAH fluxes to a dated UK peat core.

Environmental Pollution, 89: 17-25.

Schell W R. 1986. Deposited atmospheric chemicals-A mountaintop peat bog in Pennsylvania provides a record dating to 1800. Environmental Science & Technology, 20: 847-853.

Schell W R. 1987. A historical perspective of atmospheric chemicals deposited on a mountain top peat bog in Pennsylvania. International Journal of Coal Geology, 8: 147-173.

Schettler G, Mingram J, Negendank J F W, et al. 2006. Palaeovariations in the East-Asian Monsoon regime geochemically recorded in varved sediments of Lake Sihailongwan (Northeast China, Jilin province). Part 2: A 200-year record of atmospheric lead-210 flux variations and its palaeoclimatic implications. Journal of Paleolimnology, 35: 271-288.

Shaw S, Fredine C. 1956. Wetlands of the United States: Their extent and their value to waterfowl and other wildlife. Washington, DC: Fish and Wildlife Service.

Shen J, Liu X, Wang S, et al. 2005. Palaeoclimatic changes in the Qinghai Lake area during the last 18,000 years. Quaternary International, 136: 131-140.

Shi W F, Feng X B, Zhang G, et al. 2011. High-precision measurement of mercury isotope ratios of atmospheric deposition over the past 150 years recorded in a peat core taken from Hongyuan, Sichuan Province, China. Chinese Science Bulletin, 56: 877-882.

Shore J S, Bartley D D, Harkness D D. 1995. Problems encountered with the ^{14}C dating of peat. Quaternary Science Reviews, 14: 373-383.

Shotyk W. 1988. Review of the inorganic geochemistry of peats and peatland waters. Earth-Science Reviews, 25: 95-176.

Shotyk W. 1996a. Natural and anthropogenic enrichments of As, Cu, Pb, Sb, and Zn in ombrotrophic versus minerotrophic peat bog profiles, Jura Mountains, Switzerland. Water, Air, & Soil Pollution, 90: 375-405.

Shotyk W. 1996b. Peat bog archives of atmospheric metal deposition: Geochemical evaluation of peat profiles, natural variations in metal concentrations, and metal enrichment factors. Environmental Reviews, 4: 149-183.

Shotyk W, Cheburkin A K, Appleby P G, et al. 1996. Two thousand years of atmospheric arsenic, antimony, and lead deposition recorded in an ombrotrophic peat bog profile, Jura Mountains, Switzerland. Earth and Planetary Science Letters, 145: E1-E7.

Shotyk W, Cheburkin A K, Appleby P G, et al. 1997a. Lead in three peat bog profiles, Jura Mountains, Switzerland: enrichment factors, isotopic composition, and chronology of atmospheric deposition. Water, Air, & Soil Pollution, 100: 297-310.

Shotyk W, Norton S A, Farmer J G. 1997b. Summary of the workshop on peat bog archives of atmospheric metal deposition. Water, Air, & Soil Pollution, 100: 213-219.

Shotyk W. 1997. Atmospheric deposition and mass balance of major and trace elements in two oceanic peat bog profiles, northern Scotland and the Shetland Islands. Chemical Geology, 138: 55-72.

Shotyk W, Weiss D, Appleby P, et al. 1998. History of atmospheric lead deposition since 12,370 ^{14}C yr BP from a peat bog, Jura Mountains, Switzerland. Science, 281: 1635-1640.

Shotyk W, Blaser P, Grnig A, et al. 2000. A new approach for quantifying cumulative, anthropogenic, atmospheric lead deposition using peat cores from bogs: Pb in eight Swiss peat bog profiles. Science of the Total Environment, 249: 281-295.

Shotyk W, Weiss D, Kramers J D, et al. 2001. Geochemistry of the peat bog at Etang de la Gruere, Jura Mountains, Switzerland, and its record of atmospheric Pb and lithogenic trace metals (Sc, Ti, Y, Zr, and REE) since 12,370 ^{14}C yr BP. Geochimica et Cosmochimica Acta, 65: 2337-2360.

Shotyk W, Krachler M, Martinez C A, et al. 2002. A peat bog record of natural, pre-anthropogenic enrichments of trace elements in atmospheric aerosols since 12,370 ^{14}C yr BP, and their variation with Holocene climate change. Earth and Planetary Science Letters, 199: 21-37.

Shotyk W. 2002. The chronology of anthropogenic, atmospheric Pb deposition recorded by peat cores in three minerogenic peat deposits from Switzerland. Science of the Total Environment, 292: 19-31.

Shotyk W, Krachler M. 2004. Atmospheric deposition of silver and thallium since 12370 ^{14}C years BP recorded by a Swiss peat bog profile, and comparison with lead and cadmium. Journal of Environmental Monitoring, 6: 427-433.

Shurpali N J, Verma S B, Kim J, et al. 1995. Carbon dioxide exchange in a peatland ecosystem. Journal of Geophisical Research-All Series, 100: 14.

Singer A, Ganor E, Dultz S, et al. 2003. Dust deposition over the Dead Sea. Journal of Arid Environments, 53: 41-59.

Sjögren P. 2009. Sand mass accumulation rate as a proxy for wind regimes in the SW Barents Sea during the past 3 ka. The Holocene, 19: 591-598.

Song C, Wang L, Guo Y, et al. 2011. Impacts of natural wetland degradation on dissolved carbon dynamics in the Sanjiang Plain, northeastern China. Journal of Hydrology, 398: 26-32.

Song C, Xu X, Tian H, et al. 2009. Ecosystem-atmosphere exchange of CH_4 and N_2O and ecosystem respiration in wetlands in the Sanjiang Plain, Northeastern China. Global Change Biology, 15: 692-705.

Steinnes E, Njastad O. 1995. Ombrotrophic peat bogs as monitors of trends in atmospheric deposition of pollutants: Role of neutron activation analysis in studies of peat samples. Journal of Radioanalytical and Nuclear Chemistry, 192: 205-213.

Stewart C, Fergusson J E. 1994. The use of peat in the historical monitoring of trace metals in the atmosphere. Environmental Pollution, 86: 243-249.

Stebich M, Mingram J, Han J, et al. 2009. Late Pleistocene spread of (cool-)temperate forests in Northeast China and climate changes synchronous with the North Atlantic region. Global and Planetary Change, 65: 56-70.

Strom L, Christensen T R. 2007. Below ground carbon turnover and greenhouse gas exchanges in a sub-arctic wetland. Soil Biology and Biochemistry, 39: 1689-1698.

Strzyszcz Z, Magiera T. 2001. Record of industrial pollution in Polish ombrotrophic peat bogs. Physics and Chemistry of the Earth, Part A: Solid Earth and Geodesy, 26: 859-866.

Sturges W T, Barrie L A. 1987. Lead 206/207 isotope ratios in the atmosphere of North America as tracers of US and Canadian emissions. Nature, 329: 144-146.

Sukumar R, Ramesh R, Pant R K, et al. 1993. A δ ^{13}C record of late Quaternary climate change from tropical peats in southern India. Nature, 364: 703-706.

Sun D, Bloemendal J, Rea D K, et al. 2002. Grain-size distribution function of polymodal sediments in hydraulic and aeolian environments, and numerical partitioning of the sedimentary components. Sedimentary Geology, 152: 263-277.

Sun Z, Sun W, Tong C, et al. 2015. China's coastal wetlands: Conservation history, implementation efforts, existing issues and strategies for future improvement. Environment International, 79: 25-41.

Tan G, He J, Liang L, et al. 2000. Atmospheric mercury deposition in Guizhou, China. Science of the Total Environment, 259: 223-230.

Tan M G, Zhang G L, Li X L, et al. 2006. Comprehensive study of lead pollution in Shanghai by multiple techniques. Analytical Chemistry, 78: 8044-8050.

Tang S, Huang Z, Liu J, et al. 2012. Atmospheric mercury deposition recorded in an ombrotrophic peat core from Xiaoxing'an Mountain, Northeast China. Environmental Research, 118: 145-148.

Taylor R E. 2000. Fifty years of radiocarbon dating. American Scientist, 88: 60-67.

Taylor S R, McLennan S M. 1985. The Continental Crust: Its Composition and Evolution. Oxford: Blackwell Scientific.

Tian H, Hu C, Gao J, et al. 2015. Quantitative assessment of atmospheric emissions of toxic heavy metals from anthropogenic sources in China: Historical trend, spatial distribution, uncertainties and control policies. Atmospheric Chemistry and Physics, 15: 10127-10147.

Tiner R W. Wetland Indicators: A guide to Wetland Identification, Delineation, Classification, and Mapping. New York: Lewis Publishers. 1999.

Tolonen K. 1984. Interpretation of changes in the ash content of ombrotrophic peat layers. Bulletin of the Geological Society of Finland, 1: 207-219.

Tolonen K, Turunen J. 1996. Accumulation rates of carbon in mires in Finland and implications for climate change. Holocene, 6: 171-178.

Tsoar H, Pye K. 1987. Dust transport and the question of desert loess formation. Sedimentology, 34: 139-153.

Turetsky M R, Manning S W, Wieder R K. 2004. Dating recent peat deposits. Wetlands, 24: 324-356.

Turunen J, Roulet N, Moore T. 2004. Nitrogen deposition and increased carbon accumulation in ombrotrophic peatlands in eastern Canada. Global Bioecological Cycles, 18: 1-12.

Turunen J, Tomppo E, Tolonen K, et al. 2002. Eastimation carbon accumulation rates of undrained mires in Finland-Application to boreal and subarctic regions. Holocene, 12: 69-80.

Uematsu M, Wang Z, Uno I. 2003. Atmospheric input of mineral dust to the western North Pacific region based on direct measurements and a regional chemical transport model. Geophysical Research Letters, 30: 1342.

United Nations Scientific Committee on the Effects of Atomic Radiation. 2000. Sources and effects of ionizing radiation: United Nations.

Valiela I. 1984. Marine Ecological Processes. New York: Springer-Verlag, 546.

Vile M A, Wieder R K, Novák M. 2000. 200 years of Pb deposition throughout the Czech Republic: Patterns and sources. Environmental Science & Technology, 34: 12-21.

Vile M A, Wieder R K, Novak M. 1999. Mobility of Pb in Sphagnum-derived peat. Biogeochemistry, 45: 35-52.

Vitt D H, Halsey L A, Bauer I E, et al. 2000. Spatial and temporal trends in carbon storage of peatlands of continental western Canada through the Holocene. Canadian Journal of Earth Sciences, 37: 683-693.

Wan D, Song L, Yang J, et al. 2016. Increasing heavy metals in the background atmosphere of central north China since 1980s: Evidence from a 200-year lake sediment record. Atmospheric Environment, 138: 183-190.

Wan Q, Feng X, Lu J, et al. 2009. Atmospheric mercury in Changbai Mountain area, northeastern China II. The distribution of reactive gaseous mercury and particulate mercury and mercury deposition fluxes. Environmental Research, 109: 721-727.

Wang H, Chen J, Zhang X, et al. 2014. Palaeosol development in the Chinese Loess Plateau as an indicator of the strength of the East Asian summer monsoon: Evidence for a mid-Holocene maximum. Quaternary International, 335: 155-164.

Wang G, Liu J, Wang J, et al. 2006a. Soil phosphorus forms and their variations in depressional and riparian freshwater wetlands (Sanjiang Plain, Northeast China). Geoderma, 132: 59-74.

Wang Z, Zhang X, Chen Z, et al. 2006b. Mercury concentrations in size-fractionated airborne particles at urban and suburban sites in Beijing, China. Atmospheric Environment, 40: 2194-2201.

Wang N, Yao T, Yang X, et al. 2007. Variations in dust event frequency over the past century reflected by ice-core and lacustrine records in north China. Science China Earth Sciences, 50: 736-744.

Wang Q, Chen Y. 2010. Energy saving and emission reduction revolutionizing China's environmental protection. Renewable and Sustainable Energy Reviews, 14: 535-539.

Wang S. 1991. Reconstruction of temperature series of North China from 1380s to 1980s. Science in China (Series B), 6: 751-759.

Wang Y, Liu X, Herzschuh U. 2010. Asynchronous evolution of the Indian and East Asian Summer Monsoon indicated by Holocene moisture patterns in monsoonal central Asia. Earth-Science Reviews, 103: 135-153.

Wang Y, Peng Y, Wang D, et al. 2014. Wet deposition fluxes of total mercury and methylmercury in core urban areas, Chongqing, China. Atmospheric Environment, 92: 87-96.

Wang Z, Song K, Ma W, et al. 2011. Loss and fragmentation of marshes in the Sanjiang Plain, Northeast China, 1954-2005. Wetlands, 31: 945-954.

Wang L, Li J, Lu H, et al. 2012. The East Asian winter monsoon over the last 15,000 years: Its links to high-latitudes and tropical climate systems and complex correlation to the summer monsoon. Quaternary Science Reviews, 32: 131-142.

Warner B G, RS C, Tolonen K. 1993. Implications of peat accumulation at Point Escuminac, New Brunswick. Quaternary Research, 39: 245-248.

Watson R T. 2000. Land Use, Land-Use Change, and Forestry. London: Cambridge University Press.

Wei G, Xie L, Sun Y, et al. 2012. Major and trace elements of a peat core from Yunnan, Southwest China: Implications for paleoclimatic proxies. Journal of Asian Earth Sciences, 58: 64-77.

Weiss D, Shotyk W, Appleby P G, et al. 1999a. Atmospheric Pb deposition since the industrial revolution recorded by five Swiss peat profiles: Enrichment factors, fluxes, isotopic composition, and sources. Environmental Science & Technology, 33: 1340-1352.

Weiss D, Shotyk W, Kempf O. 1999b. Archives of atmospheric lead pollution. Naturwissenschaften, 86: 262-275.

Weiss D, Shotyk W, Kramers J D, et al. 1999c. Sphagnum mosses as archives of recent and past atmospheric lead deposition in Switzerland. Atmospheric Environment, 33: 3751-3763.

Wen R, Xiao J, Chang Z, et al. 2010. Holocene precipitation and temperature vaiations in the East Asian monsoonal margin from pollen data from Hulun Lake in northeastern Inner Mongolia, China. Boreas, 39: 262-272.

Wieder R K, Turetsky M R, Vile M A. 2009. Peat as an archive of atmospheric, climatic and environmental conditions. In: Maltby E, Barker T. The Wetlands Handbook. Chichester: Wiley.

Williams C J, Yavitt J B, Wieder R K, et al. 1998. Cupric oxide oxidation products of northern peat and peat-forming plants. Canadian Journal of Botany, 76: 51-62.

Xiao J, Xu Q, Nakamura T, et al. 2004. Holocene vegetation variation in the Daihai Lake region of north-central China: A direct indication of the Asian monsoon climatic history. Quaternary Science Reviews, 23: 1669-1679.

Xiao Z, Sommar J, Lindqvist O. 1998. Atmospheric mercury deposition on Fanjing Mountain Nature Reserve, Guizhou, China. Chemosphere, 36: 2191-2200.

Xie Y, Kang C, Chi Y, et al. 2019. The loess deposits in northeast China: The linkage of loess accumulation and geomorphic-climatic features at the easternmost edge of the Eurasian loess belt. Journal of Asian Earth Sciences, 181: 103914.

Xie Y, Yuan F, Zhan T, et al. 2017. Geochemistry of loess deposits in northeastern China: Constraint on provenance and implication for disappearance of the large Songliao palaeolake. Journal of the Geological Society, 175: 146-162.

Xie Y, Chi Y. 2016. Geochemical investigation of dry- and wet-deposited dust during the same dust-storm event in Harbin China: Constraint on provenance and implications for formation of aeolina loess. Journal of Asian Earth Sciences, 120: 43-61.

Xing W, Bao K, Gallego S A V, et al. 2015a. Climate controls on carbon accumulation in peatlands of Northeast China. Quaternary Science Reviews, 115: 78-88.

Xing W, Bao K, Guo W, et al. 2015b. Peatland initiation and carbon dynamics in northeast China: Links to Holocene climate variability. Boreas, 44: 575-587.

Xu B, Wang L, Gu Z, et al. 2018. Decoupling of climatic drying and Asian dust export during the Holocene. Journal of Geophysical Research: Atmospheres, 123: 915-928.

Xu B, Yang X, Gu Z, et al. 2009. The trend and extent of heavy metal accumulation over the last one hundred years in the Liaodong Bay, China. Chemosphere, 75: 442-446.

Xu L, Wu F, Zheng J, et al. 2011. Sediments records of Sb and Pb stable isotopic ratios in Lake Qinghai. Microchemical Journal, 97: 25-29.

Yafa C, Farmer J G. 2006. A comparative study of acid-extractable and total digestion methods for the determination of inorganic elements in peat material by inductively coupled plasma-optical emission spectrometry. Analytica Chimica Acta, 557: 296-303.

Yamashita N, Kannan K, Imagawa T, et al. 2000. Vertical profile of polychlorinated dibenzo-p-dioxins, dibenzofurans, naphthalenes, biphenyls, polycyclic aromatic hydrocarbons, and alkylphenols in a sediment core from Tokyo Bay, Japan. Environmental Science & Technology, 34: 3560-3567.

Yang H, Battarbee R W, Turner S D, et al. 2010. Historical reconstruction of mercury pollution across the Tibetan Plateau using lake sediments. Environmental Science & Technology, 44: 2918-2924.

Yu X, Zhou W, Liu X, et al. 2010. Peat records of human impacts on the atmosphere in Northwest China during the late Neolithic and Bronze ages. Palaeogeography Palaeoclimatology

Palaeoecology, 286: 17-22.

Yu Z, Beilman D W, Jones M C. 2009. Sensitivity of northern peatland carbon dynamics to Holocene climate change. Carbon Cycling in Northern Peatlands, Geophysical Mongraph Series, 184: 55-69.

Yu Z, Loisel J, Brosseau D P, et al. 2010. Global peatland dynamics since the Last Glacial Maximum. Geophysical Research Letters, 37: L13402.

Zaccone C, Gallipoli A, Cocozza C, et al. 2009. Distribution patterns of selected PAHs in bulk peat and corresponding humic acids from a Swiss ombrotrophic bog profile. Plant and Soil, 315: 35-45.

Zhang D. 1980. Winter temperature changes during the last 500 years in South China. Chinese Science Bulletin, 25: 497-500.

Zhang W, Zhao J, Chen J, et al. 2018. Binary sources of Chinese loess as revealed by trace and REE element ratios. Journal of Asian Earth Sciences, 166: 80-88.

Zhang J, Ma K, Fu B. 2010. Wetland loss under the impact of agricultural development in the Sanjiang Plain, NE China. Environmental Monitoring and Assessment, 166: 139-148.

Zhang W, Xiao H, Tong C, et al. 2008. Estimating organic carbon storage in temperate wetland profiles in northeast China. Geoderma, 146: 311-316.

Zhang X, Zhang G, Zhu G, et al. 1996. Elemental tracers for Chinese source dust. Science in China Series D Earth Sciences-English Edition, 39: 512-521.

Zhang X, Lu H Y, Arimoto R, et al. 2002. Atmospheric dust loadings and their relationship to rapid oscillations of the Asian winter monsoon climate: Two 250-kyr loess records. Earth & Planetary Science Letters, 202: 637-643.

Zhang X, Gong S, Shen Z, et al. 2003a. Characterization of soil dust aerosol in China and its transport and distribution during 2001 ACE-Asia: 1. Network observations. Journal of Geophysical Research, 108: 4261.

Zhang X, Gong S L, Zhao T L, et al. 2003b. Sources of Asian dust and role of climate change versus desertification in Asian dust emission. Geophysical Research Letter, 30: 2272.

Zhao L, Satoh M, Inoue K. 1997. Clay mineralogy and pedogenesis of volcanic ash soils influenced by tropospheric eolian dust in Changbaishan, Sanjiaolongwan, and Wudalianchi, northeast China. Soil Science and Plant Nutrition, 43: 85-98.

Zhao Y, Hoelzer A, Yu Z. 2007. Late Holocene natural and human-induced environmental change reconstructed from peat records in eastern central China. Radiocarbon, 49: 789-798.

Zhao Y, Yu Z, Chen F. 2009. Spatial and temporal patterns of Holocene vegetation and climate changes in arid and semi-arid China. Quaternary International, 194: 6-18.

Zhao Y, Yu Z, Tang Y, et al. 2014. Peatland initiation and carbon accumulation in China over the last 50,000 years. Earth-Science Reviews, 128: 139-146.

Zheng J, Tan M, Shibata Y, et al. 2004. Characteristics of lead isotopes ratios and elemental concentrations in PM10 fraction of air-borne particulate matter in Shanghai after the phase-out of leaded gasoline. Atmospheric Environment, 38: 1191-1200.

Zhou Z, Zhang G. 2003. Typical severe dust storm events in Northern China during 1954-2002. Chinese Science Bulletin, 48: 2366-2370.

Zhu B Q, Chen Y W, Peng J H. 2001. Lead isotope geochemistry of the urban environment in the Pearl River Delta. Applied Geochemistry, 16: 401-417.

Zhu J, Mingram J, Brauer A. 2013. Early Holocene aeolian dust accumulation in northeast China recorded in varved sediments from Lake Sihailongwan. Quaternary International, 290: 299-312.

Zhu J, Wang T, Talbot R, et al. 2014. Characteristics of atmospheric mercury deposition and size-fractionated particulate mercury in urban Nanjing, China. Atmospheric Chemistry and Physics, 14: 2233-2244.

Zhu L, Tang J, Lee B, et al. 2010. Lead concentrations and isotopes in aerosols from Xiamen, China. Marine Pollution Bulletin, 60: 1946-1955.

Zhuang G, Guo J, Yuan H, et al. 2001. The compositions, sources, and size distribution of the dust storm from China in spring of 2000 and its impact on the global environment. Chinese Science Bulletin, 46: 895-901.

Zuna M, Ettler V, Šebek O, et al. 2012. Mercury accumulation in peat bogs at Czech sites with contrasting pollution histories. Science of the Total Environment, 424: 322-330.